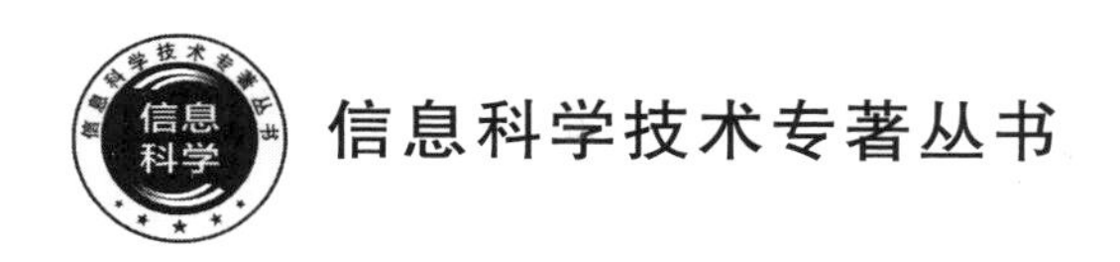

高光谱遥感数据处理——压缩与融合

赵学军　编著

北京邮电大学出版社
www.buptpress.com

内容简介

本书主要介绍遥感高光谱图像压缩与融合技术的基本概念、原理和常用算法及创新算法，并进行了实验验证、比较分析及评价，探讨了高光谱图像应用于矿产资源评价模型的研究。

本书内容包括4篇。第1篇(第1～4章)为遥感高光谱图像基础知识，论述了遥感的概念、高光谱图像的基本特征、书中所做实验的数据以及实验平台、高光谱图像压缩基本原理和融合基本技术。第2篇(第5～10章)论述了遥感高光谱图像压缩技术，如基于降维的压缩算法、基于预测的无损压缩算法、基于变换的压缩算法、基于矢量量化的压缩算法以及基于分布式编码的无损压缩算法，同时还对高光谱图像的压缩性能进行了评价。第3篇(第11～17章)论述了遥感高光谱图像融合技术，包括数据预处理、图像配准与尺度转换、融合的基本算法、基于粒子群优化 Contourlet 变换的融合算法、基于 MAP/SMM 模型的融合算法及其评价、基于深度学习的高光谱图像融合。第4篇(第18、19章)论述了高光谱图像矿产资源评价问题，并提出了评价模型。

本书可作为信息处理、计算机编码、遥感图像处理、遥感图像解释、矿产评价、卫星遥感等学科的研究生专业课教材，也可供上述学科及计算机编码及应用技术、遥感、资源探测及军事侦察等领域的科技工作者和高等院校的师生参考。

图书在版编目(CIP)数据

高光谱遥感数据处理 ：压缩与融合 / 赵学军编著．-- 北京 ：北京邮电大学出版社，2021.12
ISBN 978-7-5635-6585-6

Ⅰ．①高… Ⅱ．①赵… Ⅲ．①遥感图像—图像处理 Ⅳ．①TP751

中国版本图书馆 CIP 数据核字(2021)第 261625 号

策划编辑： 彭 楠　　**责任编辑：** 徐振华 耿 欢　　**封面设计：** 七星博纳

出版发行： 北京邮电大学出版社
社　　址： 北京市海淀区西土城路10号
邮政编码： 100876
发 行 部： 电话：010-62282185　传真：010-62283578
E-mail： publish@bupt.edu.cn
经　　销： 各地新华书店
印　　刷： 保定市中画美凯印刷有限公司
开　　本： 787 mm×1 092 mm　1/16
印　　张： 15.75
字　　数： 371 千字
版　　次： 2021年12月第1版
印　　次： 2021年12月第1次印刷

ISBN 978-7-5635-6585-6　　定价：68.00 元

·如有印装质量问题，请与北京邮电大学出版社发行部联系·

前 言

当今世界航空航天遥感技术发展迅猛，遥感高光谱技术广泛应用于地球资源探测、环境调查及军事侦察等领域。遥感高光谱图像的数据处理技术一直以来都是国内、国外学术界研究的热点。遥感高光谱图像的压缩、融合技术又是图像处理技术中的两大关键技术。图像压缩与融合技术的优劣直接关系到图像能否正确传输和后续的处理、运算、解译及应用等一系列问题，因此大力开展对遥感高光谱图像的压缩、融合技术的创新性研究，具有非常重要的现实意义。

本书的撰写历时 6 年，是 2015 年出版的专著的延续和补充，它以 3 个国家高技术研究发展计划（863 计划）项目为依托，是这 3 个项目研究的继续。书中所涉及的研究内容也主要来源于这 3 个项目，即国家 863 项目重大专项（编号：SS2012AA120908）——全球巨型成矿带重要矿产资源与能源遥感探测关键技术（2012—2015），国家 863 项目（编号：1212011120222）——星空地一体化光谱关键技术研究与设备研发（2012—2015），国家 863 项目（编号：1212011120221）——适用于矿产和能源探测应用的遥感传感器优化设计技术（2012—2015）。

在多年的研究过程中，我和我的研究生们一起深入调研，获取并阅读了大量国内外最新的文献和资料，请教了计算机、遥感、地质等领域的前辈及知名专家，对目前的压缩、融合及评价算法的概念、理论及实验进行了深入分析。在此基础上，提出了改进创新的算法，并进行了大量的实验验证，最终得到了正确的实验结果。同时获取了确凿有力的实验数据来支撑改进后新算法的成立，找到了适用于高光谱图像的压缩与融合以及资源评价的优秀算法，为星上数据压缩、遥感图像融合处理及矿产资源探测提供了切实可行的方法模型。这对高光谱数据压缩、融合及矿产资源评价技术的研究与发展都具有一定的推动作用，也对课题的深入研究、创新以及顺利完成作出了极大的贡献，同时有益于研究生科研能力及团队精神的培养，为他们将来步入社会独立从事科研的工作能力及素质的提高奠定基础。所以，这本书是对师生多年工作历程与科研成果的一个很好记录和总结，是师生团结、进取、奋斗的有力见证。

本书从结构编排上，共分为4篇。第1篇（第1～4章）是遥感高光谱图像的基础知识，论述了遥感的概念、高光谱图像的基本特征、书中所做实验的数据以及实验平台、高光谱图像压缩基本原理和融合基本技术。第2篇（第5～10章）论述了遥感高光谱图像压缩技术，如基于降维的压缩算法、基于预测的无损压缩算法、基于变换的压缩算法、基于矢量量化的压缩算法、基于分布式编码的无损压缩算法及其压缩性能评价。第3篇（第11～17章）论述了遥感高光谱图像融合技术，包括数据预处理、图像配准与尺度转换、融合基本算法、基于粒子群优化Contourlet变换的融合算法、基于MAP/SMM模型的融合算法及其评价、基于深度学习的高光谱图像融合。第4篇（第18、19章）论述了高光谱图像矿产资源评价问题，并提出评价模型。

本书由赵学军编著。书中汇集了几年来不少学生的心血，其中包括历届学生的研究开发工作。值得指出的是，武岳、闫雪、赵般瑶、王晓娟、于凯敏先后参加了部分编写工作，提出了许多良好的建议。乔旭、王晓娟、雷书彧、滕尚志、赵般瑶、于凯敏、荆元飞、郭洁娜、李金涛等研究生为本书提供了实验数据和图片。借此机会道一声：大家辛苦了！

本书在撰写过程中得到了中国地质大学（北京）校领导及老师、中国矿业大学（北京）校领导及苏红旗老师、王振武老师以及北京邮电大学武文斌老师的大力支持与帮助。在此，对大家表示由衷的感谢！也借此机会对我的老父母及家人一直以来的鼓励、支持、理解、帮助与关爱致以最由衷的谢意！

由于水平有限，加之时间较紧，难免会有错误和问题，恳请读者批评指正。

作　者

2021年7月18日于中国矿业大学（北京）

目 录

第1篇 遥感高光谱图像基础知识

第 2 篇 遥感高光谱图像压缩技术

第 1 篇

遥感高光谱图像基础知识

开展遥感高光谱图像压缩与融合技术的研究，首先要从遥感高光谱图像的基础知识入手，学习遥感的概念、特点以及高光谱图像的特征，理解高光谱图像压缩与融合技术的基本概念、基本理论和方法。

第1章

遥感概述

1.1　遥感的概念与特点

遥感(Remote Sensing),即遥远的感知,泛指对地表地物的遥远的感知。遥感是指从远处感知物体,是一种借助遥感器等对电磁波敏感的仪器设备,在远离和不接触目标的情况下对目标地物进行探测,从而获取其辐射、反射或者散射的电磁波能量信息,并对所获取的信息进行目的性信息提取、处理、分析和应用的综合探测技术。

通常,遥感是指空对地遥感。它通过远离地面的不同工作平台,即遥感平台(如飞机、气球、宇宙飞船、航天飞机、人造地球卫星等)上所携带的不同类型的传感器,对地球表面电磁波辐射信息进行探测,然后对所探测到的信息进行传输、处理和判断分析,进而实现对地球资源和环境进行探测与监控的目的。

当前,遥感已形成了一个由地球表面到空中甚至到空间,从信息数据收集、传输、处理到判读分析与应用,对全球进行探测监测的多视角、多层次、多领域的观测体系,已成为人类获取地球资源和环境信息的重要手段之一。

遥感具有以下主要特点。

(1) 感测范围大、综合、宏观

遥感从飞机或人造地球卫星上所获取的航空像片或者卫星图像要比在地面上观察到的范围大得多,而且也不受地形地物阻隔的影响,为人们研究地球表面的各种自然现象、社会现象及其分布规律提供了更为便利的条件。

例如,航空像片可以提供不同比例尺的地面连续像片,并且可以提供空对地立体观测。这种像片清晰逼真,信息量极为丰富。一张比例尺为 1∶35 000、大小为 23 cm×23 cm的航空像片可以展现出地面 60 多平方千米范围内的景观实况。另外,可将连续像片镶嵌成更大区域面积的像片图,以方便纵观全区进行分析和研究。卫星图像的感测范围比航空像片的感测范围更大,一幅地球卫星 TM 图像可以反映出地面 185 km×185 km

(即 34 225 km^2)的景观实况,500 余张这种卫星图像即可拼接成全国卫星影像图。遥感技术为宏观研究(如洪灾监控、地质构造等现象及问题)提供了有利条件。

(2) 信息量巨大、多视角、技术先进

遥感技术是现代科技的产物,不仅能获取地物的可见光波段信息,而且可以获取紫外、红外和微波等波段信息。不仅可用摄影方式获取信息,还可用扫描方式获取信息。遥感所获取的信息量远远超过用传统方法获取的信息量。无疑,这在很大程度上扩大了人们的观测范围及感知领域,也加深了人们对诸多事物及现象的认识。

例如,红外线能探测地表温度的变化,微波能够穿透云层、冰面和植被等。遥感使人们对地监测和观测实现了多视角及全天候的效果。

(3) 速度快、周期短、动态监测

遥感为瞬时成像,可以获得同一瞬间大面积范围内的景观像片,具有很好的现实性,并且可以通过不同时间获取的数据资料及像片,进行对比分析并研究地物的动态变化。这为环境监测及地物发展规律的研究提供了条件。

例如,气象卫星可以每天对地球成像一遍,因此可及时发现洪水、污染、地震等自然灾害,为灾情预报、抗灾救灾等工作提供可靠的科学依据。

(4) 用途广、效率高。

目前,遥感已广泛应用于林业、农业、气象、地质矿产、环境监测、军事侦察和海洋研究等众多军事及民用领域,并且应用领域在不断扩展,同时也渗入了其他众多学科。现正以强大的优势展现出广阔的发展前景。

1.2　遥感的分类

遥感的分类方式有很多种。按遥感工作平台的不同,可分为航天遥感、航空遥感和地面遥感;按电磁波波段的不同,可分为红外遥感、微波遥感及可见光遥感;按遥感应用的不同,可分为林业遥感、农业遥感、海洋遥感、环境遥感、地质遥感等;根据记录方式和传感器的不同又可做如下分类,如图 1.1 所示。

成像方式是将探测到的强弱程度不同的地物辐射,转换成深浅及色调不同的直观图像的遥感资料,如卫星图像和航空像片等。非成像方式是将所探测到的地物辐射转换成相应的模拟信号(如电流或电压信号),或数字化输出,或记录在磁带上构成非成像方式遥感资料。

主动遥感和被动遥感是按传感器工作方式不同而做出的分类。主动遥感是指传感器带有发射讯号的辐射源,工作时向目标发射电磁波,与此同时接收反射回来的电磁波进行探测。所谓被动遥感是指利用传感器直接接收自然辐射源的反射来进行探测。

光学摄影就是通常的摄影,将探测所接收到的电磁波根据不同色调记录在感光的材料上。扫描成像是指将探测的地物划分成面积相等、依次顺序排列的像元,传感器按顺序以像元为探测单位,记录它的电磁波辐射强度,经转换、传输、处理或者转换成为图像,显示在胶片、屏幕上或制作成数字产品。

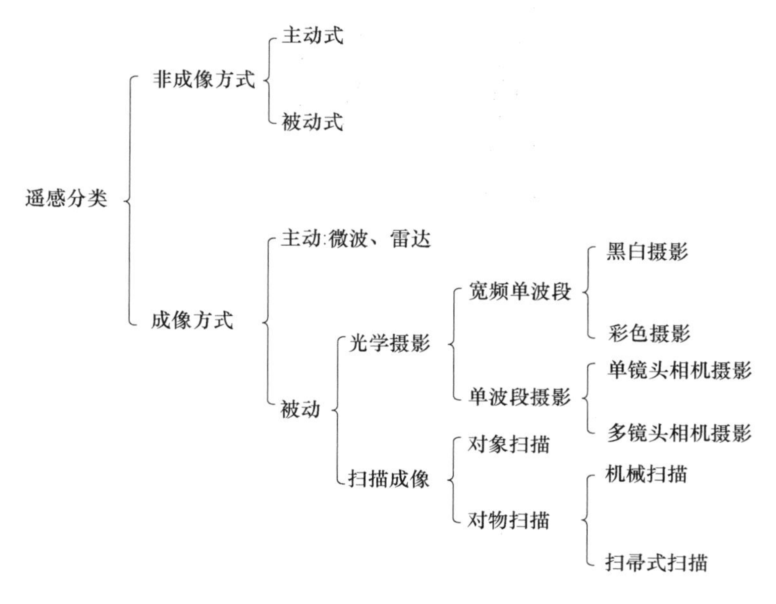

图1.1　遥感的分类

1.3　遥感过程及技术系统

遥感过程就是对遥感信息进行获取、传输、处理及分析应用的全过程。它包括遥感信源的物理性质、分布和运动状态，环境的背景及电磁波的光谱特性，大气干扰和大气窗口，图像处理和识别，传感器分辨率性能和信噪比等。遥感过程不但涉及其本身，而且也涉及了地物景观现象发展演变的过程和人们认识的过程。遥感过程当前主要通过地物波谱测量研究、数字统计分析、模式识别以及模拟验证来完成。这一复杂过程的实施主要依赖于遥感技术系统，它主要由以下四部分组成。

1.3.1　遥感实验

遥感实验主要是对地物的光谱特性信息的获取、传输以及处理等技术进行实验研究。

实验是遥感技术系统的基础，在遥感探测前，需通过遥感实验来提供地物的光谱特性，以方便选择传感器的类型及工作波段。在遥感探测中，需要靠遥感实验提供校正所需的信息和数据。

1.3.2　遥感信息获取

信息获取是整个技术系统的中心工作。遥感平台和遥感仪器是遥感信息获取的物质保障，是遥感系统的重要组成部分。

遥感平台是搭载传感器用来探测的运转工具，如人造地球卫星、宇宙飞船、飞机等。按照高度的不同可分为近地工作平台、航空平台和航天平台。这三种平台各有不同的特点及用途，可根据需要单独使用或者配合使用，以组成立体观测系统。

传感仪器是收集记录地物电磁波辐射能量信息的装置。如多光谱扫描仪、航空摄影机等。传感器是信息获取的核心部件，将其搭载在遥感平台上，按照确定的路线飞行或运转，即可获得所需的遥感数据和信息。

1.3.3　遥感信息处理

信息处理指通过各种技术手段，对遥感探测获取的信息进行各种处理。例如，为消除探测中的各种干扰，使得信息更准确、可靠而进行的各种校正，如几何校正、辐射校正等；为了使获取的遥感图像更加清晰，便于识别判读、信息提取而进行的各种增强处理等。为确保遥感信息的质量和精度，充分发挥遥感信息的应用，遥感信息的处理显得尤为重要。

1.3.4　遥感信息的应用

遥感信息的应用是遥感最终的目的。遥感应用应根据专业目标的需要，选择适宜的遥感信息及工作方法来进行，以取得更好的社会效益和经济效益。

遥感系统是一个完整的统一整体。它建立在空间技术、计算机技术、电子技术、地学等众多学科的基础之上，是完整的遥感过程的技术保证。

第 2 章

高光谱图像概述

2.1 高光谱图像

高光谱遥感图像是一个三维的图像数据体,如图 2.1 所示,除了空间维数据外,还包括光谱维数据。由于光谱维的存在,高光谱遥感图像的数据量远远超过普通的遥感图像,这就使得高光谱图像的数据获取难、传输难及存储难。为此,必须要有效地压缩高光谱图像的数据量。为了使得压缩更为有效,必须对高光谱遥感图像的特征进行分析。下面重点分析高光谱图像的相关性。

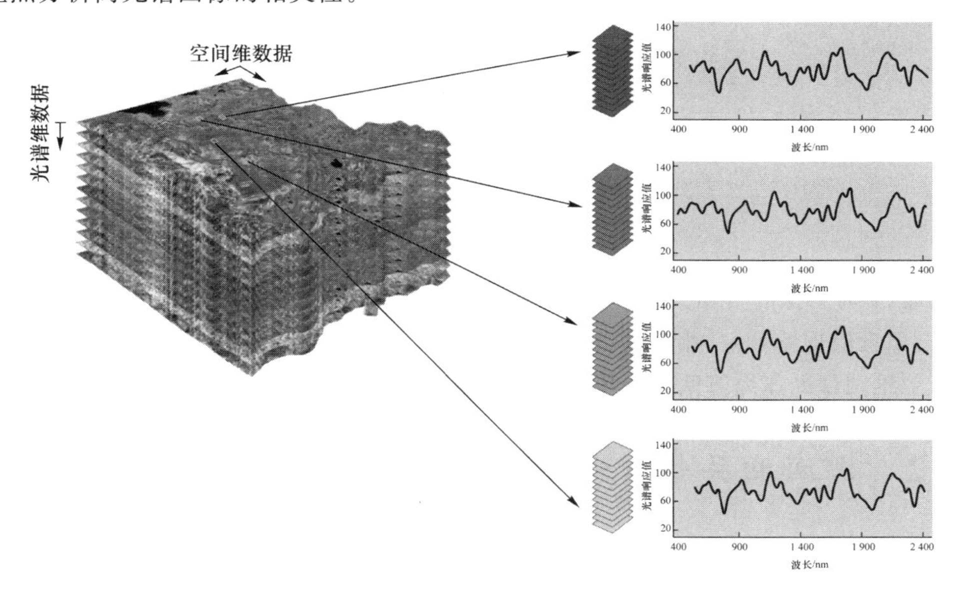

图 2.1　高光谱图像示意图

高光谱图像的相关性一般表现在空间相关性和谱间相关性两个方面。由于高光谱成像仪所成图像的目标是同一地物，光谱分辨率较高，这决定了高光谱图像具有较强的谱间相关性。与此同时，图像空间中的一个像素代表了较大范围的地物目标，空间分辨率较低，这就决定了高光谱图像的空间相关性相对较低。

2.2　高光谱图像特性

由于高光谱图像包含空间维和谱间维，所以高光谱图像的相关性一般也表现为空间相关性和谱间相关性。

2.2.1　空间相关性

高光谱图像的空间相关性是指图像的每一个谱带内，其中一个像素点与它周围像素点之间的相似性。由于遥感图像中的几个点就代表了地物中很长一段距离，所以高光谱图像的空间相关性不高。通过比较发现，高光谱图像的自相关系数比普通标准图像 Lena 图像小，即高光谱图像的空间相关性低于普通图像的空间相关性。一般静态图像只描述一小块区域，在区域中包含大量相似像素值的块（如 Lena 图像中的背景、皮肤等）。由于这些区域的存在，因此普通图像的相关性也较高。而高光谱图像的分辨率一般为几十米，地物成分复杂，几个点就表示了很大范围的地物，所以其空间相关性小于一般静态图像的空间相关性。

通过下面的计算可以很明确地验证高光谱图像存在的相关特性：

$$R(k,l)=\frac{\sum_{x=1}^{m-k}\sum_{y=1}^{n-1}[f(x,y)-u_f][f(x+k,y+l)-u_f]}{\sum_{x=1}^{m-k}\sum_{y=1}^{n-l}[f(x,y)-u_f]} \tag{2-1}$$

$$u_f=\frac{1}{MN}\sum_{x=1}^{M}\sum_{y=1}^{N}f(x,y) \tag{2-2}$$

式(2-1)为图像的自相关系数公式，通过对其计算可知，高光谱图像具有细节丰富、纹理复杂、像素值连续性差、相关性低的特点。因此，在高光谱图像压缩时，仅仅使用普通的针对二维图像的压缩算法进行压缩是远远不够的。

2.2.2　谱间相关性

通过图像的谱间相关系数计算可知，除少数波段受大气等因素影响外，多数相邻波段谱间相关系数都在 0.9 以上。具体包括由相同空间位置形成的结构相关性和由光谱分辨率形成的统计相关性两个方面。因此，图像压缩的重点在于去除谱间相关性。具体的谱间相关系数公式如下：

$$R_i(t)=\frac{\sum_{x=1}^{M}\sum_{y=1}^{N}[f_i(x,y)-u_i][f_{i+t}(x,y)-u_{i+t}]}{\sqrt{\left[\sum_{x=1}^{M}\sum_{y=1}^{N}(f_i(x,y)-u_i)^2\right]\left[\sum_{x=1}^{M}\sum_{y=1}^{N}(f_{i+t}(x,y)-u_{i+t})^2\right]}} \tag{2-3}$$

$$u_i=\frac{1}{MN}\sum_{x=1}^{M}\sum_{y=1}^{N}f_i(x,y) \tag{2-4}$$

$$u_{i+t}=\frac{1}{MN}\sum_{x=1}^{M}\sum_{y=1}^{N}f_{i+t}(x,y) \tag{2-5}$$

下面简单介绍谱间相关性的两种类别：谱间结构相关性和谱间统计相关性。

(1) 谱间结构相关性。高光谱图像成像目标是地面相同地物，空间结构相同。尽管在同一点上相异谱段的像素值有一定差异，但是对于同一谱段内部而言，其分布规律并不受到影响，我们把这种相关性称为谱间结构相关性。

(2) 谱间统计相关性。高光谱图像在光谱维形成的光谱曲线，反映了不同地物的波谱特征。对于地面相同地物而言，各个谱段像素值具有相似的分布情况，我们把这种相关性称为谱间统计相关性[1]。

2.3 实验数据及平台概述

2.3.1 实验数据

国内外高光谱图像数据有很多种，目前常见的数据有三种，这三种也是本次研究主要采用的实验数据，分别是中国环境与灾害监测小卫星星座 A 星上的高光谱数据、美国 EO-1(Earth Observing-1)卫星上搭载的 Hyperion 光谱成像仪获取的数据以及美国环境系统研究所公司的 cup95eff 高光谱图像数据。

“中国环境与灾害监测预报小卫星星座”是我国为监测环境变化和防范自然灾害而发射的遥感卫星。其上搭载有多款光学仪器和合成孔径雷达，全天候观测我国国土资源情况。2008 年 9 月 6 日，中国环境与灾害监测小卫星星座 A、B 星由长征 2C 火箭在太原卫星发射中心成功发射。该卫星所搭载的高光谱成像仪的探测谱段范围为可见光和近红外，谱段数量总共有 115 个，平均谱段宽度为 5 nm，空间分辨率为 100 m，幅宽为 51 km，侧视能力为 30°，卫星设计寿命为 3 年。

本书以编号为 HJ1A-HSI-1-66-A2-20120306-L20000729009 的数据为研究对象，取其中分辨率为 256 m×256 m 的一块区域作为工作区，工作区共有 115 个谱段，灰度值为 16 bit。图 2.2 是其相邻谱段间的相关性曲线，从曲线可以看出，该数据中间一段的谱间相关性较高。

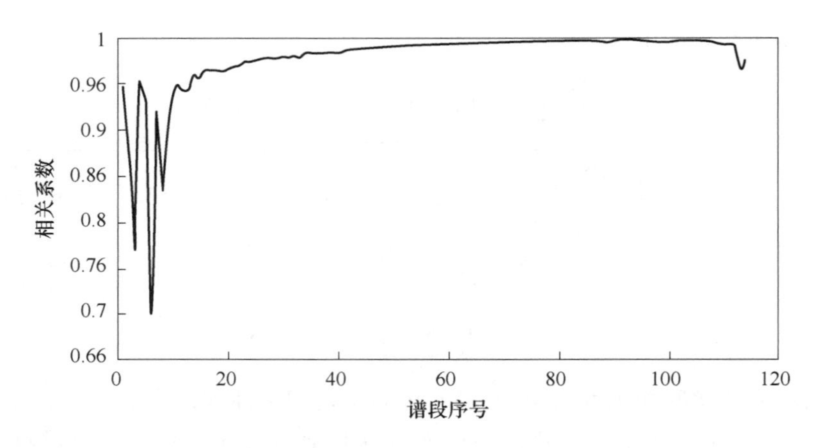

图 2.2　相邻谱段间的相关性曲线

为了方便后面对数据的统一处理，这里取 0.97 作为相关性判断的下限值，取该数据谱间相关性大于 0.97 的连续谱段作为研究谱段。取 0.97 作为相关性的下限值，主要是由于上面曲线在相关系数大于 0.97 时，能够取到一段较长的连续序号值，即得到一段从第 23 到第 113 共计 91 个谱段。

Hyperion 是世界上第一个成功发射的星载民用成像光谱仪，也是目前少数几个仍在轨运行的星载高光谱成像仪。其搭载的卫星 EO-1(Earth Observing-1)是美国 NASA 为接替 Landsat-7 而研制的新型地球观测卫星，并已于 2000 年 11 月 21 日发射升空。

EO-1 上的 Hyperion 成像光谱仪是全球第一个星载民用成像光谱仪，既可以用于测量目标的光谱特性，又可对目标成像。Hyperion 以推扫方式获取可见光、近红外和短波红外的光谱数据，共计 242 个波段，其中可见光 35 个波段，近红外 35 个波段，短波红外 172 个波段。Hyperion 的性能比 EOS Terra 卫星上的 MODIS(36 个波段)有较大改进，可用于地物精确识别、地质勘探与找矿、海洋环境监测、植被与湿地保护以及光谱信息获取与分析等。

研究采用的 Hyperion 数据编号为 EO1H1180382009365110PD，仍然取其中分辨率为 256 m×256 m 的一块区域作为工作区，工作区共有 242 个谱段，灰度值为 16 bit。为了制定数据处理的策略，需要先计算其谱间相关性。Hyperion 高光谱数据相关性曲线如图 2.3 所示。

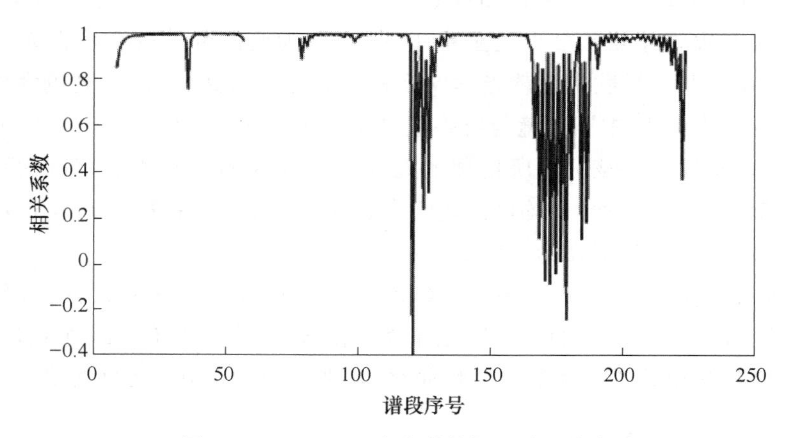

图 2.3　Hyperion 高光谱数据相关性曲线

图 2.3 中曲线有部分出现断开的情况，主要原因是这部分图像灰度值全部为 0，故无法正常显示。经过具体计算发现，Hyperion 高光谱数据在以下 7 个区间谱间相关性较高，且区间内连续谱段相关系数均大于 0.97。然而，区间与区间之间的相关性较差，甚至有低于 0.5 的情况。具体分布如表 2.1 所示。

表 2.1　相关性大于 0.97 的区间情况表

序号	谱段区间	总数	序号	谱段区间	总数
1	12～34	23	5	133～164	32
2	37～56	20	6	195～202	8
3	81～98	18	7	203～208	6
4	99～119	21			

在这里，为了研究方便，采用第 5 个区间（即 Hyperion 原始数据的第 133 至第 164，共 32 个谱段）作为研究区间。其他区间的情况可以参照该研究区间处理。

ENVI 中内置有很多遥感图像，其中 cup95eff 是其内置的一幅高光谱实例图像。这幅图像具有 50 个谱段，其谱间相关性非常高，同时上面还有明显的地质资源信息。本书也取其中分辨率为 256 m×256 m 的一块区域作为实验工作区，并与其他两幅高光谱图像共同构成本书中的实验数据。

2.3.2　实验平台

研究中，图像融合等处理的全部实验选用美国的 ENVI 图像处理软件。图像压缩等实验在 Matlab 平台上进行。

ENVI（The Environment for Visualizing Images）和 IDL（Interactive Data Language）是美国 ITT VIS 公司的旗舰产品，是目前应用最为广泛、用户数量最为庞大的一款遥感图像处理软件。ENVI 是先进、可靠的图像分析工具，可以利用 IDL 为 ENVI 编写扩展功能。ENVI 可以进行卷云和不透明云层的分类，交互量测特征地物的高度，面向对象空间特征提取模块，是一个方便用户读取、准备、探测、分析和共享图像中信息的使用工具。IDL 是一种数据分析和图像化应用程序及编程语言。

ENVI 是一个完整的遥感图像处理平台，其软件处理技术覆盖了图像数据的输入/输出、定标、几何校正、正射校正、图像融合、图像增强、图像解译、图像分类、动态监测、矢量处理等，提供了专业可靠的波谱分析工具和高光谱分析工具。

Matlab 是 Matrix 和 Laboratory 的组合，意为矩阵工厂（矩阵实验室）。它是由美国 Mathworks 公司发布的主要面向科学计算、可视化以及交互式程序设计的高科技计算环境。它将数值分析、矩阵计算、科学数据可视化以及非线性动态系统的建模和仿真等诸多强大功能集成在一个使用方便的视窗环境中，为科学研究、工程设计以及有效数值计算等众多学科领域提供了一种全面的解决方案，代表了当今国际科学计算软件的先进水平。

Matlab 可以进行矩阵运算、绘制函数和数据、实现算法、创建用户界面、连接其他编程语言的程序等，主要应用于工程计算、控制设计、图像处理、信号处理与通讯、信号检测、金融建模设计与分析等领域。

第3章

高光谱图像压缩基本原理

图像压缩技术是在保证图像重建质量的前提下，用尽可能少的比特数表示图像数据中包含的信息。1948年，香农创立了信息论，并首次提出了信息熵的概念，为信息编码奠定了理论基础。香农提出把数据看作信息和冗余的组合，数据的冗余来自信息概率分布的不均匀性和信息源本身的相关性。如果找到去除冗余的方法，那么就能实现有效压缩。与此同时，数据冗余量越高，其可压缩的程度也就越高。图像数据内部存在大量冗余，如空间冗余、时间冗余、视觉冗余、谱间冗余等。图像压缩要尽可能地去除或减少图像数据中的冗余，以保留有效信息，降低描述图像所需的数据量，从而达到压缩的目的。

3.1 高光谱图像冗余

3.1.1 编码冗余

由于待编码图像中各符号出现的概率是不等的，因此使用等长的码字长度表示不同概率的图像符号会导致所用的码字长度大于最佳编码长度，从而出现编码冗余。如式(3-1)、式(3-2)所示，对于一幅大小为 $N \times M$ 的图像，其每一像素符号 n_{ij} 出现的概率为 P_{ij}，该符号编码长度为 I_{ij}。可以证明的是，在概率不均等的情况下，合理使用变长码可以使得平均码长 I 取得小于等长码的编码长度。这一问题可以用香农的信息熵具体解释，去除编码冗余可以考虑使用熵编码。

$$P_{ij} = \frac{n_{ij}}{MN}, \quad i = 1,2,\cdots,N; \quad j = 1,2,\cdots,M \tag{3-1}$$

$$I = \sum_{i=1}^{N} \sum_{j=1}^{M} I_{ij} P_{ij} \tag{3-2}$$

3.1.2 像素域冗余

由一幅图像像素间的相关性所造成的冗余，我们称之为像素域冗余，这是图像数据所特有的一种冗余。在多数图像中，像素在像素域空间(即欧氏空间)往往会呈现一定的相关性。多数像素的灰度值可根据相邻像素的灰度值进行合理的预测，实际上，表示一幅图像并不需要像素携带如此多的信息量。像素域冗余非常直观且易于计算，是人们较早发现并进行研究的一类图像冗余。

3.1.3　视觉冗余

视觉冗余是由于人类视觉器官对图像中某些数据不敏感而造成的冗余。通常情况下，人类视觉器官对亮度变化敏感，而对色度的变化相对不敏感；在高亮度区，人眼对亮度变化敏感度下降；对物体边缘敏感，内部区域相对不敏感；对整体结构敏感，而对内部细节相对不敏感。对于视觉冗余来说，变换编码是很有效的处理技术之一[2]。

3.2　信息论基本概念

要从理论上来讨论图像的压缩，就需要对信息论中的某些基本概念做出简要的介绍。信息是消息不确定的。香农用概率论方法对信息做了定量的描述。其描述如下：假设离散信源 X 由 L 个符号$\{x_1, x_2, \cdots, x_L\}$组成，这在数字图像中对应 L 个灰度等级。若各符号 x_j(其中 $j=1,\cdots,L$)各不相干，也就是在某位置出现某符号的概率和其他位置上的各符号出现的概率无关，则称 X 为独立信息源或者无记忆信息源。假设 $P(x_j)$为信源 X 产生符号 x_j 的先验概率，则存在一个概率分布表$\{P_1, P_2, \cdots, P_L\}$，且有 $\sum_{j=1}^{L} P(x_j) = 1$，$x_j$ 的自信息量 $I(x_j)$可定义如下：

$$I(x_j) = -\log P(x_j) \tag{3-3}$$

若式(3-3)取2为底，则相应的最常见的信息量单位为比特(bit)。由式(3-3)可看出：自信息量是某符号出现的概率的函数，它与该符号概率倒数成正比。如果一个符号出现的概率越小，那么其出现的不确定性就越大，且该符号出现所提供的信息量就越多。反之，若某符号出现的概率越大，则其信息量就越少。自信息量 $I(x_j)$是一随机变量，它不能用来作为整个信息源的信息度量。

但是，可将信息源的各符号的自信息量的平均值，即数学期望，定义为信息源的熵(Entropy，简称熵)，具体表达式如下：

$$H(X) = E[I(x_j)] = -\sum_{j=1}^{L} P(x_j) \log P(x_j) \tag{3-4}$$

熵 $H(X)$即平均信息量，也就是各符号所携自信息量的平均值。它表示信息源的平均不确定性，同时还具有对称性、可加性、递增性、非负性等特点。信息熵是从整个信源的统计性来考虑的，它从平均的意义上表现了信源总体的特征。对离散信源来说，可证明最大熵出现在信源先验概率呈均匀分布的情况下。相同的符号集的最大熵和信源实际熵的差值，即体现了信源的冗余度。所以，只要各符号出现的概率不是均匀分布的，信源就存在数据压缩的可能性。

在以上信息论的基础上，可给出高光谱图像的信息熵定义。假设高光谱图像数据位数是 m，图像中像素级总数为 $R=2^m$，第 j 个像素值出现概率为 $P_l(j)$，$P_l(j)$ 可通过概率的直方图进行估计，则第 l 波段图像的信息熵可表示如下：

$$H_l = \sum_{j=1}^{R} P_l(j) \log P_l(j) \tag{3-5}$$

假设高光谱图像共 L 个波段，那么所有波段光谱图像的平均信息熵可表示如下：

$$H_L = \frac{1}{L}\sum_{l=1}^{L} H_l = \frac{1}{L}\sum_{l=1}^{L}\left[\sum_{j=1}^{R} P_l(j) \log P_l(j)\right] \tag{3-6}$$

3.3　信源编码理论

根据信息论的定义，图像的压缩技术属于信源编码范畴，种类繁多，层出不穷。但无论什么样的实现方法，从信息保持的角度讲，都可分为有损压缩和无损压缩两类。

无损压缩又称为熵保持编码或者无失真编码。在保持信息熵不变的前提下，去除的仅为冗余信息，在解压缩时可精确恢复原始图像。无损压缩主要应用在对信息保真要求高的场合。无损压缩的压缩比不高，压缩效率受到数据本身的冗余信息量的限制。

有损压缩又称为不可逆编码，去除冗余信息的同时也有部分有效信息的丢失，解压缩时只能对原始图像进行近似重构，不能精确复原。有损压缩能达到较高的压缩比，其允许的失真越大，压缩比就越大。

信息论中，无失真编码定理为无损编码技术提供了理论基础，限失真编码定理为有损编码技术提供了理论基础。

3.3.1　无失真编码定理

无失真编码定理又称为变长码信源编码定理或者 Shannon 第一定理。该定理指出：在无噪声干扰的条件下，对于熵为 $H(X)$ 的离散的无记忆信源 X，会存在一种信源无失真的编码方法，使得每个符号编码所需平均码长 L 与该信源熵值 $H(X)$ 无限接近，即对任意小的正数 ε，总有

$$H(X) \leqslant L \leqslant H(X) + \varepsilon \tag{3-7}$$

式(3-7)说明图像经过无失真编码后的平均码长 L 是以信息熵 $H(X)$ 为下限的，从理论上说，最佳无失真编码后的平均码长可无限接近信源熵值。但如果编码平均码长 L 小于熵 $H(X)$，图像就一定会产生失真，也就不可能保持信源全部的信息量，所以信息熵就是信源无失真编码能达到的最大的理论极限。无失真编码定理指出平均码长与信源的熵之间的关系，与此同时，也指出了通过无损编码后平均码长可达到的极限，这是很重要的极限定理。

3.3.2 限失真编码定理

大多数情况下，由于干扰因素的存在，信息传输不能保证精确无误。针对不同的需求和应用，人们从同一信源中获取的信息也有所不同，尤其是数字图像信源，只要失真不超过规定范围，接受者也能获取所需信息。香农在《保真度准则下离散信源编码定理》一书中论述了限定失真范围内信源编码的问题，这为有失真压缩奠定了理论基础。在保真度准则下，信源编码定理也称为信息率失真理论、限失真信源编码定理或者香农第三定理，它是关于信息率和其失真关系的极限定理。

对有失真信源编码，人们总是希望在不大于一定的信息编码速率(即传送每个信源符号所需的平均码长)的条件下，使得平均失真限制最小，或在平均失真不大于某值的条件下，信息编码速率限制达到最小。所以失真函数可定义如下：

在给定不同失真度 D 的情况下，使信号失真度小于或者等于 D 所需要的信息速率 R 最小值 $R(D)$，称为信息速率失真函数，或者率失真函数，见式(3-8)：

$$R \geqslant R(D) \tag{3-8}$$

其计量单位为比特/符号，D 可用均方误差或其他的标准度量。率失真理论建立起了码率与失真之间函数的定量依从关系。

率失真函数曲线一般形状如图 3.1 所示，其中 D 代表失真度，$R(D)$是相应的率失真函数。曲线表现出以下的特征：$R(D)$是允许的失真度 D 的连续下凸函数，在其定义域$[0, D_{max}]$上严格递减，其最小值是 0。在曲线与 D 轴的相交处，也就是 D_{max} 处，其最大值发生在 D 为 0 的地方。对于离散信源而言，其值为信源信息熵，由图 3.1 中的虚线表示。对于连续的信源，其值会趋近于无穷，由图 3.1 中的实线表示。

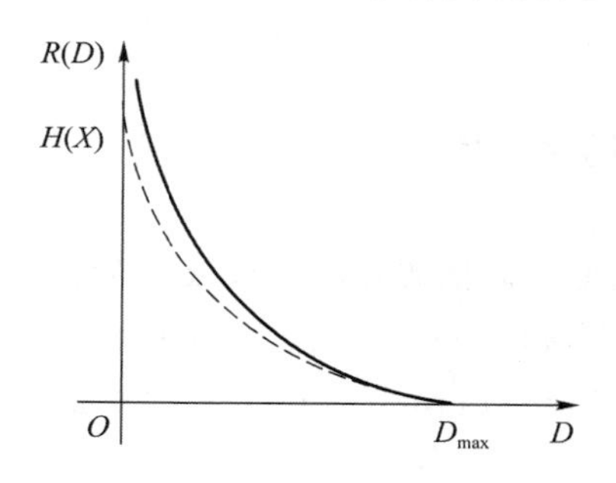

图 3.1　率失真函数的一般形状

率失真函数给出了有损压缩在失真度给定的条件下，编码能达到的比特率的下限，即最大压缩比。对某些类的信源与信宿，首先需确定信宿可以接受的失真标准，也就是保真度准则。在失真标准确定以后，即可根据率失真理论确定信源必须要传递的最小信息量，其允许失真度越大，信息可压缩程度也就越大。由此可见，率失真函数$R(D)$把信息传输的可靠性(取决于信息失真)和有效性(取决于传输速率)有机结合于同一函数内进行调整，进而获得给定条件下信息传输的最佳方案。

此外，信息速率失真函数和信源统计特性密切相关。信源的不确定性大，也就是方差大时，编码所需的比特数 $R(D)$ 较大；当信源的方差小时，$R(D)$ 也就越小，分配给各符号的平均码长也越小。由于实际信源分布的密度函数各不相同，使用的失真测度也不相同，因此求解 $R(D)$ 的显示表达式是非常困难的。但可以证明的是，减小图像方差，可以有效地减低图像码率。

第4章

高光谱图像融合基本技术

目前对地观测的传感器类型越来越多，其中包括各种高空间、高光谱、高时间分辨率的光谱探测仪，这些传感器不仅能够发挥各自的特点和优势，还能相互弥补彼此的不足和缺陷。为了更加合理、充分、有效地利用和开发海量的高光谱数据资源，研究遥感高光谱数字图像融合技术已经成为处理遥感图像信息和获得地物特征的必要手段和方法，也是整个实际遥感应用领域争相研究的热点问题。

为了符合遥感数据融合的要求，首先要对原始的多传感器收集的数据进行几何校正、定标、大气校正等必要的预处理，然后对各个预处理后的传感器数据进行综合，使得传感器之间的信息实现互补和剔除，最终生成一幅具有新的波谱和空间特征的合成图像，从而使得同一地物的图像数据更为全面、可靠和准确。

4.1 高光谱图像预处理技术

在遥感数据获取的过程中，受摄站姿态和位置、大气散射、地形起伏、天气状况以及传感器噪声等多因素的影响，遥感图像存在着辐射畸变、噪声和几何畸变等情况。因此，在实际融合应用之前，需要进行融合图像的预处理。目的是为了提高融合结果的可信度和精准度，消除不利影响。融合预处理一般包括待融合图像辐射校正、几何校正以及图像配准等三个方面。

（1）辐射校正

遥感图像的辐射校正是消除所采集图像中包含的反映辐射亮度方面的各种干扰的一种手段。在光线的传播路径中，因为太阳、大气、地面目标等因素会对光信号造成不同程度的衰减，所以传感器接收到的信号会产生失真，这就需要对所获取的图像进行辐射校正。

高光谱图像的辐射校正非常重要，它是对图像进行后期光谱定量分析处理的前置操作。要实现辐射校正，首先需要对空中成像光谱仪接收到的信号与地面信号接收仪采集到的数据进行数学建模和定量分析。我们一般采用实验室定标、现场定标以及替代定标等多种方式进行辐射量定标，从而获取每一个探测单元的辐射校正系数，然后用这些系数校正高光谱图像的各个波段和像元。

（2）几何校正

几何畸变是指遥感图像的像元位置坐标与实际的地物位置坐标之间的差异。遥感图像在采集过程中，所获取图像的几何畸变主要有静态畸变与动态畸变，静态畸变是由于大气遮光、地形条件、传感器物镜畸变等因素造成的，而动态畸变是由于地球自转、传感器平台移动造成的。几何畸变对图像质量的影响是不可忽略的，所以在实际操作中消除几何畸变影响，即精确匹配地面目标与图像像元，是非常有必要的。

几何校正按照校正精度的不同，可以分为几何粗校正和几何精校正。几何粗校正以参考坐标系为准，利用已知的系统参数对原始图像进行校正。几何精校正可以根据所选校正参数的不同，分为两种方法：方法一是选取 N 个地面控制点解算整幅图像的几何参数进行校正；方法二是将遥感器的移动轨迹测量数据作为参数进行校正。

（3）图像配准

图像之间配准是预处理过程中相当关键的一步。由于不同传感器采集到的高光谱图像和高空间分辨率图像具有不同的时间和不同的视角，因此在空间分辨率和入射角等方面存在着一定的差异。为了实现两幅图像对应像元之间的空间位置变换，需要对通过不同方式采集到的原始图像进行点对点的配准。图像配准包括绝对配准和相对配准两种方法。绝对配准是在图像校正过程中采用同一坐标系，然后以相同的分辨率对图像进行重采样。相对配准是从待处理图像中选择某一幅图像作为参考基准，将其他图像与参考图像进行配准，也称其为图像对图像的配准。

4.2　高光谱图像融合及其研究现状

4.2.1　高光谱图像融合基本概念

遥感信息融合技术是 50 多年前率先在欧美等个别国家发展起来的一种现代高新技术，它融合了计算机、图像处理、传感器、信号处理等多个学科。因其在国防、农业以及其他公益领域的应用前景而迅速被世界各国重视和发展。这种技术最初被学术界称作多传感器图像合成技术或者信息混合技术。

为了符合遥感数据融合的要求，首先要对原始的多传感器收集的数据进行几何校正、定标、大气校正等必要的预处理，然后对各个预处理后的传感器数据进行综合，使得传感器之间的信息实现互补和剔除，最终生成一幅具有新的波谱和空间特征的合成图像，从而使得同一地物的图像数据更为全面、可靠和准确。融合不仅仅是复杂的数据间的简单叠加，更多的是实现数据信息的整合。

从这些不同的传感器获取的数据中，只有提取出对实际应用领域有效的信息，剔除那些无用的冗余信息，才能为实际应用中的决策提供科学的理论依据。如果将空间分辨率相对较高而光谱分辨率相对较低的多光谱图像和光谱分辨率较高而空间分辨率较低的高光谱图像进行数据融合，那么就可以得到同时保留二者优点的新图像。

4.2.2　高光谱图像融合及研究现状

虽然高光谱遥感图像是光谱分辨率高的多维图像，但由于它也具备常规图像的基本性质，因此，高光谱图像的融合一般也可以使用普通图像的融合方法。另外，高光谱图像除了具备常规图像的基本性质外，它还具有许多普通常规图像所不具备的特有的性质，因而用常规图像的融合方法来融合高光谱遥感图像时，并不总能保证很好的融合效果。因此，开展高光谱遥感图像的融合技术研究是非常必要的。

目前的高光谱融合研究主要存在两方面的问题。一是高光谱图像是波段数目更多的多光谱，其波段数目远远超过多光谱图像的波段数目，所以，一些多光谱的融合方法能够用于高光谱图像融合。二是高光谱图像的数据非常复杂，缺少可以通用的高光谱图像数据融合模型，因此，目前还没有普适的和最优的一种高光谱融合算法。按照参与融合的源图像的特点分类，高光谱遥感图像的融合问题可以划分为多光谱图像与全色图像的融合、多光谱图像与高光谱图像的融合两大类。

(1) 多光谱图像与全色图像的融合

全色图像一般具有较高的空间分辨率，是一种单波段图像，但是其光谱范围较宽。全色图像作为单波段灰度图像，所包含的光谱信息是十分有限的。因为多光谱图像具有大量的光谱信息，所以可以将多光谱图像和全色图像融合，即将全色图像的空间信息和多光谱图像的光谱信息进行融合，这样就能生成既具有很高的空间分辨率，也具有非常高的光谱分辨率的多光谱图像，以期能获得具有丰富信息的图像。

全色图像与多光谱图像融合方面的研究时间较长，成果也较多。比如：Nunez 等人和一些国内学者以 RWT 为图像工具，提取了 Landsat 卫星的 TM 多光谱数据的高频信息，并将它和 SPOT 卫星的全色图像融合；也有学者采用 RWT 对多光谱图像各波段的单独图像进行多分辨分析，将其变换到频域，以它们之间的相关系数实现与全色图像的合并；Chibani 等人通过 HIS 变换获得多光谱图像的 I 分量，并将其与全色图像在 RWT 域进行融合，获得融合图像 I 分量，最后通过 HIS 逆变换获得融合结果；Hill 等人采用局部回归分析，实现了多光谱图像和全色图像的融合。

在多光谱图像和全色图像的融合技术中，研究者更多地把注意力集中在空间分辨率的提高和光谱畸变的减小上，而较少讨论源图像中噪声的处理方法以及融合算法的噪声免疫性能。此外，在此类融合问题中，空间特征和光谱特征的保持本身就是矛盾的，一项质量的提高总会引起另一项质量的下降，因此有待开发在空间特征和光谱特征的保持方面具有良好均衡性的高效、快速的融合算法。

（2）多光谱图像与高光谱图像的融合

高光谱图像的光谱分辨率高。一般情况下，多光谱图像的空间分辨率比高光谱图像的空间分辨率要高。因此，高光谱图像和多光谱图像的融合能提供光谱分辨率和空间分辨率都非常好的高光谱图像，这样可以更好地实现目标定位和目标识别。将高光谱图像的高分辨率光谱信息和多光谱图像的高分辨率光谱信息充分保留，就是实现了高光谱图像和多光谱图像的数据融合，这样就能生成空间分辨率和光谱分辨率都很高的理想高光谱图像。

由于目前关于多光谱图像与高光谱图像融合方面的研究并不多，因此它具有广阔的研究前景。美国 George Mason 大学地球观测与空间研究中心的 Gomez 等人，较早开始了此项研究。他们以 2D-DWT 为工具检测了高光谱和多光谱的图像特征，并在 2D-DWT 域实现了二者的合并。

4.3　遥感图像融合层次分类

高光谱图像与高空间分辨率图像融合是多源遥感融合的重要分支，其目的是尽可能地保持融合图像的几何信息和光谱信息，实现后续高光谱数据更为准确的应用处理，扩展高光谱遥感数据的应用领域。与其他遥感图像融合类似，高光谱遥感图像融合也可以划分为像素级、特征级和决策级三个层级。目前主要以像素级融合和特征级融合研究为主，也有少量的基于特定目标处理的决策级融合算法。

像素级融合是指对同一区域配准的遥感图像之间进行多种组合形式的内容复合，以形成一幅新的图像。这种融合最大限度地保留了初始信息，获取了特征级融合与决策级融合所摒弃的细节元素，具有很高的精度。像素级融合为遥感图像人工判读和特征级融合、决策级融合提供了良好的基础数据。目前，大多数高光谱图像与高空间分辨率图像的融合算法都属于像素级的融合算法，典型的算法有 IHS 融合、主成分变换融合、高通滤波融合以及小波变换融合等。这类融合算法得到的结果有利于目视判读和图像显示，因此具有一定的实用价值。然而，此类算法往往因为高光谱图像的波段数量大的特点，导致其光谱信息失真严重，波段连续性难以保持，因而难以对融合结果进一步分析处理。

特征级融合首先是对来自不同传感器的遥感图像进行特征提取，然后采用一定的技术方式对特征进行融合处理，从而得到新的特征图像。一般来说，提取的特征信息应该是像素信息的充分表示量或者充分统计量，典型的包括地物的边缘信息、形状、方向、纹理、距离以及区域等信息。特征级融合的最大好处就是对高光谱数据进行了可观的信息压缩，这样便于更好地进行后续的信息处理。由于所获取的特征信息往往与决策级别的分析相关联，因此特征融合结果能尽最大可能地提供决策分析所需要的特征信息。目前，特征级融合算法主要有聚类分析法、贝叶斯估计法以及神经网络法。特征级融合的配准精度要求低于像素级融合的配准精度。

决策级融合处于融合层次的金字塔顶端。决策级融合必须结合具体的应用和需求特性，将特征级融合所获取的多种特征信息进行选择性利用，最终实现决策目标。特征信息合理有效的选择会极大地提高图像决策级融合的效果。决策级融合的过程大致包括：首先对图像进行特征级的信息获取，获得对决策目标初步的识别和分析；接着再按照传感器的决策信息开始变换；最后获得决策融合结果。在高光谱融合领域，决策级融合方法是对图像数据进行信息提取后，进一步结合地物相关信息和专家知识等辅助信息进行决策级融合。目前决策级融合只是在特定的领域展开了研究，还没有成熟的算法和理论。

表4.1展现了各层级融合算法的特点。

表4.1　各层级融合算法特点

层次	像素级融合	特征级融合	决策级融合
信息类型	多幅图像	提取图像特征信息	用于决策的符号和模型
信息级别	低	中	高
信息模型	含有多维属性的图像或者像素的随机过程	可变的集合图像、方向、位置及特征的时域范围	测量值含有不确定因素的符号
空间精度	高	中	低
时间精度	中	中	低
信息损失	小	中	大
实时性	差	中	优
容错性	差	中	优
抗干扰能力	差	中	优
工作量	大	中	小
融合水平	低	中	高
性能改善	更好的像素处理结果	压缩数据处理量、增强特征测量值精度	提高处理的可靠度或者提高结果的正确概率
主要方法	IHS变换 PCA变换 高通滤波变换 小波变换 Brovey变换 加权平均法 金字塔融合法	贝叶斯估计法 神经网络法 加权平均法 熵法 聚类分析法 表决法 联合统计法	贝叶斯法 神经网络法 基于知识的融合法 模糊级理论 可靠性理论

高光谱图像与高空间分辨率图像融合的三个层级，可以根据不同的融合需求进行灵活的变通调整。它们不仅能够单独进行，还可以结合起来成为一个整体运行。在实际高光谱的应用处理中，我们可以按照不同的需求来选择不同级别的融合方法或者多种级别融合算法的综合。无论最后采用哪种算法，基本的融合过程都包括图像预处理、融合处理以及结果评价三部分。融合层级图如图4.1所示。

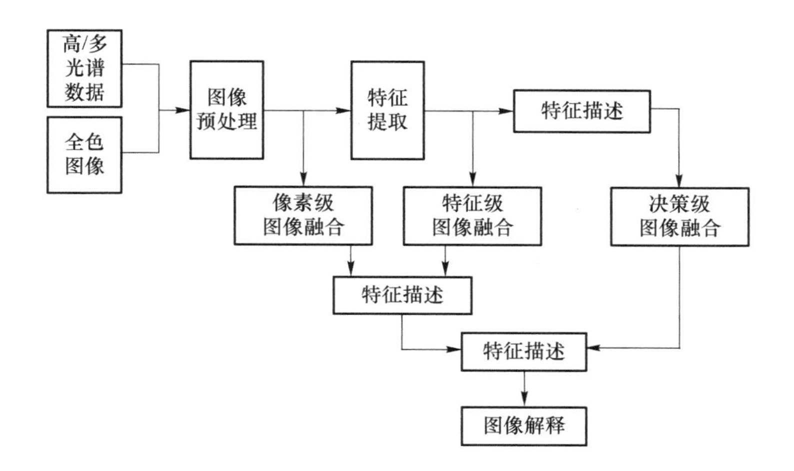

图 4.1　融合层级图

4.4　高光谱图像与高空间分辨率图像融合过程分析

通过以上关于融合数据源的分析以及融合预处理的研究，高光谱图像与高空间分辨率图像融合的过程如图 4.2 所示，包含了图像选择、数据预处理和融合变换三个阶段。

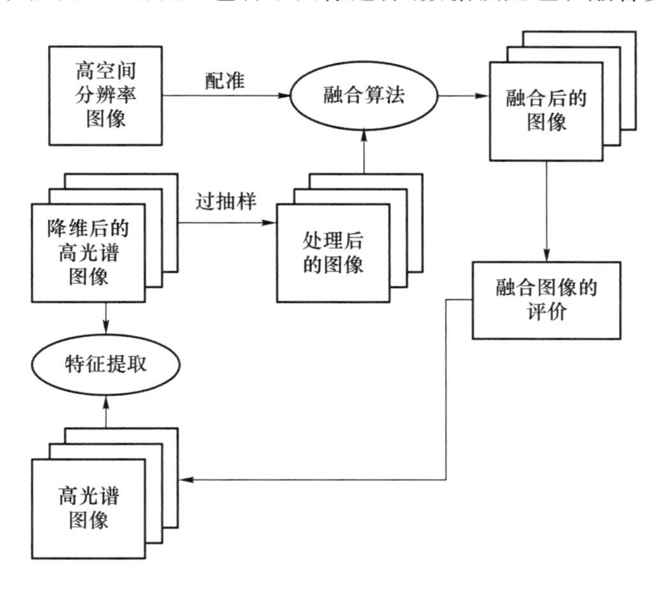

图 4.2　高光谱图像与高空间分辨率图像融合过程图

通过对图像的特性进行分析，考虑到要降低数据处理难度与信息冗余度，首先会将高光谱数据进行降维或者特征提取，保留降维后能够代表高光谱几乎所有信息的分量。所以在融合处理进行之前，需先对高光谱数据进行波段选择和图像预处理，然后将高空间分辨率图像与去除冗余信息之后的低维高光谱数据进行融合处理。

图像预处理过程如下：首先，由于高光谱图像在成像过程中受多重因素影响，容易产生无信息或错误信息波段，因此要删除这些坏波段，以便提高融合图像质量；其次，要根据图像大致重合区域进行剪裁，减少不相关像元，同时也能减少参与运算的像素数量，大大提高运算效率；最后，进行几何校正与图像配准操作。融合图像质量与待融合图像前期的预处理操作息息相关，对于预处理结果较好的图像来说，其融合图像的质量会相对较高。

高光谱图像与高空间分辨率图像的融合，首先要进行融合算法的选择，然后按照其操作步骤，设定融合处理的相关参数。融合图像的质量与融合算法中相关参数的设置有很大关系。进行融合仿真实验时，要进行多次参数调整，方可确定融合参数的合理范围。其次，对于执行融合算法后的结果图像，有时还需做进一步的处理，如“匹配处理”与“类型变换”等操作，以便后期图像的分析处理。最后要对所输出的结果图像进行质量评估，根据图像质量的优劣设计融合算法的优化方案。

第 2 篇

遥感高光谱图像压缩技术

高光谱图像数据压缩要以高光谱图像的特征为出发点。高光谱图像具有空间相关性和谱间相关性，并且谱间相关性往往大于空间相关性，因此，在压缩过程中去除高光谱图像的谱间冗余十分关键。通过一系列压缩算法对高光谱图像进行光谱去相关，然后对高光谱图像进行空间去相关，以达到更好的压缩效果。对数据完成压缩后，通过信道把压缩的图像数据传输至地面进行解压缩，以恢复原始数据。通过相应算法对数据还原，其过程先是对空间解压缩，再对光谱重建，对压缩数据解压缩复原原数据后，即重建了高光谱图像。

本篇详细介绍了高光谱图像压缩的五大类压缩算法，即基于降维的压缩算法、基于预测的无损压缩算法、基于变换的压缩算法、基于矢量量化的压缩算法和基于分布式编码的无损压缩算法。并对诸多经典的算法进行了改进和实验。最后对各个算法的压缩性能进行了评价。

第5章 基于降维的压缩算法

5.1 高光谱遥感图像数据降维的可行性分析

5.1.1 高光谱遥感图像数据的信息熵

对于同一幅高光谱遥感图像的数据，不同的波段数据在反映同一地区图像的丰富程度上存在着比较大的差别[3]。人们普遍认为，有着丰富内容的图像相对来说比较重要。信息熵是一种对信息的度量，它以概率统计为基础，代表着信源所含信息量的均值。这里我们就用信息熵来表述不同波段图像内容的丰富程度[4]。下面是信息熵的计算方法。

无记忆信源 $X=\{x_1,x_2,\cdots,x_N\}$；事件 x_i 发生的概率为 $p(x_i)$；事件 x_i 提供的信息量为

$$I(x_i)=-\log_2 p(x_i)$$

其中，信息量的单位是比特(bit)，由此用2来作对数的底。例如，如果 $p(x_i)=1/4$，那么 $I(x_i)=2$ bit，说明事件 x_i 提供的信息量为2 bit。

X 所传递的平均信息量，即信息熵 $H(X)$，可表示如下：

$$H(X)=\sum_{i=1}^{N}p(x_i)I(x_i)=-\sum_{i=1}^{N}p(x_i)\log_2 p(x_i) \tag{5-1}$$

在高光谱遥感图像中，$p(x_i)$表示灰度值是 x_i 的像素数量占整个高光谱图像像素数量的比率。由信息熵的定义及公式，不难得出：

$$H(X)\leqslant\log_2 p(x_i)$$

当且仅当 $p(x_i)=\dfrac{1}{N},i=1,2,\cdots,N$ 时，有 $H(X)=\log_2 p(x_i)$。

高光谱图像 HJ1A 和 EO-1(BJ)各个波段的信息熵曲线如图5.1和图5.2所示。由

此可知，同一高光谱遥感图像不同的波段具有不同大小的信息熵，即同一高光谱遥感图像不同的波段有着不同的图像丰富程度。

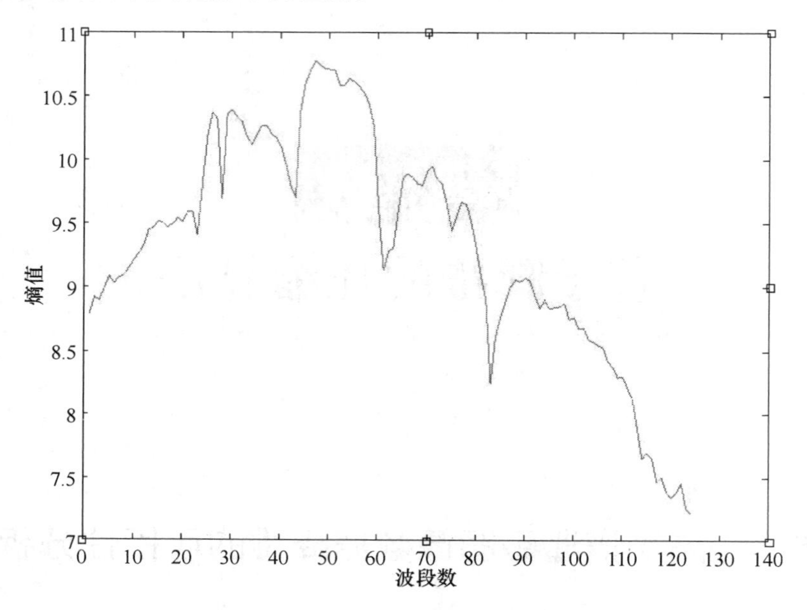

图 5.1　HJ1A 各个波段的图像信息熵曲线

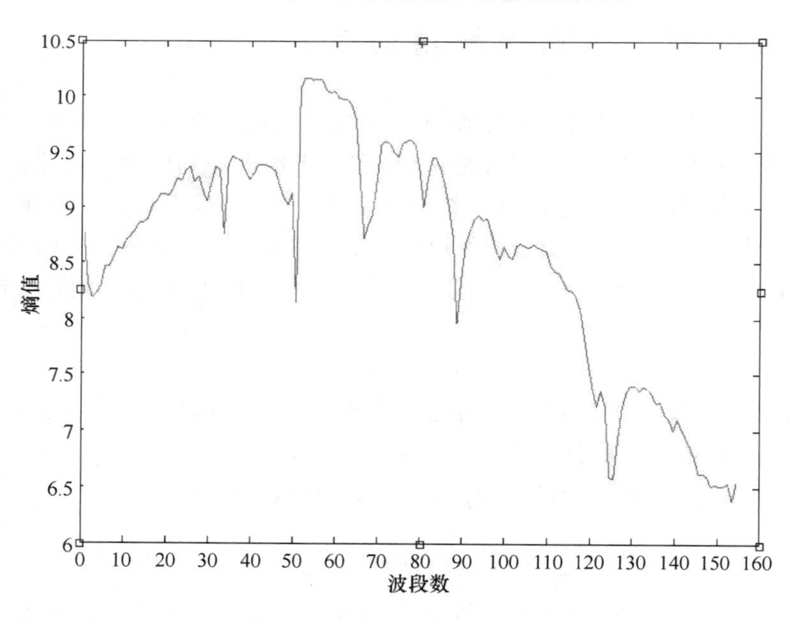

图 5.2　EO-1(BJ)各个波段的图像信息熵曲线

5.1.2　高光谱图像的空间相关性

下面分别选取高光谱图像 Hyperion(图 5.3～图 5.5)、EO-1(BJ)(图 5.6～图 5.8)的

第 10 个波段的图像数据和常常用于实验的测试图像 Lena(图 5.9～图 5.11)来计算其行自相关系数和列自相关系数,并将给出其实验图像及结果。

图 5.3　Hyperion 第 10 个波段图像

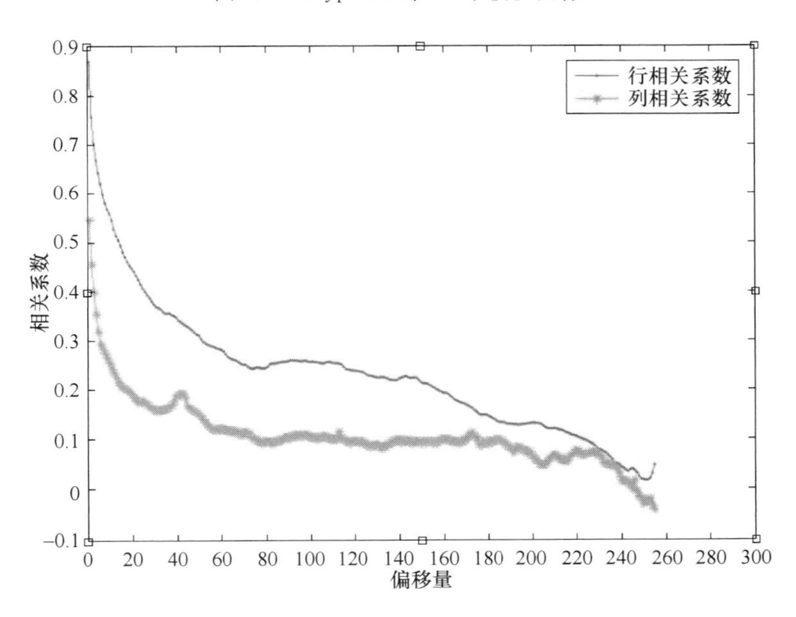

图 5.4　Hyperion 第 10 个波段偏移量 1～256 像素相关系数曲线

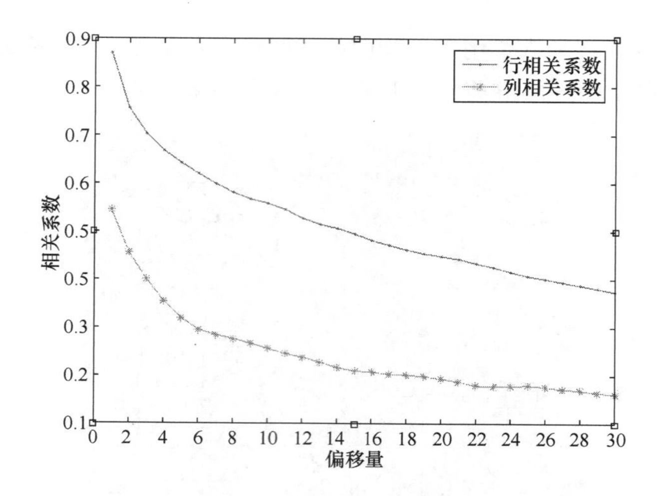

图 5.5　Hyperion 第 10 个波段偏移量 1～30 像素相关系数曲线

图 5.6　EO-1(BJ)第 10 个波段图像

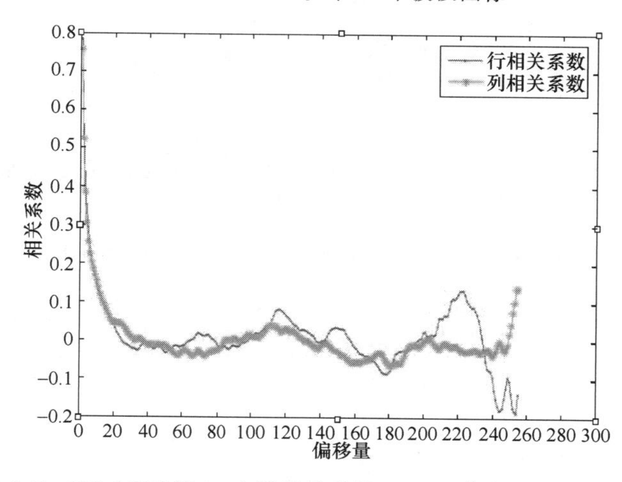

图 5.7　EO-1(BJ)第 10 个波段偏移量 1～256 像素相关系数曲线

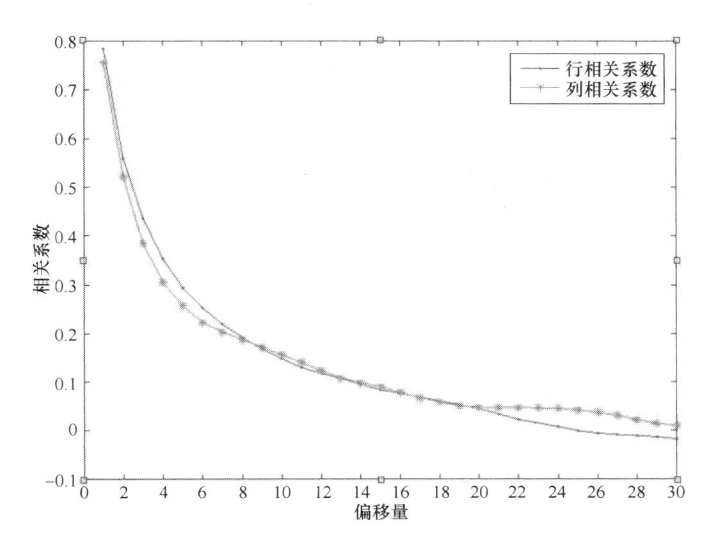

图 5.8　EO-1(BJ)第 10 个波段偏移量 1～30 像素相关系数曲线

图 5.9　图像 Lena

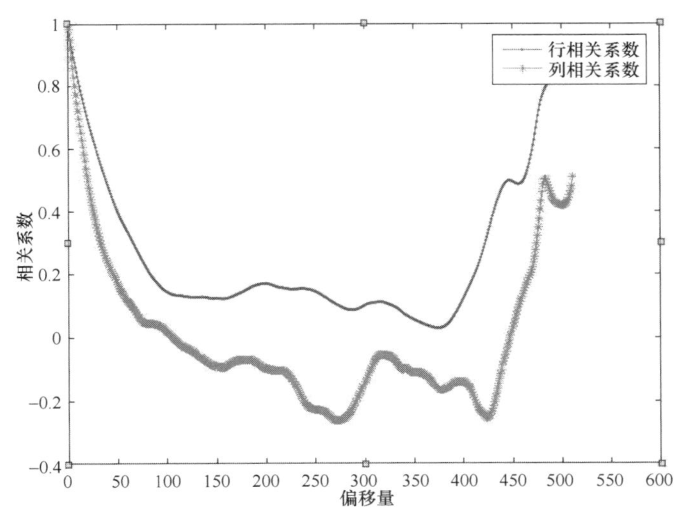

图 5.10　Lena 偏移量 1～512 像素相关系数曲线

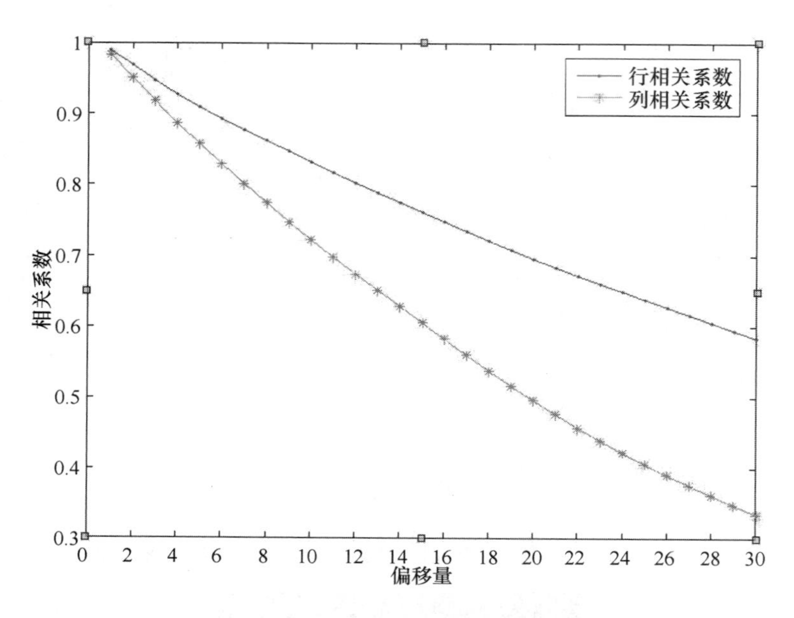

图 5.11　Lena 偏移量 1～30 像素相关系数曲线

通过以上从偏移量 1 像素至图像大小像素的相关系数曲线可以得到：相关系数随着偏移量的增加越来越小。其中 Lena 在最大偏移量附近出现了相关系数急剧增加，这是由于 Lena 图像左侧和右侧颜色接近，上面和下面颜色接近造成的。

对于高光谱图像而言，它的空间分辨率是小于普通图像的空间分辨率的，其单个像素点所描述的目标地物的区域面积也比普通图像数据的要大，因此，高光谱图像的像素值大小的连续性要比普通图像的差，从而使得像素间的自相关系数较小。从偏移量 1 像素到 30 像素的相关系数曲线可以得到以上结论。

由图 5.11 可知，对于普通图像 Lena，相关系数最高可达到 1，而偏移量达到 30 像素时行相关系数还能达到 0.6，虽然列相关系数相比较行相关系数较低，但也能达到 0.3 以上。由图 5.5 可知，对于高光谱遥感图像数据 Hyperion，行相关系数的最高值可达 0.9，最低值在 0.4 左右，而列相关系数最高值不到 0.6，最低值还不到 0.2。由图 5.8 可知，对于高光谱遥感图像数据 EO-1(BJ)，行列相关系数曲线大致相同，最高值不到 0.8，最低值在 0 左右。从以上的实验数据可以推断出：普通的二维图像在空间相关性上要比高光谱遥感图像数据的高，也就是说那些用在普通图像数据上的压缩算法并不适合用在高光谱遥感图像数据上。

5.1.3　高光谱图像的谱间相关性

高光谱图像 Hyperion 和 EO-1(BJ)各个像素点的光曲线如图 5.12 和图 5.13 所示。从图中可以看出，这些像素点在同一波段中的灰度值虽然不同，但它们在所有波段上的值形成的曲线相似，另外，光曲线大部分走向比较平缓，而且比较平滑。从微观上看，同一个像素点在相邻波段的像素值相差不大，不同像素点在不同频率下的光(电磁波)的反射走向相似。由此可以推断出:高光谱遥感图像数据在各个不同光谱波段数据之间(谱间)有着大量的冗余数据。

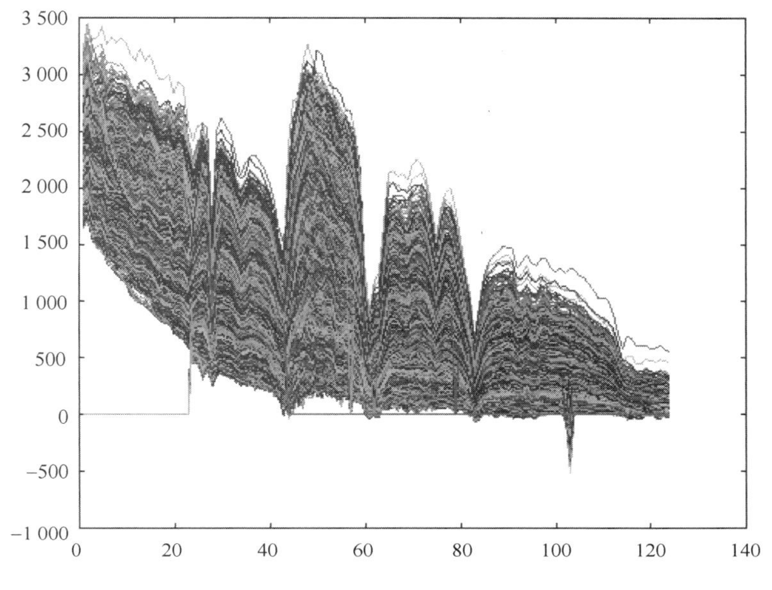

图 5.12　Hyperion 各个像素点的光曲线

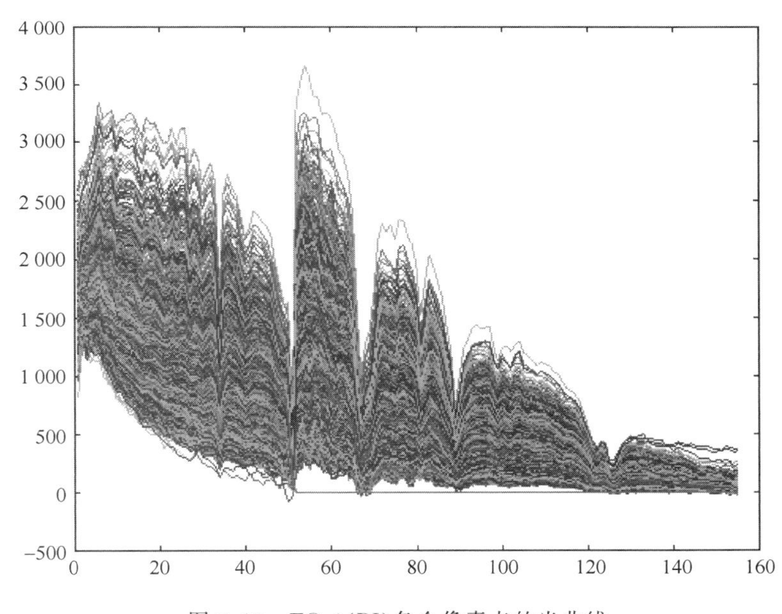

图 5.13　EO-1(BJ)各个像素点的光曲线

通过观察高光谱图像 Hyperion 和 EO-1(BJ)在 11～20 波段间的谱间相关系数表(见表 5.1 和表 5.2),可得出以下结论:谱间相关系数与两个波段数据间的距离(相隔的波段数量)成反比。一般情况下,一个波段与相邻波段间的谱间相关系数比与其他波段的谱间相关系数要大。

表 5.1　Hyperion 波段 11～20 间的谱间相关系数表

波段	11	12	13	14	15	16	17	18	19	20
11	1	0.993	0.987	0.981	0.972	0.962	0.956	0.946	0.944	0.935
12	0.993	1	0.994	0.989	0.981	0.972	0.965	0.958	0.956	0.947
13	0.987	0.994	1	0.992	0.988	0.981	0.975	0.969	0.967	0.959
14	0.981	0.989	0.992	1	0.992	0.987	0.984	0.978	0.978	0.971
15	0.972	0.981	0.988	0.992	1	0.994	0.992	0.989	0.989	0.984
16	0.962	0.972	0.981	0.987	0.994	1	0.994	0.992	0.992	0.989
17	0.956	0.965	0.975	0.984	0.992	0.994	1	0.994	0.994	0.992
18	0.946	0.958	0.969	0.978	0.989	0.992	0.994	1	0.995	0.994
19	0.944	0.956	0.967	0.978	0.989	0.992	0.994	0.995	1	0.995
20	0.935	0.947	0.959	0.971	0.984	0.989	0.992	0.994	0.995	1

表 5.2　EO-1(BJ)波段 11～20 间的谱间相关系数表

波段	11	12	13	14	15	16	17	18	19	20
11	1	0.993	0.987	0.981	0.972	0.962	0.955	0.946	0.944	0.935
12	0.993	1	0.994	0.989	0.981	0.972	0.965	0.958	0.956	0.947
13	0.987	0.994	1	0.992	0.988	0.981	0.975	0.969	0.967	0.959
14	0.981	0.989	0.992	1	0.992	0.987	0.984	0.978	0.978	0.971
15	0.972	0.981	0.988	0.992	1	0.994	0.992	0.989	0.989	0.984
16	0.962	0.972	0.981	0.987	0.994	1	0.994	0.992	0.992	0.989
17	0.955	0.965	0.975	0.984	0.992	0.994	1	0.994	0.994	0.992
18	0.946	0.958	0.969	0.978	0.989	0.992	0.994	1	0.994	0.994
19	0.944	0.956	0.967	0.978	0.989	0.992	0.994	0.994	1	0.995
20	0.935	0.947	0.959	0.971	0.984	0.989	0.992	0.994	0.995	1

高光谱遥感图像数据相邻波段间的谱间相关系数曲线如图 5.14、图 5.15 所示。

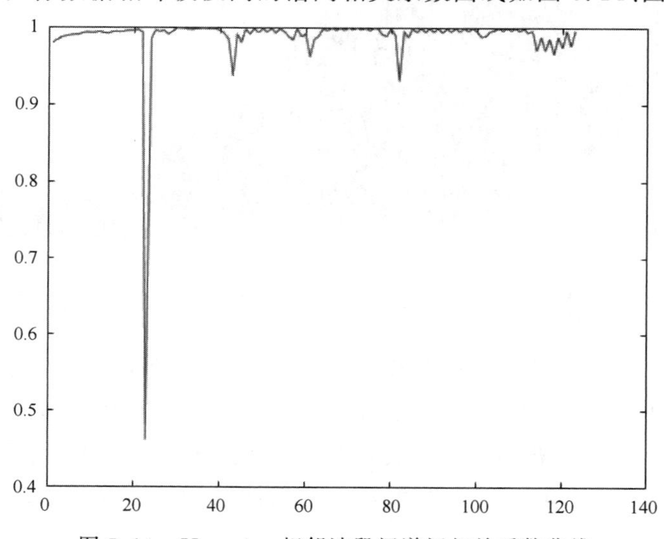

图 5.14　Hyperion 相邻波段间谱间相关系数曲线

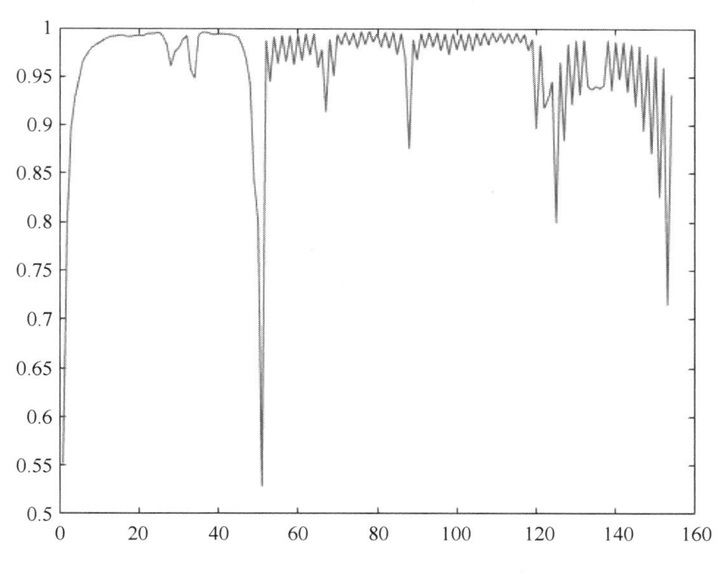

图 5.15　EO-1(BJ)相邻波段间谱间相关系数曲线

通过计算高光谱数据相邻波段间的谱间相关性，不难发现 Hyperion 图像数据(除第 23 光谱波段数据外)的谱间相关系数都超过了 0.9，除第 23、43、82 光谱波段数据外，谱间相关系数也都达到了 0.95 以上。虽然 EO-1(BJ)图像数据的谱间相关系数没有 Hyperion 图像数据的谱间相关系数那么高，但绝大部分光谱波段数据间的谱间相关系数也都超过了0.9。通过分析以上相邻光谱波段间的谱间相关系数曲线，我们可以得出一个结论：高光谱遥感图像数据各个光谱波段数据之间有着非常大的冗余。

5.1.4　高光谱图像的数据维

在以下的讨论中，把高光谱遥感图像数据看成一个具有很高维数的矢量空间(高光谱遥感图像数据空间)中的超立方体、超球体[5]。

假设在 d 维矢量空间内有一个半径为 r 的超球体，其体积可表示为

$$V_s(r)=\frac{2r^d\ \pi^{\frac{d}{2}}}{\mathrm{d}\Gamma\left(\frac{d}{2}\right)} \tag{5-2}$$

其中，Gamma 函数为 $\Gamma(x)=\int_0^\infty t^{x-1}\mathrm{e}^{-t}\mathrm{d}t$。

假设该超球体内部有一个 d 维超球体，其半径为 $r-\varepsilon$，并满足 $0<\varepsilon<r$(其中 ε 是一个很小的数)，则两超球体体积之比可表示为

$$f_{d_1}=\frac{V_s(r-\varepsilon)}{V_s(r)}=\left(1-\frac{\varepsilon}{r}\right)^d \tag{5-3}$$

在 d 维矢量空间中，边长为 r 的超立方体体积可表示为

$$V_c(r)=r^d \tag{5-4}$$

设该超立方体内部有一个 d 维超立方体，其边长为 $r-\varepsilon$，并满足 $0<\varepsilon<r$（其中 ε 是一个很小的数），则两超立方体体积之比可表示为

$$f_{d_2}=\frac{V_c(r-\varepsilon)}{V_c(r)}=\left(1-\frac{\varepsilon}{r}\right)^d \tag{5-5}$$

由式(5-3)和式(5-5)可知，当超球体和超立方体中 r 取值相同，并且 ε 也取相同值时，有 $f_{d_1}=f_{d_2}$。当空间维数增加时，有 $\lim f_{d_1}=f_{d_2}=0$，也就是说，高光谱图像波段数增加越多，超球体、超立方体的体积越聚集在其表层的壳上。

当 $r=1,\varepsilon=0.05$ 时，可通过增加维数 d 得到不同维数时内部超球体（超立方体）和外部超球体（超立方体）的比值曲线图，如图 5.16 所示。

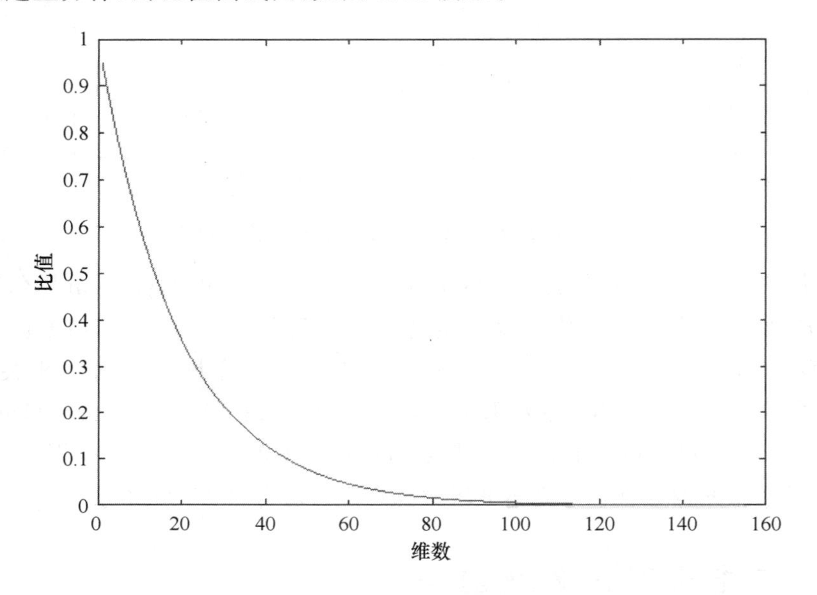

图 5.16　$r=1,\varepsilon=0.05$ 时的比值曲线图

从图 5.16 可以看出，当维数增加至 45 维左右时，内部超球体（超立方体）和外部超球体（超立方体）的比值只有 0.1；而当维数增加至 100 维时，比值几乎接近于零。由此可推断出：当数据的维数增加到一定的高度时，外部的超球体（超立方体）的体积都聚集在其表层的壳上。

另外，当 $r=1$，维数分别取 124 维（表示选取的高光谱图像的波段数）和 155 维时，可通过选取不同的 ε，来计算得出内部超球体（超立方体）和外部超球体（超立方体）的比值曲线图，如图 5.17 和图 5.18 所示。

通过图 5.17 和图 5.18 可以得出：当 $r=1$，维数分别取 124 维和 155 维时，内部超球体（超立方体）和外部超球体（超立方体）的比值曲线图差别不大，曲线走向都是单调下降；当 ε 取 10/1 000，维数取 124 维时比值不到 0.3，维数取 155 维时比值稍大于 0.2；当维数取 124 维，ε 达到 40/1 000 时，比值几乎为零，而维数取 155 维，ε 达到 32/1 000 时，比值几乎为零。这说明了无论是半径为 1 的超球体还是边长为 1 的超立方体，当维数达到 124 维，ε 达到 40/1 000 时，内部几乎是空的了，体积集中在了表面；而维数达到 155 维

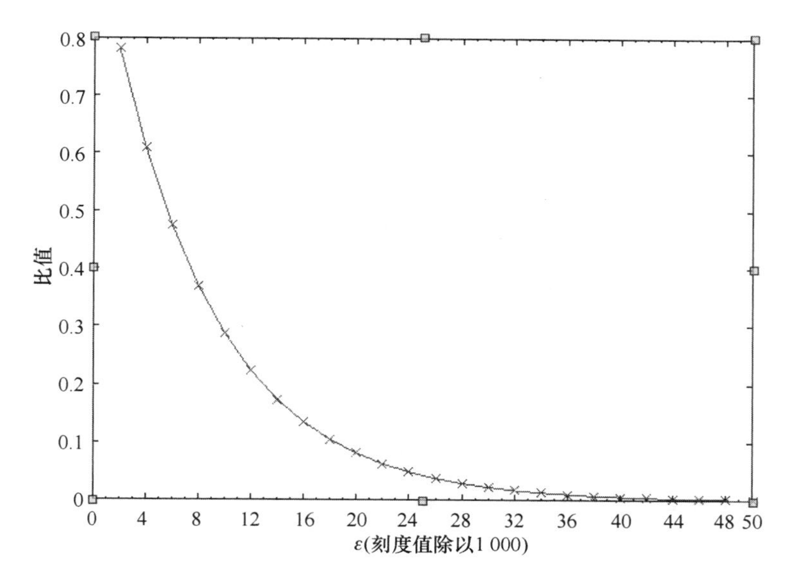

图 5.17　$r=1, d=124$ 时的比值曲线图

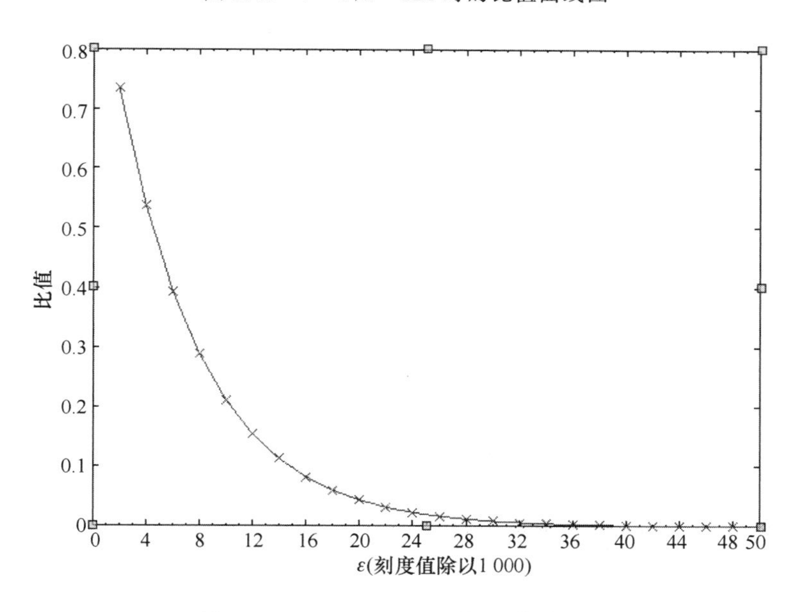

图 5.18　$r=1, d=155$ 时的比值曲线图

时，ε 只需取 30/1 000 多，体积就集中在了表面。

因此，针对高光谱遥感图像数据来说，无论把它当作高维矢量空间的超球体还是超立方体，其体积都聚集在其表层的壳上，也就是说，在高光谱遥感图像数据表层的壳上都聚集着其最有用的图像数据，而在其内部的绝大部分都是相对没有用的数据，在高维的矢量空间内，多变量的数据一般在更低维度的矢量空间内。那么，根据不一样的统计类别具有可分离性这一特点，在保留重要信息的前提下，能把高维的高光谱遥感图像数据变换投影到更低维的子矢量空间内。

由上述对高光谱遥感图像数据的各类特征分析能够得到以下结果。因为高光谱遥感图像数据的光谱分辨率非常高,所以能够得到一条较光滑的地物光谱信息曲线,这也使得高光谱遥感图像数据的相邻波段数据在光谱间的相关性更强,致使图像数据冗余增多;高光谱遥感图像数据的空间分辨率比普通图像数据的空间分辨率要低很多,它的一个像素描述的地物区域要比普通图像一个像素所描述的地物区域大得多,因此其空间相关性相对较弱;高光谱图像各个波段的信息熵大小不同,所以各波段所含重要信息的程度也不相同;高光谱图像有很高维的数据,并且其有效数据都聚集在其表层的壳上,因此,通过降低光谱维数来压缩高光谱遥感图像不会丢失高光谱图像的重要数据。

5.2　局部保持投影降维算法和无监督判别投影降维算法

首先介绍本章后文中算法所用到的数据。

(1) n 个样本数据表示为 $\boldsymbol{X}=(x_1,x_2,\cdots,x_n)^{\mathrm{T}}, x_i\in\mathbf{R}^m(i=1,2,\cdots,n)$;

(2) 投影矩阵表示为 $\boldsymbol{W}=(w_1,w_2,\cdots,w_d)\in\mathbf{R}^{m\times d}$;

(3) 降维后的样本数据表示为 $\boldsymbol{Z}=(z_1,z_2,\cdots,z_n)^{\mathrm{T}}, z_i\in\mathbf{R}^d(i=1,2,\cdots,n), d\ll n$。

5.2.1　局部保持投影降维算法

局部保持投影(Locality Preserving Projection, LPP)[6-8]的目的是在降维的过程中保持数据局部的结构不变,同时找到最佳变换矩阵 $\boldsymbol{W}$。

下面是 LPP 降维算法的计算过程。

(1) 建立近邻图,有以下两种常用方法:

① k 近邻法,寻找与 x_i 的欧氏距离最小的 k 个样本,并在近邻图中把 x_i 连至这 k 个样本;

② ε 近邻法,寻找与 x_i 的距离小于 ε 的所有样本,并在近邻图中把 x_i 连至这些样本。

(2) 计算权重 $\boldsymbol{\psi}$,有以下两种常用方法。

① 高斯核,也叫热核,可表示为

$$\boldsymbol{\psi}_{ij}=\begin{cases}\mathrm{e}^{\left(-\frac{\|x_i-x_j\|^2}{2\sigma^2}\right)}, & x_i\text{ 和 }x_j\text{ 是近邻}\\ 0, & \text{其他}\end{cases} \tag{5-6}$$

σ 代表伸缩的尺度。

② 0-1 形式,具体表示为

$$\boldsymbol{\psi}_{ij}=\begin{cases}1, & x_i\text{ 和 }x_j\text{ 是近邻}\\ 0, & \text{其他}\end{cases} \tag{5-7}$$

(3) 在降维过程中,通过下面的公式来保留高维数据样本之间近邻的关系:

$$\min\left(\sum_{i,j=1}^{n}\|z_i-z_j\|^2\boldsymbol{\psi}_{ij}\right) \tag{5-8}$$

其中，$z_i=\boldsymbol{W}^{\mathrm{T}}x_i$，则式(5-8)可转化为

$$\begin{aligned}
&\min\left(\sum_{i,j=1}^{n}\|z_i-z_j\|^2\boldsymbol{\psi}_{ij}\right)\\
=&\min_{\boldsymbol{W}}\left(\sum_{i,j=1}^{n}\|\boldsymbol{W}^{\mathrm{T}}x_i-\boldsymbol{W}^{\mathrm{T}}x_j\|^2\boldsymbol{\psi}_{ij}\right)\\
=&\min_{\boldsymbol{W}}\left[\sum_{i,j=1}^{n}(\boldsymbol{W}^{\mathrm{T}}x_i-\boldsymbol{W}^{\mathrm{T}}x_j)(\boldsymbol{W}^{\mathrm{T}}x_i-\boldsymbol{W}^{\mathrm{T}}x_j)^{\mathrm{T}}\boldsymbol{\psi}_{ij}\right]\\
=&\min_{\boldsymbol{W}}2(\boldsymbol{W}^{\mathrm{T}}\boldsymbol{XDX}^{\mathrm{T}}\boldsymbol{W}-\boldsymbol{W}^{\mathrm{T}}\boldsymbol{X\psi X}^{\mathrm{T}}\boldsymbol{W})\\
=&\min_{\boldsymbol{W}}2\boldsymbol{W}^{\mathrm{T}}\boldsymbol{XLX}^{\mathrm{T}}\boldsymbol{W}
\end{aligned} \tag{5-9}$$

其中，矩阵 $\boldsymbol{D}$ 中元素为 $\boldsymbol{D}_{ii}=\sum_{j}^{n}\boldsymbol{\psi}_{ij}$，不难看出它是一个对角矩阵。而 $\boldsymbol{L}=\boldsymbol{D}-\boldsymbol{\psi}$ 是一个拉普拉斯矩阵。为了限制 $\boldsymbol{W}$ 任意伸缩，可用如下条件进行限制：

$$\boldsymbol{W}=\underset{\boldsymbol{W}^{\mathrm{T}}\boldsymbol{XDX}^{\mathrm{T}}\boldsymbol{W}=\boldsymbol{I}}{\operatorname{argmin}}\boldsymbol{W}^{\mathrm{T}}\boldsymbol{XLX}^{\mathrm{T}}\boldsymbol{W} \tag{5-10}$$

求解广义特征方程 $\boldsymbol{XLX}^{\mathrm{T}}\boldsymbol{W}=\lambda\boldsymbol{XDX}^{\mathrm{T}}\boldsymbol{W}$。对特征向量按其对应特征值的大小进行降序排序，$\boldsymbol{W}$ 由前 d 个特征向量组成。降维后的样本为 $z_i=\boldsymbol{W}^{\mathrm{T}}x_i$。

LPP 降维算法的优点是既可以保持样本数据间的局部关系，又可以解决"out-of-sample"问题。但 LPP 降维算法计算时间太长，无法应用于星上高光谱图像的降维压缩。

5.2.2　无监督判别投影降维算法

相比 LPP 降维算法，无监督判别投影(Unsupervised Discriminant Projection，UDP)降维算法在变换的过程中有这样一个优点：它既能保持全局最大也能保持局部最小，也就是同时保持非局部散度最大和局部散度最小，即原始高维数据中的近邻在降维后更近，而原始高维数据中的非近邻在降维后更远。在这个前提下，寻找一个最佳的变换矩阵 $\boldsymbol{W}$。

通常使用 k 近邻法或 ε 近邻法建立近邻图，再用高斯核或 0-1 核计算权重 ψ。

UDP 的目标函数为

$$\max\left(\frac{\boldsymbol{W}^{\mathrm{T}}\boldsymbol{S}_{\mathrm{N}}\boldsymbol{W}}{\boldsymbol{W}^{\mathrm{T}}\boldsymbol{S}_{\mathrm{L}}\boldsymbol{W}}\right)=\max\left(\frac{\sum_{i,j=1}^{n}\|\boldsymbol{W}^{\mathrm{T}}x_i-\boldsymbol{W}^{\mathrm{T}}x_j\|^2\boldsymbol{\psi}_{ij}^{\mathrm{N}}}{\sum_{i,j=1}^{n}\|\boldsymbol{W}^{\mathrm{T}}x_i-\boldsymbol{W}^{\mathrm{T}}x_j\|^2\boldsymbol{\psi}_{ij}^{\mathrm{L}}}\right) \tag{5-11}$$

其中，$\boldsymbol{\psi}_{ij}^{\mathrm{L}}=\boldsymbol{\psi}_{ij}$ 代表局部邻接矩阵，$\boldsymbol{\psi}_{ij}^{\mathrm{N}}=1-\boldsymbol{\psi}_{ij}$ 代表非局部邻接矩阵。一般使用 0-1 核计算 $\boldsymbol{\psi}_{ij}$。非局部散度矩阵和局部散度矩阵分别为

$$\boldsymbol{S}_{\mathrm{N}}=\sum_{i,j=1}^{n}(x_i-x_j)(x_i-x_j)^{\mathrm{T}}\boldsymbol{\psi}_{ij}^{\mathrm{N}},\qquad \boldsymbol{S}_{\mathrm{L}}=\sum_{i,j=1}^{n}(x_i-x_j)(x_i-x_j)^{\mathrm{T}}\boldsymbol{\psi}_{ij}^{\mathrm{L}}$$

求解广义特征方程 $\boldsymbol{S}_{\mathrm{N}}\boldsymbol{W}=\lambda\boldsymbol{S}_{\mathrm{L}}\boldsymbol{W}$。对特征向量按其对应特征值的大小进行降序排序，$\boldsymbol{W}$ 由前 d 个特征向量组成。降维后的样本为 $z_i=\boldsymbol{W}^{\mathrm{T}}x_i$。

由于无监督判别投影中局部散度矩阵和非局部散度矩阵非常大，所以使用0-1核构造时可以用稀疏矩阵来存储，如果使用高斯核来构造，那么当下的内存是无法负担的。因此降维后样本结果会受到影响。

5.3　L 层邻域无监督判别投影降维算法

由于在星上对高光谱图像执行 UDP 降维压缩的时间较长，故本节提出了 L 层邻域无监督判别投影（Unsupervised Discriminant Projection for L-level Neighborhood, UDPL）降维算法。UDPL 降维算法通过计算当前向量的 L 层邻域内的局部散度及非局部散度的非零值，可以大大降低计算量，并且在计算权重时使用线性核函数，既避免了高斯核函数复杂的计算，又避免了 0-1 核函数不能细致体现向量间关系的问题。下面将详细介绍 UDPL 降维算法。

5.3.1　高光谱遥感图像数据表示

设高光谱遥感图像大小为 $M\times N\times B$，也就是说，长为 M 个像素点，宽为 N 个像素点，总共有 B 个光谱波段。目标是降维后的高光谱遥感图像数据只有 d 个光谱波段，那么降维数据可有如下表示。

（1）$n=M\times N$ 个光谱向量的数据表示：

$$\boldsymbol{X}=(x_1,x_2,\cdots,x_n)^{\mathrm{T}},\quad x_i\in\mathbf{R}^B,i=1,2,\cdots,n$$

（2）投影矩阵表示为 $\boldsymbol{W}=(w_1,w_2,\cdots,w_d)\in\mathbf{R}^{B\times d}$。

（3）降维后的光谱向量的数据可表示为 $\boldsymbol{Z}=(z_1,z_2,\cdots,z_n)^{\mathrm{T}},z_i\in\mathbf{R}^d(i=1,2,\cdots,n)$，$d\ll n$ 且满足 $z_i=\boldsymbol{W}^{\mathrm{T}}x_i$。

5.3.2　L 层邻域无监督判别投影降维算法

图像分割对物体的识别和分类有重要的作用，而某一光谱向量和它的 4 邻域、8 邻域之间的关系是图像分割的前提。点检测、线检测、边缘检测及区域分割都需要用到光谱向量和它的 4 邻域、8 邻域之间的关系[9]。所以光谱向量的 4 邻域及 8 邻域和光谱向量间关系的保持对后续的工作有很大的意义。本节将介绍图像 4 邻域和 8 邻域的概念以及由此推导出来的 L 层邻域的概念，并创新地将 L 层邻域和无监督判别投影相结合，得到 L 层邻域无监督判别投影降维算法，以此来降低压缩时间。

(1) 图像的 4 邻域和 8 邻域

设一幅图像(x,y)坐标位置的像素为 p,那么$(x+1,y)$、$(x-1,y)$、$(x,y+1)$和$(x,y-1)$这 4 个坐标位置上的像素就是 p 的 4 邻域[10],如图 5.19 所示。

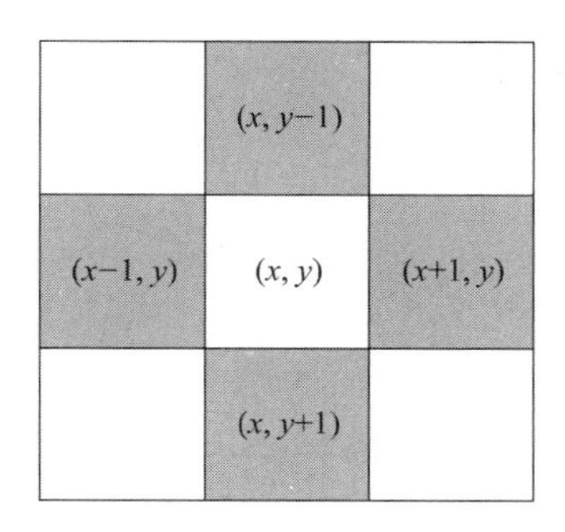

图 5.19　(x,y)处像素的 4 邻域

$(x+1,y+1)$、$(x+1,y-1)$、$(x-1,y+1)$和$(x-1,y-1)$这 4 个坐标位置上的像素是 p 的对角相邻像素,这些点与 4 邻域上的点共同称为 p 的 8 邻域,如图 5.20 所示。

(x−1, y−1)	(x, y−1)	(x+1, y−1)
(x−1, y)	(x, y)	(x+1, y)
(x−1, y+1)	(x, y+1)	(x+1, y+1)

图 5.20　(x,y)处像素的 8 邻域

(2) L 层邻域

如果说当前像素 p 的外面一层像素,即 8 邻域像素,在图像分割和分类中起着重要的作用,那么当前像素 p 的外面 2 层、3 层、…、L 层邻域则起着逐渐递减的作用。由此提出 L 层邻域的概念。

若将(x,y)处像素 p 的 8 邻域当作 p 的一层邻域,则$(x-2,y-2)$、$(x-1,y-2)$、$(x,y-2)$、$(x+1,y-2)$、$(x+2,y-2)$、$(x+2,y-1)$、$(x+2,y)$、$(x+2,y+1)$、$(x+2,y+2)$、$(x+1,y+2)$、$(x,y+2)$、$(x-1,y+2)$、$(x-2,y+2)$、$(x-2,y+1)$、$(x-2,y)$、$(x-2,y-1)$处的像素为 P 的 2 层邻域,依次类推可得出 p 的 L 层邻域。如图 5.21 所示。

(3) L 层邻域无监督判别投影降维算法

通过 UDP 降维算法对高光谱图像降维时,无论是以 k 最近邻法还是以 ε 最近邻法计算当前光谱向量 $\boldsymbol{x}_i$ 的近邻,都需要计算 $\boldsymbol{x}_i$ 与其他全部光谱向量的距离,再根据 k 最近邻法或者 ε 最近邻法找出近邻,这样的计算量是相当大的。

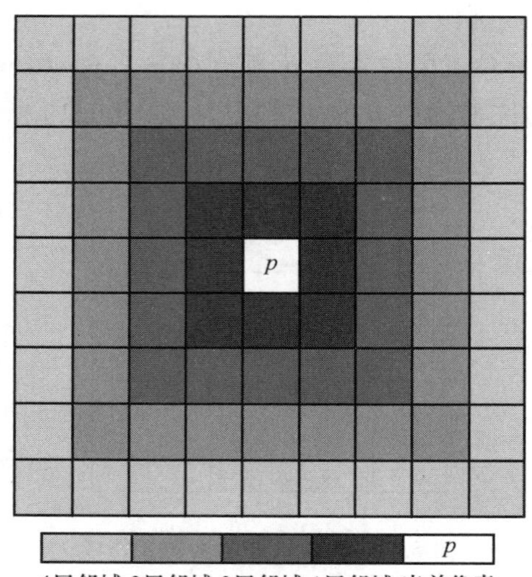

图 5.21　(x,y)处像素的 L 层邻域

前面提到图像中一个像素 p 和它的 8 邻域像素的关系特别紧密，而且这种紧密的关系在实际的图像分割、物体识别和分类中有着重要的作用。而像素 p 和它的 2 层、3 层、…、L 层邻域的关系相对更外层的像素也更紧密，同时在实际应用中起着逐渐递减的作用。

无监督判别投影根据 k 最近邻法或者 ϵ 最近邻法，从整幅图像中找出距离当前像素 p 最远的像素（即欧氏距离最大的像素）以及距离当前像素 p 最近的像素（即欧氏距离最小的像素），并在变换的过程中保持这种关系，即保持全局最大以及局部最小。已知像素 p 和其 L 层邻域的像素的关系紧密，并且这种关系在实际应用中能够起重要的作用，因此，此处提出的高光谱图像 L 层邻域无监督判别投影降维算法，即在当前像素 p 的 L 层邻域中保持全局最大和局部最小的算法，该算法更具有实际应用的意义，并且计算量会小很多。

以 256×256×155 的高光谱图像为例，它共有 256×256＝65 536 个光谱向量，若要计算任何两个光谱向量间的欧氏距离，则需要$(1+65\ 635)/2\times 65\ 536=2^{31}-1$ 次计算。显然，计算量是相当大的。

光谱向量 $\boldsymbol{x}_i$ 和其 L 层邻域内向量间的欧氏距离的计算量可以参照表 5.3。

表 5.3　$\boldsymbol{x}_i$ 和其 L 层邻域间欧氏距离的计算量

邻域层数	和 x_i 欧氏距离的数量
1 层	$65\ 536\times 8\div 2=2^{18}$
2 层	$65\ 536\times 16\div 2+2^{18}=2^{19}+2^{18}=2^{20}-2^{18}$
3 层	$65\ 536\times 24\div 2+2^{19}+2^{18}=2^{18}\times 3+2^{19}+2^{18}=2^{20}$
4 层	$65\ 536\times 32\div 2+2^{20}=2^{20}+2^{20}=2^{21}$
5 层	$65\ 536\times 40\div 2+2^{21}=2^{18}\times 5+2^{21}$

以 5 层邻域为例，计算光谱向量 $\boldsymbol{x}_i$ 周围最相关的 120 个点和它的距离，计算量只有 $2^{18}\times5+2^{21}<2^{22}$，这远远小于传统的两种查找近邻的算法。

因此，在当前光谱向量 x_i 的 L 层邻域内划分 x_i 的局部邻接矩阵和非局部邻接矩阵，不仅可以在很大程度上降低运行时间，还对后续的工作起着重要的作用。

5.3.3　权重 ψ_{ij} 核函数改进

前面在介绍 UDP 降维算法时，提到过常用的权重计算核函数有高斯核及 0-1 核。0-1 核不仅算法简单、执行时间短，而且还能节省存储空间（使用稀疏矩阵存储），因此 UDP 降维算法常选择 0-1 核作为核函数，但 0-1 核不能细微地表现出两个光谱向量之间的距离关系（两个光谱向量是近邻则权重为 1，不是近邻则权重为 0，此说法太过绝对），所以它不适合作为高光谱图像光谱间权重的表示。而高斯核可以非常细微地表示出光谱向量之间的距离关系，但由于指数函数计算量相对较大，所以也不适用于高光谱图像光谱间权重的表示。因此，我们需要找到一个既可以相对细微表示光谱向量之间的距离关系，计算量又相对较小的函数。

从图 5.22 可以看出线性函数 $y=1-k\|x_i-x_j\|^2$ 的函数曲线和热核函数曲线非常接近，但线性函数的计算量却要比指数函数小很多，所以以 $y=1-k\|x_i-x_j\|^2$ 作为核函数不仅可以省去大量计算时间，还可以把光谱向量的距离关系较细微地体现出来。因此，我们使用线性核函数来代替 0-1 核和高斯核函数。核函数可表示为

$$\boldsymbol{\psi}_{ij}=\begin{cases}1-k\|x_i-x_j\|^2, & x_i \text{ 和 } x_j \text{ 是近邻}\\ 0, & \text{其他}\end{cases} \tag{5-12}$$

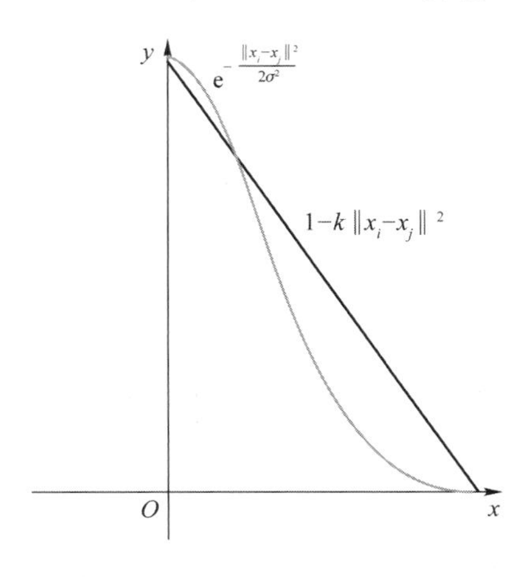

图 5.22　高斯和线性的核函数对比图

5.3.4 L 层邻域无监督判别投影降维算法的实现过程

下文将详细介绍 L 层邻域无监督判别投影的计算过程及算法。

(1) 计算所有光谱向量和它的 L 层邻域中各向量间的欧氏距离。

(2) 使用线性核函数计算 $\boldsymbol{\psi}_{ij}$，其表达式为

$$\boldsymbol{\psi}_{ij}=\begin{cases}1-k\left\|x_i-x_j\right\|^2, & x_j \text{ 在 } x_i \text{ 的 } L \text{ 层邻域内} \\ 0, & \text{其他}\end{cases} \tag{5-13}$$

(3) 求解局部及非局部邻接矩阵。

首先求 $\boldsymbol{\psi}_{ij}$ 的平均值：

$$\boldsymbol{\psi}_{\text{ave}}=\frac{1}{n\times n}\sum_{i,j=1}^{n}\boldsymbol{\psi}_{ij} \tag{5-14}$$

局部邻接矩阵为

$$\boldsymbol{\psi}_{ij}^{\mathrm{L}}=\begin{cases}x_j \text{ 在 } x_i \text{ 的 } L \text{ 层邻域内}\begin{cases}\boldsymbol{\psi}_{ij}, & \boldsymbol{\psi}_{ij}>\boldsymbol{\psi}_{\text{ave}} \\ 0, & \text{其他}\end{cases} \\ \text{其他}, 0\end{cases} \tag{5-15}$$

非局部邻接矩阵为

$$\boldsymbol{\psi}_{ij}^{\mathrm{N}}=\begin{cases}x_j \text{ 在 } x_i \text{ 的 } L \text{ 层邻域内}\begin{cases}1-\boldsymbol{\psi}_{ij}, & \boldsymbol{\psi}_{ij}\leqslant\boldsymbol{\psi}_{\text{ave}} \\ 0, & \text{其他}\end{cases} \\ \text{其他}, 0\end{cases} \tag{5-16}$$

(4) 求解非局部和局部散度矩阵。

非局部散度矩阵：$\boldsymbol{S}_{\mathrm{N}}=\sum_{i,j=1}^{n}(x_i-x_j)(x_i-x_j)^{\mathrm{T}}\boldsymbol{\psi}_{ij}^{\mathrm{N}}$

局部散度矩阵：$\boldsymbol{S}_{\mathrm{L}}=\sum_{i,j=1}^{n}(x_i-x_j)(x_i-x_j)^{\mathrm{T}}\boldsymbol{\psi}_{ij}^{\mathrm{L}}$

(5) 求解广义特征方程 $\boldsymbol{S}_{\mathrm{N}}\boldsymbol{W}=\lambda\boldsymbol{S}_{\mathrm{L}}\boldsymbol{W}$ 的特征值及特征向量，同时求解降维压缩后的结果。

5.3.5 UDP 降维压缩算法及 UDPL 降维压缩算法的计算流程图

我们可以通过流程图的方式来直观地对比 UDP 降维压缩算法及 UDPL 降维压缩算法的区别，详见图 5.23。

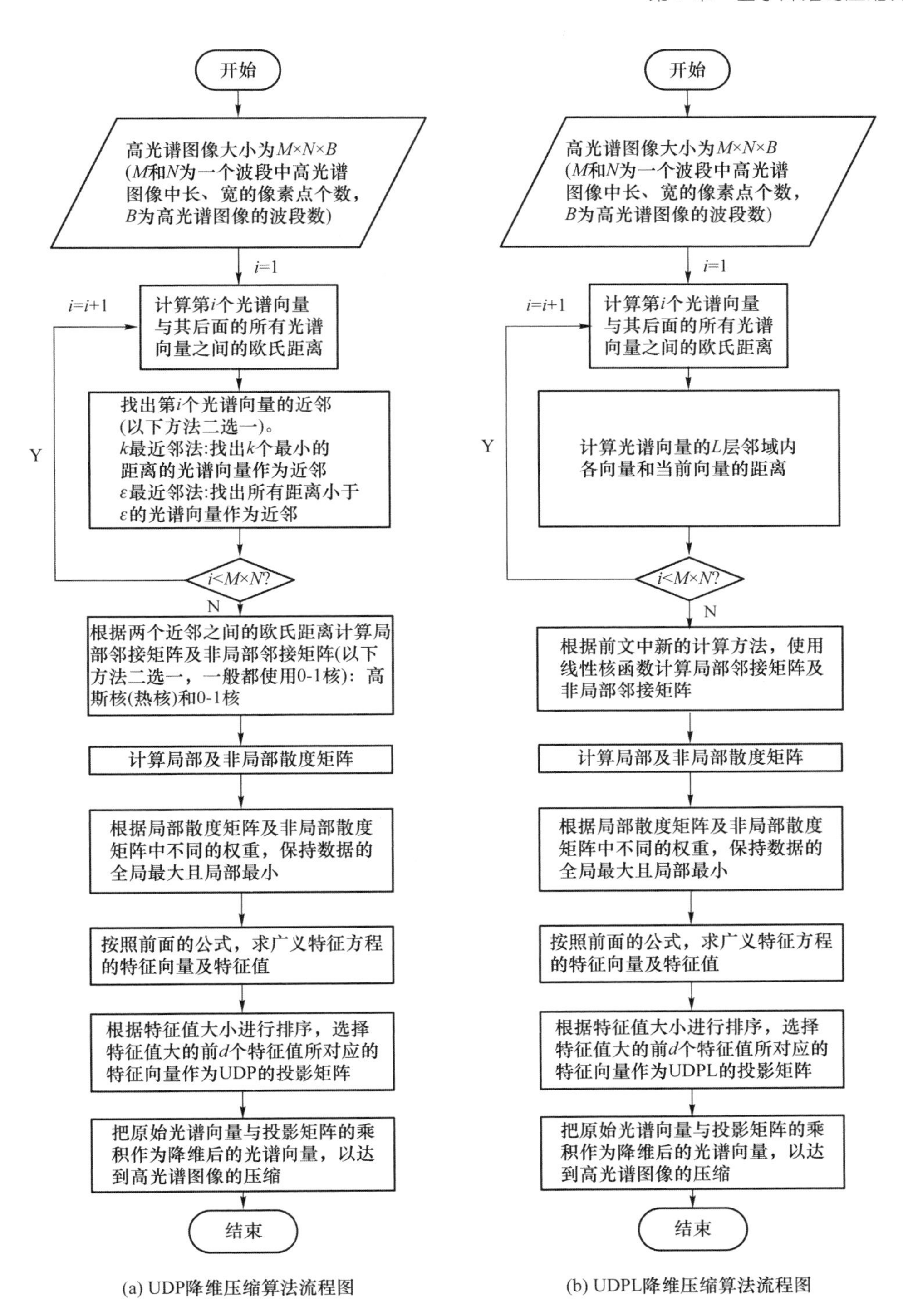

图 5.23　UDP 降维压缩算法和 UDPL 降维压缩算法的流程对比图

5.4　高光谱遥感图像分组

高光谱图像具有不同颜色不同质地的地物在不同的波段内反射程度不同的特点，利用特征提取法对高光谱图像进行降维会把它的这种特性去除。所以，为了既保留高光谱图像的这种特性，又达到降维压缩的目的，首先要对高光谱遥感图像进行分组。Exemplar Component Analysis，简称 ECA，是一种算法简单、执行时间短的波段选择方法[11]，因此，本节选用 ECA 波段选择法找到聚类中心，但波段聚类中心的个数却无法自动确定。本节介绍了 ECA 波段选择算法，并通过推导给出了自动确定聚类中心的算法。

5.4.1　ECA 波段选择算法

ECA 是一种波段选择算法，它把样本分数(Exemplar Score, ES)值大的波段作为聚类中心。

ECA 运用 ES 来检测某个波段作为代表波段的可能性。其核心思想是：聚类中心的局部密度 ρ_i 一定最高，并且与其他较高密度的波段之间的距离 δ_i 相对较大[12]。下面给出 ρ_i 和 δ_i 的计算方法。

假设高光谱遥感图像数据有 B 个波段，并且每个波段有 N 个像素点，那么高光谱遥感图像数据在计算机内可以用矩阵来表示，即 $\boldsymbol{X}_{N\times B}=(x_1, x_2, \cdots, x_B)$，其中第 i 个波段在计算机中用向量表示为 $\boldsymbol{x}_i=(x_{1i}, x_{2i}, \cdots, x_{Ni})^{\mathrm{T}}$。则第 i 个波段和第 j 个波段的高光谱遥感图像 x_i 和 x_j 的欧氏距离可表示为

$$d_{ij}=\| x_i - x_j \| \tag{5-17}$$

聚类中心的局部密度 ρ_i 指波段 i 与所有波段的加权数量，具体表示如下：

$$\rho_i = \sum_{j=1}^{B} \mathrm{e}^{-\frac{d_{ij}}{2\sigma^2}} \tag{5-18}$$

其中，σ 表示高斯核宽度，用来控制权重降低速度的伸缩尺度。

δ_i 是指距离波段 i 的较高密度波段的最短距离：

$$\delta_i = \min_{j:\rho_j > \rho_i} (d_{ij}) \tag{5-19}$$

对于 ρ_i 最大的波段，令 $\delta_i=\max(d_{ij})$。

ρ_i 和 δ_i 之间的关系直接决定第 i 个波段的图像在高光谱遥感图像中的波段位置。详细说明如下。

(1) ρ_i 大且 δ_i 小。第 i 个波段的图像处于聚类中心附近。因为存在第 j 个波段图像距离第 i 个波段的图像很小，但第 j 个波段图像的聚类中心的局部密度 ρ_j 比第 i 个波段图像的聚类中心的局部密度 ρ_i 大。如图 5.24 中的样本点 x_1。

(2) ρ_i 小且 δ_i 小。第 i 个波段图像处于聚类边缘。如图 5.24 中的样本点 x_2。

(3) ρ_i 小且 δ_i 大。波段 i 距离整个高光谱波段数据集较远，有较大可能是一个离群

值。如图 5.24 中的样本点 x_3。

(4) ρ_i 大且 δ_i 大。波段 i 为聚类中心。如图 5.24 中的样本点 x_4。

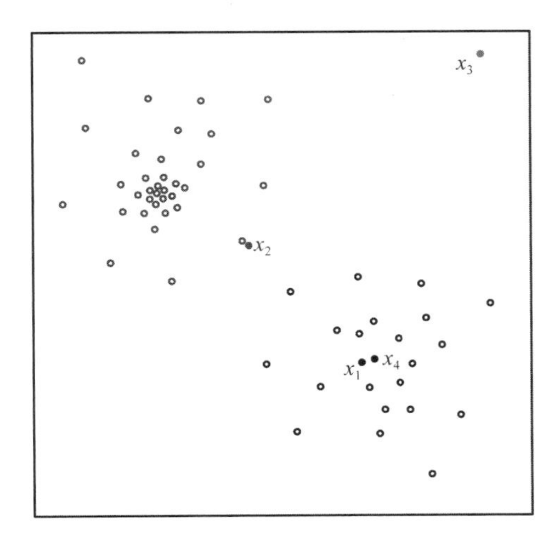

图 5.24　ECA 聚类后样本位置示意图

由图 5.24 和上面的分析可知，ρ_i 和 δ_i 的乘积 ES 可以用来检测波段是否为聚类中心。即

$$ES_i = \rho_i \cdot \delta_i \tag{5-20}$$

第 i 个波段图像的 ES_i 要想获得较大的值，只能在 ρ_i 和 δ_i 同时比较大的时候才能实现。因此，第 i 个波段图像的 ES_i 的值越大，第 i 个波段图像为聚类中心的可能性就越大。因此只要计算出各个波段的 ES 值，再对 ES_i 进行降序排序，聚类中心就是前几个 ES 值高的波段图像。

5.4.2 ECA 波段选择算法的改进

传统的 ECA 波段选择法，在最后没有确定的给出聚类中心数目的选择方法，它只是笼统地介绍了 ES 值大的前 k 个波段为聚类中心的波段。但 k 如何取值将对后期分组有很大的影响。

对上一节的几种情况进行分析，我们可以把样本点归为以下几类。

(1) 聚类中心 x_i：样本 x_i 的局部密度 ρ_i 值非常大，并且在满足局部密度大于 ρ_i 的所有样本点中，离 x_i 最近的样本点 x_j 与 x_i 间的距离很大，这样总体值 ES_i 就会很大。

(2) 聚类中心周围的样本点：聚类中心周围的样本点 x_i 的局部密度 ρ_i 相对很大，但小于聚类中心的局部密度，因此局部密度比 ρ_i 大的样本点到 x_i 最近的样本点的距离很小。因为 x_i 在聚类中心周围，所以必然存在一个离 x_i 样本点的距离 δ_i 非常小的样本点 x_j(至少有聚类中心样本点)，并且其局部密度 ρ_j 要大于 ρ_i。因为 ρ_i 比样本点 x_i 所在组的聚类中心样本 x_j 的局部密度 ρ_j 要小，并且 δ_i 也要比 δ_j 小很多。因此，ES_j 会比 ES_i 小很多。

（3）聚类边缘的样本点：由于样本点 x_i 是聚类的边缘，因此 ρ_i 相对较小，而离样本点 x_i 较近距离的有样本点 x_j（若附近没有样本点，则会成为离群样本点），因此 δ_i 也很小，从而 ES_i 会很小。

（4）离群样本点：即样本点 x_i 的局部密度 ρ_i 非常小，在这个样本点附近没有其他样本点，所以 δ_i 会非常大，这是一个离群很远的孤立点，所以 ES_i 很大，但比聚类中心样本点的 ES 要小，而比其他样本的 ES 大很多，可以把这个样本点看成只能聚类自己的聚类中心。

（5）普通样本点：大多数样本点 x_i 的局部密度 ρ_i 不大也不小，δ_i 不大也不小。但这类样本点的 ES 比聚类中心的样本的 ES 小很多，而比聚类边缘的 ES 大。

因此，所有样本点的 ES 值一般分布为：聚类中心样本点的最大，聚类边缘的样本点并且附近有样本的 ES 值最小，其他样本点的 ES 值处于中间部分。这样会出现明显的分隔，这就体现在按 ES 值降序排序后相邻的 ES 之间的差值特别大。因此，可以自动确定聚类中心的数目。即差值最大的两个 ES 值之前的所有波段就是中心样本点，或差值最大的两个 ES 值之后的所有波段就是聚类边缘的样本点，并且附近有样本点。这样就可以通过程序自动确定聚类中心样本点。

5.4.3　改进 ECA 波段选择算法的实现步骤

首先使用 ECA 波段选择法找到高光谱图像的波段聚类中心，再按照高光谱遥感图像数据的各个光谱波段的数据到聚类中心波段数据的欧氏距离的大小进行分组。详细的执行步骤如下：

（1）读取高光谱遥感图像数据，并将其数据转换为二维矩阵的存储形式，各个波段的图像由矩阵的不同行向量来描述，那么行数就是波段的总数目。如一幅像素点个数为 256×256×155 的高光谱图像经过转换后为 65 536×155；

（2）使用上述算法改进 ECA 波段选择法，查找波段的聚类中心；

（3）对高光谱图像进行分组。根据每一个波段到 k 个聚类中心波段 $\{x_{c1}, x_{c2}, \cdots, x_{ck}\}$ 的欧氏距离，找到距离最小的聚类中心波段 x_{ci}，$1 \leqslant i \leqslant k$，把这个波段划分到以 x_{ci} 为聚类中心波段的组中，直到把所有波段都分组完毕；

（4）返回波段的分组情况。

5.4.4　改进 ECA 波段选择算法的计算流程图

下面给出了改进后 ECA 波段选择算法的运行流程图，如图 5.25 所示。

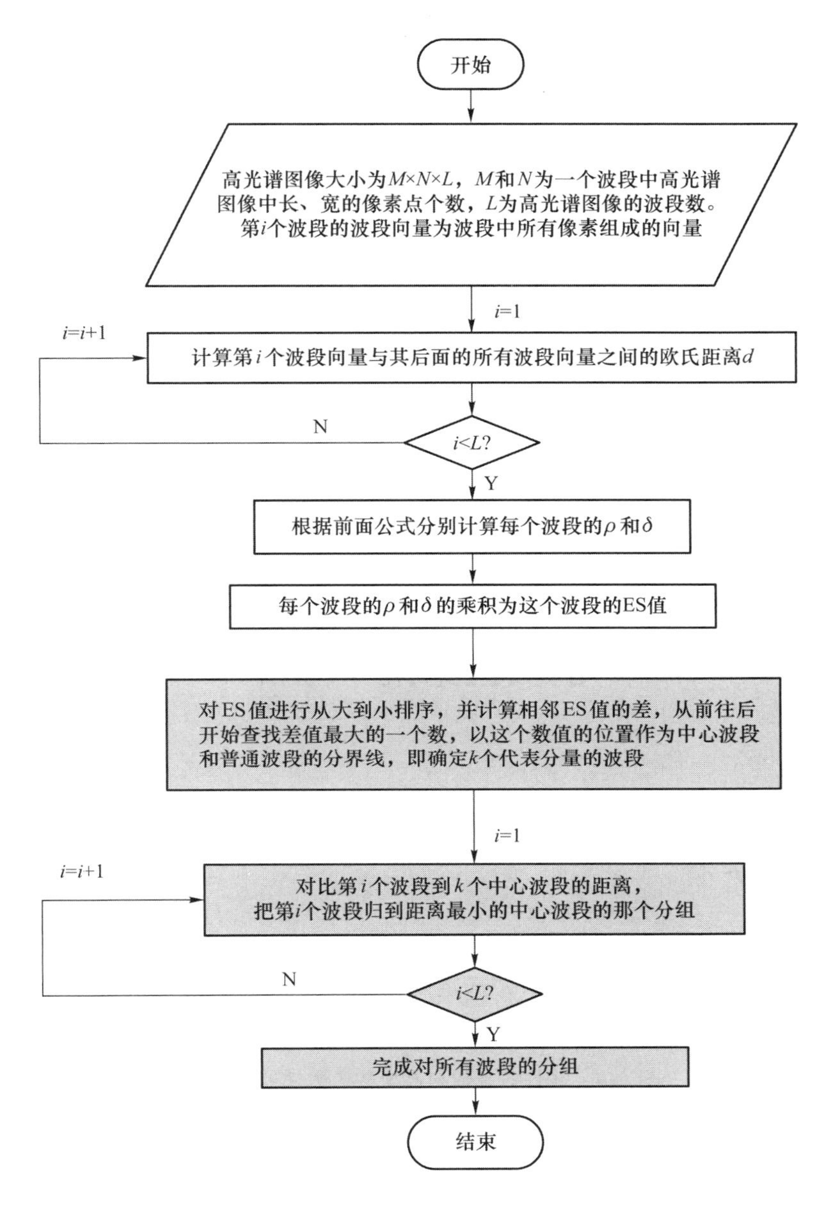

图 5.25　改进后 ECA 波段选择算法的流程图

5.4.5　分组 L 层邻域无监督判别投影降维压缩算法流程图

根据 ECA 波段选择算法自动确定聚类中心并进行分组，保留有特征的光谱信息，再对分好组的各组波段分别使用 L 层邻域无监督判别投影降维压缩算法进行降维，详见图 5.26。

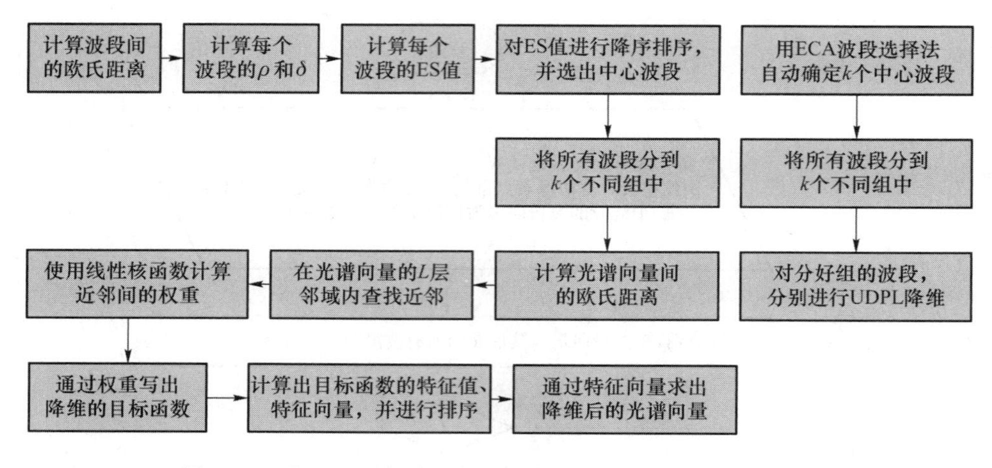

图 5.26　分组 L 层邻域无监督判别投影降维压缩算法流程图

5.5　分组 L 层邻域无监督判别投影降维压缩算法的实验结果与分析

5.5.1　L 层邻域无监督判别投影降维压缩算法的实验数据分析

根据 UDPL 算法中权重核函数选择的描述进行实验。这里选择在高光谱图像的 5 层邻域内计算局部及非局部散度矩阵，并选定降维至 10 维，分别使用线性核函数和高斯核函数对高光谱图像 Hyperion 和 EO-1(BJ)进行降维。得到以下实现结果，详见表 5.4。

表 5.4　线性核函数和高斯核函数性能对比表

实验数据	实验对比项	线性核函数	高斯核函数	线性核函数/高斯核函数
Hyperion	运行时间/s	10.241 2	11.500 5	89.05%
Hyperion	信息熵/bit	11.097 5	11.062 3	100.32%
EO-1(BJ)	运行时间/s	12.558 7	14.308 6	87.78%
EO-1(BJ)	信息熵/bit	10.757 0	10.789 8	99.60%

观察上述线性核函数和高斯核函数性能对比表。对于高光谱图像 Hyperion，使用线性核函数降维的运行时间是 10 s 左右，只占高斯核函数的大约 89%，降维后图像的信息熵却和使用高斯核函数降维后图像的信息熵差不多；而对于高光谱图像 EO-1 (BJ)，使用线性核函数进行降维的运行时间是 12 s 多，占高斯核函数的 87%左右，降维后图像的信息熵也和使用高斯核函数降维后图像的信息熵差不多。因此，我们可以得出结论：使用

线性核函数进行降维和使用高斯核函数进行降维相比，可以节省降维时间，但对降维后图像的信息熵影响不大。

上述结果中，出现使用线性核函数的运行时间比使用高斯核函数短的原因是：线性核函数较简单、计算量较小，从而可以节省两个波段间权重值的计算时间，又因为非局部散度矩阵以及局部散度矩阵的权重 ψ 的计算量在整个降维算法的计算过程中占的比例比较大，也就是说，有大量的光谱向量需要用核函数来计算其权重，因此，使用线性核函数的整体运行时间会降低很多。而因为线性核函数的曲线形状和高斯核函数的类似，因此降维后图像的信息熵差别不大。

下面将使用线性核函数作为 UDPL 算法的核函数，并将 UDPL 算法分别和 UDP 算法及 LPP 算法进行对比，其中 UDP 算法使用的是 0-1 核函数，而 LPP 算法使用的是高斯核函数。对比分析详见表 5.5 和表 5.6。

表 5.5　UDPL 算法和 UDP 算法性能对比表

实验数据	实验对比项	UDPL	UDP	UDPL /UDP
Hyperion	运行时间/s	10.241 2	6 558.096 8	0.16%
Hyperion	信息熵/bit	11.097 5	8.740 0	126.97%
EO-1 (BJ)	运行时间/s	12.558 7	7 235.583 7	0.17%
EO-1 (BJ)	信息熵/bit	10.757 0	7.056 6	152.24%

通过观察表 5.5，可以发现 UDPL 算法的运行时间相比 UDP 算法的运行时间降低了大约 99%，而信息熵却提高了 25%～55%。

表 5.6　UDPL 算法和 LPP 算法性能对比表

实验数据	实验对比项	UDPL	LPP	UDPL /LPP
Hyperion	运行时间/s	10.241 2	749.180 0	1.37%
Hyperion	信息熵/bit	11.097 5	10.714 2	103.58%
EO-1 (BJ)	运行时间/s	12.558 7	802.559 5	1.56%
EO-1 (BJ)	信息熵/bit	10.757 0	10.921 8	98.49%

通过观察表 5.6，可以发现 UDPL 算法的运行时间相比 LPP 算法的运行时间降低了大约 98%，而信息熵却没有特别大的变化。

下面分析出现上述情况的原因。

第 5.3.2 节中介绍，对于 256×256×155 的高光谱图像，一共有 256×256＝65 536 个光谱向量，则计算任何两个光谱向量间的欧氏距离需要(1＋65 635)/2×65 536＝$2^{31}-1$ 次计算量，而 5 层邻域的计算量却只有 65 536×40÷2＋2^{21}＝2^{18}×5＋2^{21} 次，用 5 层邻域的计算量和任何两个光谱向量间的距离都要计算的计算量的比值大约是 0.001 6。UDP 算法和 LPP 算法计算所有光谱向量之间的距离，而 UDPL 算法只计算 5 层邻域内的光谱向量间的距离，因此时间大幅降低。

由于 UDP 算法使用 0-1 核函数来描述两个光谱向量间的关系，因此得到的信息熵较低。LPP 算法使用高斯核函数（能细致地描述光谱间距离关系）来计算光谱向量间的权重值，因此 LPP 算法的信息熵较高。而 UDPL 算法使用可以更好地体现两光谱向量间的距离关系的线性核函数来计算光谱向量间的权重值，另一方面当前光谱向量的 5 层邻域内的光谱向量和当前光谱向量间的关系更为密切，保持从这些向量中找出当前光谱向量的近邻对当前光谱向量的作用更大，因此，UDPL 算法虽然计算量小很多，但信息熵却不受影响。

总之，使用线性核函数要比使用 0-1 核函数在信息保留方面起着更重要的作用。同时也说明保持 L 层邻域中的光谱向量和当前光谱向量之间的关系对于重要信息的提取至关重要，并且可以大幅降低降维压缩的时间。

UDPL 算法与 UDP 算法相比，在运行时间上占很大的优势，并且降维效果要好很多。UDPL 算法与 LPP 算法相比，在运行时间上占很大的优势，而降维效果影响不大。因为这几种算法都是将高光谱遥感数据降至 10 维，因此它们的压缩比是相同的，在此不再做详细的对比论述。

5.5.2　改进 ECA 波段选择算法的实验数据分析

将改进 ECA 波段选择算法用在上述各个实验数据上，可以得到各个波段聚类中心的局部密度 ρ 值曲线、δ 值曲线及样本分数值 ES 曲线。如图 5.27～图 5.29 所示。

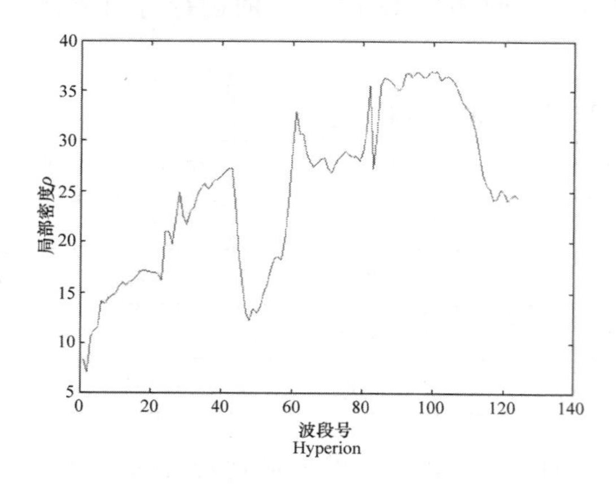

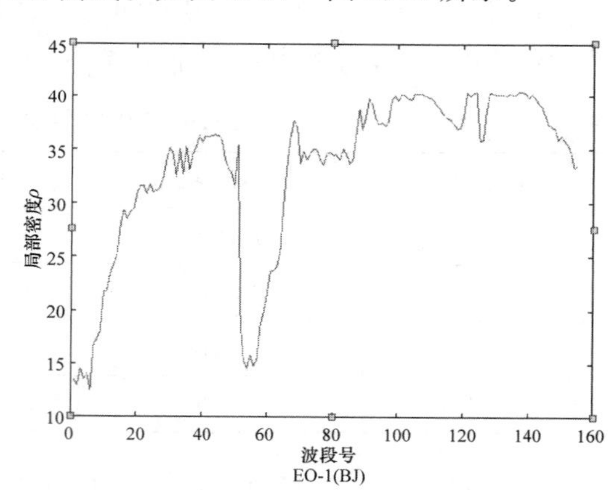

图 5.27　各个波段聚类中心的局部密度 ρ 值曲线

观察图 5.27 可以发现：曲线的整体走势相对比较平缓，没有单独的尖锐点，这是由局部密度 ρ_i 的计算方法所决定的。ρ_i 的计算方法是使用高斯核来计算不同波段数据到当前 i 波段数据的距离的和，由于高斯核的特性，离当前波段越近，高斯核处理后的值就越大，因此，在所有波段中，离当前波段距离近的波段数据越多，ρ_i 的值就越大。因为计算每个波段的局部密度时，所有波段数据都要参与，因此，数据之间的值会有个别的尖锐点。

观察图 5.28 可以发现图像中有个别点是尖峰点，下面分析出现这些尖峰点的原因。根据高光谱遥感图像的特性，相邻波段间的谱间相关性特别大，也就是说，两幅相邻波段的高光谱遥感图像对应像素点的值差别不大，因此，两个相邻波段图像数据的距离特别小，同时到其他波段的距离差别也不会太大，并且由于高光谱图像的各个光谱向量是通过原始的光谱信号按照谱间分辨率进行采样得到的，那么，光谱向量中各元素的值和光谱曲线的走向相同，而光谱曲线走势平缓，在光谱向量中各元素的值大小走向有一定的延续性。

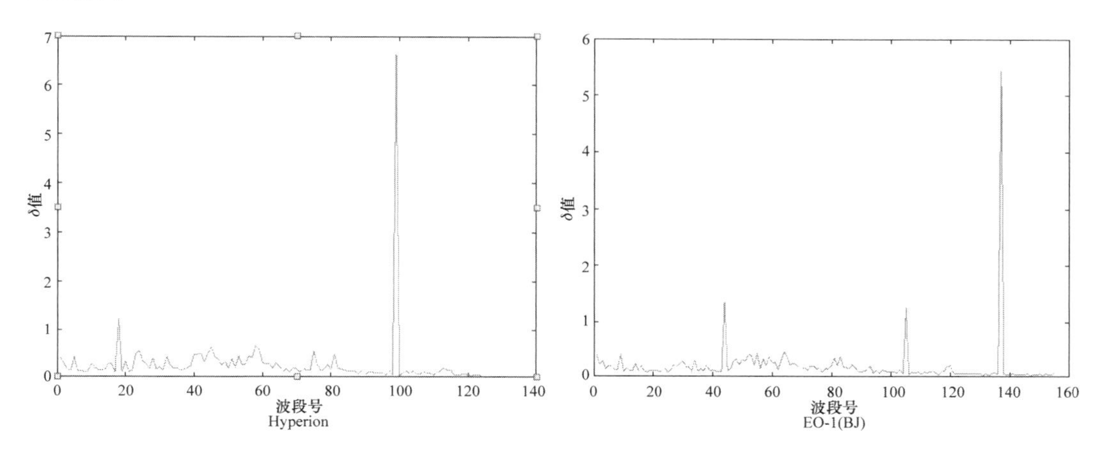

图 5.28　各个波段的 δ 值曲线

另外，δ 是指距离波段 i 的较高密度波段的最短距离，对于局部密度值比相邻波段小的波段数据，一般情况下，其 δ 值就是到其相邻波段的距离，而且非常小。

沿着波段序号从小到大的正方向，假设有一部分相邻波段总是序号大的波段数据的 ρ 值比序号小的要大，这时由于相邻波段间的距离非常小，因此其 δ 值都很小，这样的曲线都是非常平稳且值都非常小的；当遇到序号大的波段的 ρ 值小于序号小的波段的 ρ 值时，这个波段在其两个相邻波段中找不到比其 ρ 值更大的波段了，又因为高光谱遥感图像数据的光谱向量值大小走向有一定的延续性，因此这个波段在它的附近波段中都不可能找到比其 ρ 值更大的波段了。此时，一种情况是在较远处找到比其 ρ 值更大的波段，这样这个波段的 δ 值就比周围的 δ 值大很多了，就会出现单独点的尖峰点；另一种情况是没有比其再大的 δ 值了，这种情况我们就会把离这个波段最远的波段到该波段的距离赋值给它的 δ，这样这个 δ 值就是最高的尖峰，如图 5.28 中的 99 波段和 137 波段。同时也说明了和这类波段数据距离近的较多，大致可以确定这类点具有聚类中心的特点。

另外一种尖峰的情况是没有距离这个波段较近的波段(这种情况出现较少)，离其最近的波段的距离就很大了。因此这类点就是一个离群值，可以单独为一类。

通过图 5.28 还可以观察得知：尖峰点和普通点之间的差值非常大，尖峰值的点一般是非尖峰值点的几倍甚至十几倍。

观察高光谱图像 Hyperion 的 ES 曲线(图 5.29)可以发现 ES 有很多峰值,再观察这些峰值点在各个波段聚类中心局部密度 ρ 值曲线图和各个波段的 δ 曲线图上对应位置的值,可以把这些点归为两种特殊点。第一种如第 99 波段,ρ 值特别大 δ 值也特别大的,这种波段则属于聚类中心;另外一种如第 58 波段,ρ 值特别小而 δ 值特别大的,这类波段则属于离群点,可以自己构成一组。不管属于哪一种点都可以成为聚类中心。

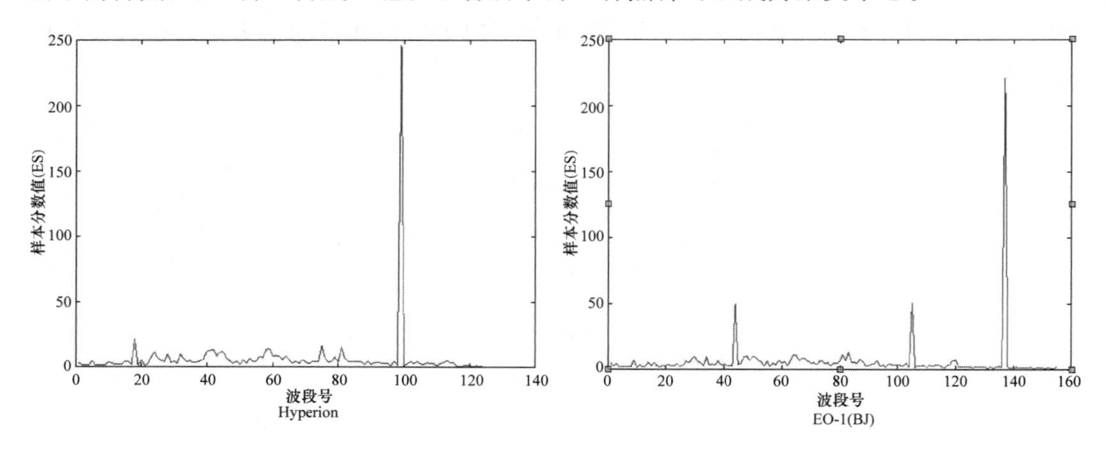

图 5.29　各个波段的 ES 曲线

通过分析上述三种曲线图我们可以发现,δ 值对 ES 值的大小起的作用比 ρ 值起的作用大,其原因是 ρ 值曲线图走向平缓而 δ 值的尖峰点的值比普通点的值大几倍,这样的两类值相乘时,ρ 值之间的差别不足以弥补 δ 值之间的差别,因此 δ 值起决定性的作用。也正是因为这样,离群点也可能成为聚类中心。另外,由于 ρ 值走向平缓,最高值的点与最低值的比也就 3 倍、4 倍,而 δ 值的尖峰点与普通点之间的比可高达十几倍,所以相乘后的 ES 值还会出现尖峰点,因此,可以把 ES 排序后差值最大的两个波段作为分界点,从而来判别哪些是聚类中心。因为 ρ 值最大的波段,用的是离其最远的距离作为 δ 值,因此,我们把 ES 排序后差值第二大的两个波段作为分界点。

我们再观察改进后的 ECA 波段选择算法分组后的结果,分组后各组波段数量占比见图 5.30,Hyperion 波段分组情况见表 5.7,EO-1(BJ) 波段分组情况见表 5.8。聚类中心波段的位置和 ES 曲线图的高峰点是可以一一对应的。而观察 EO-1(BJ) 在各个波段的 ES 曲线图(图 5.29)更加明显,一眼就可以看到三个尖尖的高峰,分别位于 40～50 波段之间、100～110 波段之间和 130～140 波段之间,再观察 EO-1(BJ)的各个波段聚类中心的局部密度 ρ 值曲线图和各个波段的 δ 值曲线图,这三个高峰处的 ρ 值和 δ 值都很大,按照 ECA 波段选择算法可以确定这三个值都是聚类中心。再观察通过改进后的 ECA 波段选择算法分组后的结果(分组后各组波段数量占比图和 EO-1(BJ)波段分组情况)可知,聚类中心波段为第 44 波段、第 105 波段和第 137 波段,这和我们观察到的结果完全吻合。

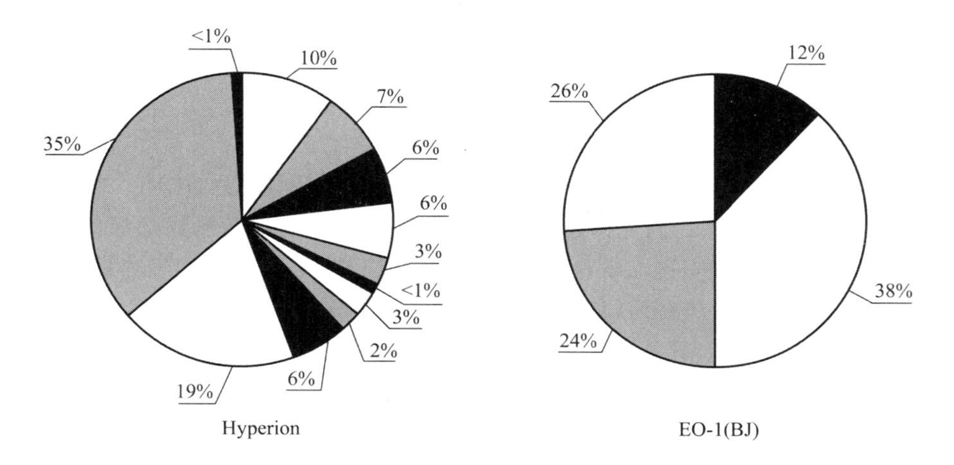

图 5.30　分组后各组波段数量占比图

表 5.7　Hyperion 波段分组情况

聚类中心波段	组内波段数量	各组波段数量占整个波段数量的比
第 99 波段	44	35.48%
第 18 波段	23	18.55%
第 75 波段	7	5.65%
第 81 波段	3	2.42%
第 59 波段	4	3.23%
第 58 波段	1	0.81%
第 42 波段	4	3.23%
第 41 波段	8	6.45%
第 40 波段	7	5.65%
第 24 波段	9	7.26%
第 45 波段	13	10.48%
第 44 波段	1	0.81%

表 5.8　EO-1(BJ)波段分组情况

聚类中心波段	组内波段数量	各组波段数量占整个波段数量的比
第 137 波段	40	25.81%
第 105 波段	39	25.16%
第 44 波段	76	49.03%

通过实验可以表明，改进后的 ECA 波段选择算法分组完全可以实现自动确定聚类中心。由聚类中心计算的过程可知，聚类中心的波段是最具代表性的波段，也就是最能反映出不同地物的光谱波段。

5.5.3　分组 L 层邻域无监督判别投影降维压缩算法的实验分析

本节主要对高光谱遥感图像的分组 L 层邻域无监督判别投影（UDPL）降维压缩算法进行实验分析。这里选择在高光谱图像的 5 层邻域内计算局部及非局部散度矩阵，并用线性核函数对高光谱图像 Hyperion 和 EO-1 (BJ)进行降维。同时和经典的 LPP 算法、UDP 算法以及 UDPL 算法在运行时间和信息熵两方面进行对比。

表 5.9 为分组 UDPL 算法和 UDPL 算法的性能对比表。

表 5.9　分组 UDPL 算法和 UDPL 算法的性能对比表

实验数据	实验对比项	分组 UDPL	UDPL	分组 UDPL/UDPL
Hyperion	运行时间/s	34.371 5	10.241 2	335.62%
Hyperion	信息熵/bit	11.357 9	11.097 5	102.35%
EO-1(BJ)	运行时间/s	29.070 4	12.558 7	231.48%
EO-1(BJ)	信息熵/bit	11.167 8	10.757 0	103.82%

ECA 波段选择算法是一种经典的聚类中心波段选择算法，通过 ECA 波段选择算法确定聚类中心后，再进行分组就会把反应地物类似的波段聚集至同一分组中。再针对各个组的波段进行 UDPL 降维，这就是分组 L 层邻域无监督判别投影降维压缩算法，即分组 UDPL 算法。通过表 5.9 可以看出：分组 UDPL 算法的运行时间比 UDPL 算法的长，大约是 UDPL 降维时间的 2～3 倍，这是因为对多组光谱向量分别进行降维所花费的时间较多。但分组 UDPL 降维后的信息熵却和 UDPL 降维后的信息熵几乎相等。而由于 ECA 波段选择算法的特性，每一组成代表着不同的光谱特性，这样在降维的过程中也保留了原有的光谱特性。

下文将展示分组 UDPL 算法、UDP 算法、LPP 算法以及 UDPL 算法的运行时间对比图（见图 5.31）和降维后信息熵对比图（见图 5.32）。

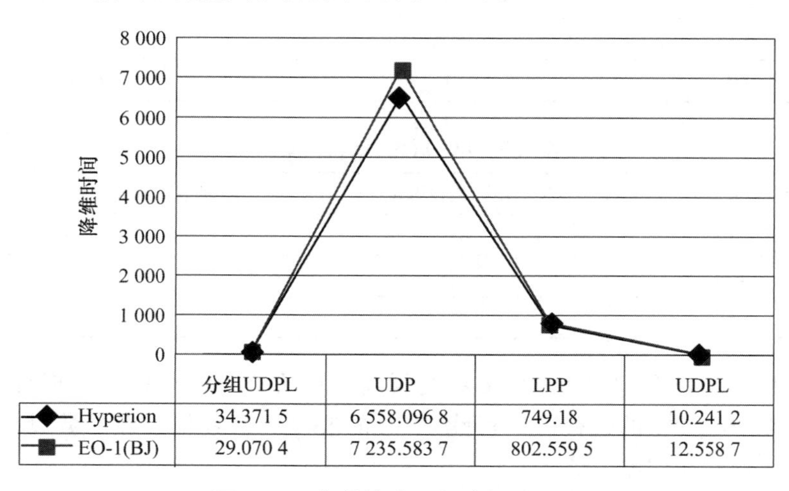

图 5.31　各种算法运行时间对比图

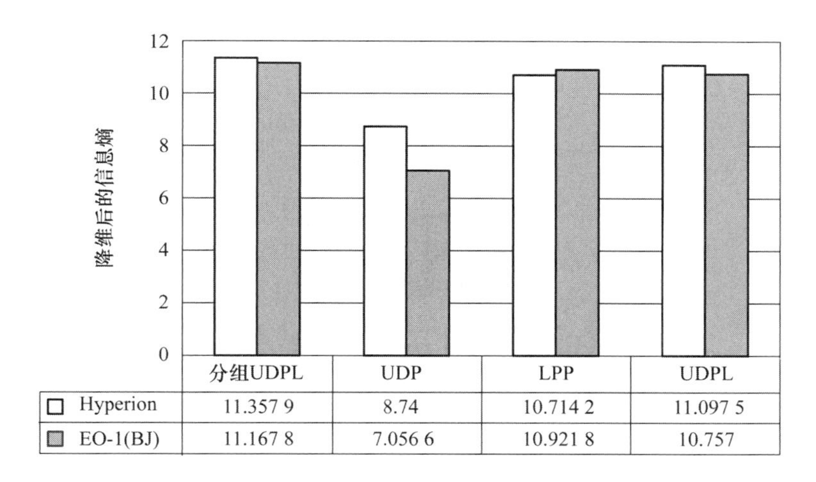

	分组UDPL	UDP	LPP	UDPL
□ Hyperion	11.357 9	8.74	10.714 2	11.097 5
■ EO-1(BJ)	11.167 8	7.056 6	10.921 8	10.757

图 5.32 各种算法降维后信息熵对比图

从图 5.31 可以看出 LPP 算法的降维时间是分组 UDPL 算法及 UDPL 算法的几十倍，UDP 算法的降维时间是分组 UDPL 算法及 UDPL 算法的几百倍。而信息熵除 UDP 算法由于使用 0-1 核函数造成信息熵大量丢失外，其他三种降维算法降维后的信息熵都差别不大。

5.5.4 实验结论

本节通过实验论证了分组 L 层邻域无监督判别投影降维压缩算法在星上压缩的可行性。通过分组 UDPL 算法和 UDPL 算法以及 UDP 算法在降维时间和降维后信息熵的对比可得：UDPL 算法相较 UDP 算法在降维时间上有大幅缩短，而且信息熵也有一定的提高；而分组 UDPL 算法相较 UDPL 算法，虽然在降维时间上相对增加了一些，信息相对不变，但这种算法可以保留主要的光谱信息，可以扩大后期高光谱遥感图像的使用范围。本节又对分组 UDPL 算法和经典的 LPP 算法进行了横向对比，可以得出结论：在信息熵保持基本不变的情况下，分组 UDPL 算法相对 LPP 算法，降维时间大幅缩短。但在降维参数的设置方面还存在一些问题，如降至多少维合适，是否可以自动计算出合适的维数，L 层邻域的 L 的确定方法，都将是下一步研究的目标。

第6章

基于预测的无损压缩算法

基于预测的无损压缩算法是最为经典的图像压缩算法之一，该算法从诞生之日起就一直保持着旺盛的生命力。基于预测的算法主要利用图像中像素空间上的相关性，采用若干相邻像素共同对其预测，再将当前像素值与预测值相减得到预测残差。预测残差往往比原图像具有更低的信息熵，其像素值分布也基本符合正态分布，这就为进一步利用熵编码方法对残差数据进行压缩提供了条件。如果这时预测残差不经过量化处理，那么就属于无损预测压缩。如果预测残差经过量化处理，就属于有损预测压缩。预测器设计的好坏直接影响到压缩的效果。最基本的线性预测方法被称为差分脉冲编码调制(Differential Pulse Code Modulation，DPCM)，DPCM 及其改进算法是最常用的预测压缩算法，近年来，又出现了基于上下文的预测算法和基于预测树的预测算法。

6.1 基于双向递归预测的高光谱图像无损压缩算法

6.1.1 双向预测理论

预测算法是目前应用最为广泛的压缩算法，其中差分脉冲编码调制是最常见的预测编码算法。DPCM 对比其他预测算法，运算过程简单、硬件需求较低。单纯的 DPCM 是单向预测，预测残差控制效果不够理想，压缩比也不高，因此，需要对其进行一定的改进。基于改进方面的研究比较多，具体包括自适应预测、最优线性预测、双向递归预测、三维预测和多次预测等。下面以双向递归预测算法为例进行介绍。

首先简单介绍一下双向预测算法的原理。高光谱图像的谱段可以由其左右相邻的谱段进行预测，如果只采用一侧谱段进行预测，就相当于只利用了一半的线性相关性，效果自然不会十分理想。因此，我们需要一种能够利用两侧谱段进行预测的算法，从而实现更好的压缩效果。

双向预测利用两侧谱段对当前谱段进行预测，这样可以充分利用谱段间的相关性，提高高光谱图像的压缩比，双向预测的原理如图 6.1 所示。其中 f_{r_1}、f_{r_2}、f_{r_3} 为参考谱段，其余为非参考谱段。

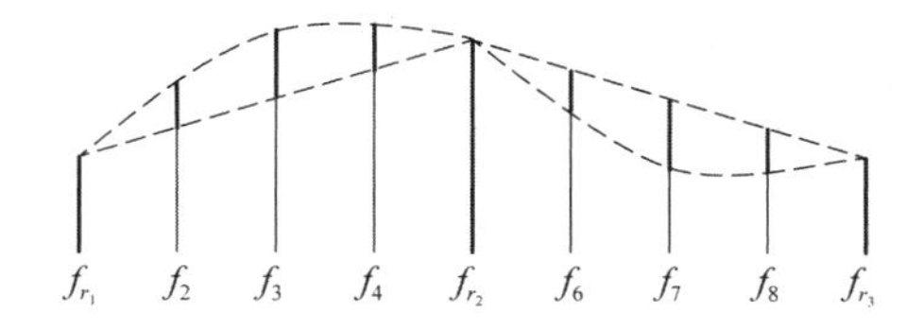

图 6.1　双向预测原理

设 f_{r_1}、f_{r_2} 谱段间的距离为 D，f_i 为一个非参考谱段，f_i 与 f_{r_1} 谱段间的距离为 d，则 f_i 可表示为

$$f_i = f_{r_1} + (f_{r_2} - f_{r_1})\frac{d}{D} \tag{6-1}$$

经过双向预测，降低了图像的信息熵，这样便于进一步压缩。但双向预测的预测参数完全由待预测谱段 f_i 和参考谱段 f_{r_j}、$f_{r_{j+1}}$ 的位置决定，不能根据图像进行自适应调整，如此会影响算法的预测精度。

高光谱图像谱间呈现的是非平稳特性，其后续谱段对当前谱段的预测仍具有重要的参考价值。利用前后谱段进行双向预测，可以进一步提高预测效果。结合谱内压缩、单向预测和双向预测三种算法，不仅可以避免预测残差过度累加，还能保持双向预测充分利用相关性的优点。

具体方法是对高光谱图像分组，为组内的各谱段定义相应的谱段预测类型：分为 f_{r_1} 谱段、f_{r_j} 谱段($j \neq 1$)和 f_i 谱段，分别对应谱内压缩、单向预测和双向预测。具体的流程如图 6.2 所示。

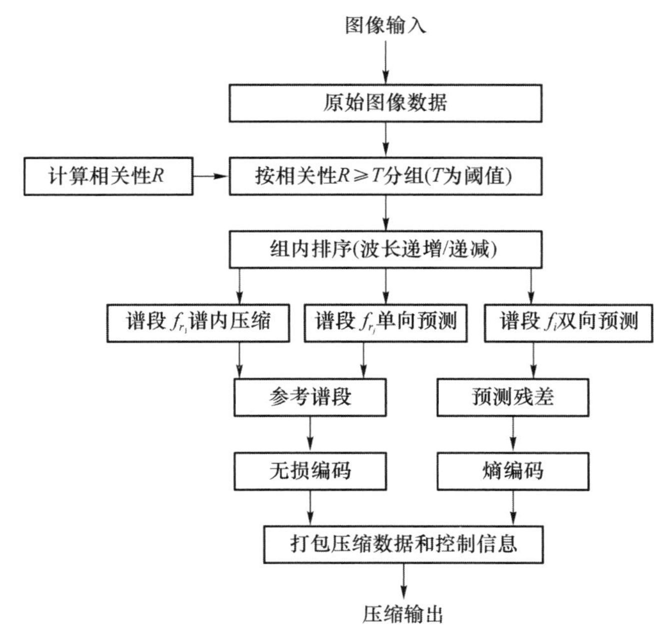

图 6.2　双向预测算法流程图

对于双向预测算法而言，参考谱带之间的距离对预测和压缩的效果来说是非常重要的。事实上，距离越大，高光谱图像的压缩比就会越大。但是，太长的距离会导致比较严重的预测误差，从而不利于后续的压缩效果和重建效果。尽管双向预测能弥补 DPCM 的不足，但它并不能充分降低预测后的数据的熵值。相比之下，在双向预测基础上改进的双向递归预测能取得更好的预测效果。

6.1.2　双向递归预测理论

高光谱图像的双向递归预测算法采用第一谱段 K_1 作为唯一的参考谱段，每隔 3 个谱段顺序预测下一谱段，因此适合该预测方法的高光谱图像总共应该有 $4i+1$ 个谱段。将这部分预测的谱段称作关键谱段，如图 6.3 中斜纹矩形所示。再用每两个关键谱段（如 K_1、K_2）预测位于关键谱段中间的非关键谱段 M_1，如图 6.3 中格纹矩形所示。再采用类似方法，用 K_1、M_1 预测 L_1，用 M_1、K_2 预测 R_1。这样的预测算法被称为双向递归预测算法。

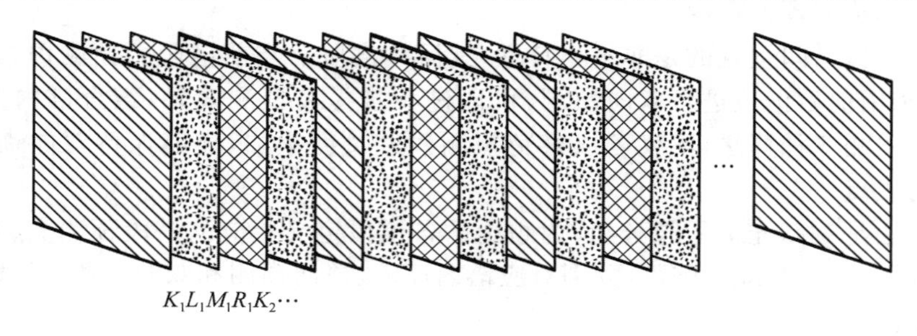

图 6.3　双向递归谱段预测示意图

双向递归预测算法充分利用了高光谱图像的谱间相关性，在光谱方向上的去相关效果很好。对于关键谱段，采用一阶预测算法，得到第 K_{n+1} 个谱段，该预测算法以均方误差最小为条件。二维均方误差的公式如下：

$$E^2 = \frac{1}{MN}\sum_{i=0}^{M-1}\sum_{j=0}^{N-1}[g(i,j) - af(i,j) - b]^2 \tag{6-2}$$

式(6-2)中，$g(i,j)$为预测谱段的元素，$f(i,j)$为参考谱段的元素，a 和 b 为常数。均方误差最小的时候，满足以下方程组：

$$\begin{cases}\dfrac{\partial E^2}{\partial a}=0\\[2ex]\dfrac{\partial E^2}{\partial b}=0\end{cases} \tag{6-3}$$

由式(6-4)可以计算得到 a 和 b 的值：

$$\begin{cases}a=\dfrac{r(f,g)-r(f)r(g)}{r(f,f)-r(f)r(f)}\\[2ex]b=r(g)-ar(f)\end{cases} \tag{6-4}$$

其中，$r(f,g) = \frac{1}{MN}\sum_{i=0}^{M-1}\sum_{j=0}^{N-1}f(i,j)g(i,j)$，$r(g) = \frac{1}{MN}\sum_{i=0}^{M-1}\sum_{j=0}^{N-1}g(i,j)$，$r(f) = \frac{1}{MN}\sum_{i=0}^{M-1}\sum_{j=0}^{N-1}f(i,j)$。

对于关键谱段之间的非关键谱段，采用二阶最优线性预测器进行预测，如式(6-5)所示：

$$E^2 = \frac{1}{MN}\sum_{i=0}^{M-1}\sum_{j=0}^{N-1}[g(i,j) - af_1(i,j) - bf_2(i,j)]^2 \tag{6-5}$$

式(6-5)中，$g(i,j)$为预测谱段的元素，$f_1(i,j)$、$f_2(i,j)$为参考谱段的元素，a、b为参数。均方误差最小的时候，满足以下方程组：

$$\begin{cases} \dfrac{\partial E^2}{\partial a}=0 \\ \dfrac{\partial E^2}{\partial b}=0 \end{cases} \tag{6-6}$$

由式(6-7)可以计算得到 a 和 b 的值：

$$\begin{cases} a=\dfrac{r(g,f_2)r(f_1,f_2)-r(g,f_1)r(f_2,f_2)}{r(f_1,f_2)r(f_1,f_2)-r(f_1,f_1)r(f_2,f_2)} \\ b=\dfrac{r(g,f_1)r(f_1,f_2)-r(g,f_2)r(f_1,f_1)}{r(f_1,f_2)r(f_1,f_2)-r(f_1,f_1)r(f_2,f_2)} \end{cases} \tag{6-7}$$

其中，$r(f,g) = \frac{1}{MN}\sum_{i=0}^{M-1}\sum_{j=0}^{N-1}f(i,j)g(i,j)$。

下面看一下预测前后灰度值分布对比。以 HJ1A 数据为例，取其谱段 23 到谱段 111，共计 89 个谱段进行处理。如图 6.4、图 6.5 所示，预测后的灰度值分布明显集中。依据式(6-8)计算可得预测前信息熵为 12.171 bit，预测后信息熵为 8.539 bit。

$$H(X) = E\left[\log_2 \frac{1}{P(x_i)}\right] = -\sum P(x_i)\log_2 P(x_i), \quad i = 1, 2, \cdots, n \tag{6-8}$$

其中，$P(x_i)$为每个灰度值出现的概率。

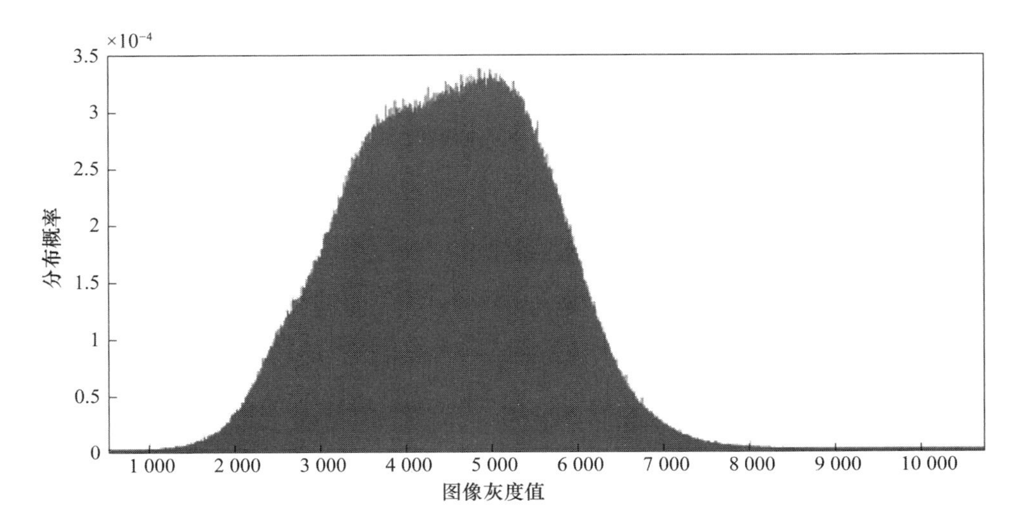

图 6.4　HJ1A 数据预测前图像灰度值分布图

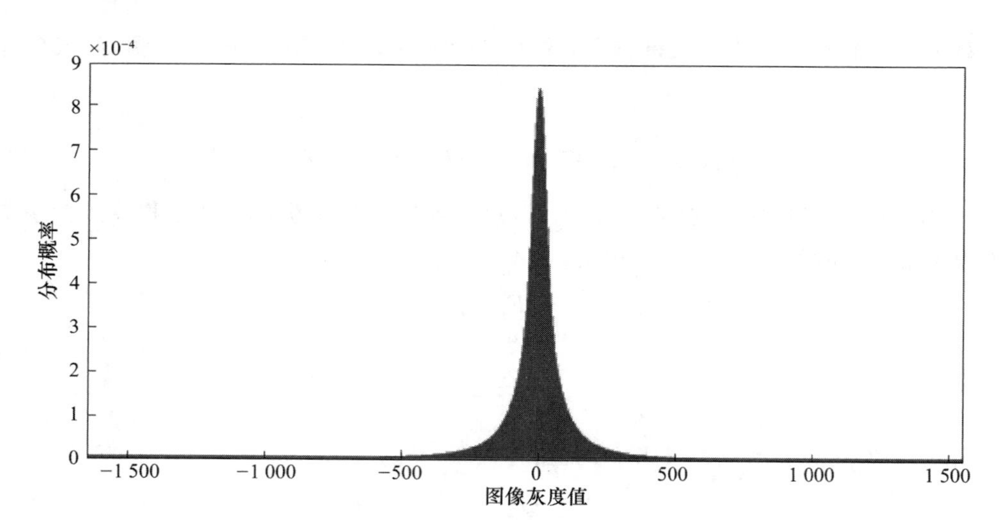

图 6.5　HJ1A 数据预测后图像灰度值分布图

6.1.3　改进的双向递归预测理论

经典的双向递归预测算法的效果还不够理想。从图 6.5 可以看出，图像生成的灰度值分布范围较大，数据集中性不是很好，这样就使得压缩比不够理想，所以还可以有改进的空间。于是，本小节在双向递归预测算法的基础上提出了改进后的新算法。

对于关键谱段和非关键谱段，统一采用带常系数的二阶最优线性预测器进行预测，如式(6-9)所示。对于关键谱段，要利用前两个关键谱段预测后一个关键谱段。

$$E^2 = \frac{1}{MN}\sum_{i=0}^{M-1}\sum_{j=0}^{N-1}[g(i,j) - af_1(i,j) - bf_2(i,j) - c]^2 \tag{6-9}$$

式(6-9)中，$g(i,j)$为预测谱段的元素，$f_1(i,j)$、$f_2(i,j)$为参考谱段的元素，a、b、c 为参数。均方误差最小的时候，满足以下方程组：

$$\begin{cases} \dfrac{\partial E^2}{\partial a}=0 \\ \dfrac{\partial E^2}{\partial b}=0 \\ \dfrac{\partial E^2}{\partial c}=0 \end{cases} \tag{6-10}$$

由式(6-11)可以计算得到 a、b 和 c 的值：

$$\begin{cases} a=\dfrac{[r(f_2,f_2)-r(f_2)r(f_2)][r(g,f_1)-r(g)r(f_1)]-[r(f_1,f_2)-r(f_1)r(f_2)][r(g,f_2)-r(g)r(f_2)]}{[r(f_1,f_1)-r(f_1)r(f_1)][r(f_2,f_2)-r(f_2)r(f_2)]-[r(f_1,f_2)-r(f_1)r(f_2)][r(f_1,f_2)-r(f_1)r(f_2)]} \\ b=\dfrac{r(g,f_1)-r(g)r(f_1)-a[r(f_1,f_1)-r(f_1)r(f_1)]}{r(f_1,f_2)-r(f_1)r(f_2)} \\ c=r(g)-ar(f_1)-br(f_2) \end{cases} \tag{6-11}$$

其中，$r(f_1,g) = \dfrac{1}{MN}\sum_{i=0}^{M-1}\sum_{j=0}^{N-1}f_1(i,j)g(i,j)$，$r(g) = \dfrac{1}{MN}\sum_{i=0}^{M-1}\sum_{j=0}^{N-1}g(i,j)$。

经研究发现,带常系数的二阶最优线性预测算法的效果要好于经典的双向递归预测算法的效果,高光谱图像谱间相关性被进一步利用,残差的分布也进一步减小。

研究表明,改进的双向递归预测算法的信息熵为 8.566 bit。虽然没有提高,但是实际预测残差的取值范围却有了一定的缩小。

再看一下改进预测后的灰度值分布图,如图 6.6 所示,相比经典双向递归预测算法而言,预测后的灰度值在分布上被进一步集中。

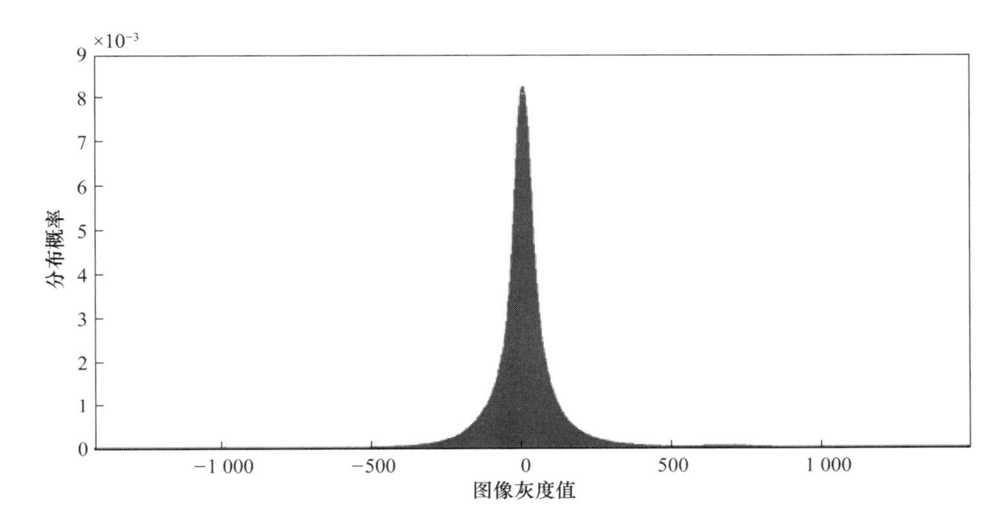

图 6.6　HJ1A 数据改进预测后图像灰度值分布图

再用 Hyperion 的数据来分别观察一下改进前后的双向递归预测实际压缩的效果。这里取 Hyperion 的谱段 133 到谱段 161 共计 29 个谱段进行处理。预测前 Hyperion 的图像数据灰度值分布没有规律,范围也比较大,如图 6.7 所示。利用改进前的双向递归预测算法预测以后,图像数据被很好地集中了起来,如图 6.8 所示,信息熵从 9.155 bit 减少到了 6.069 bit。

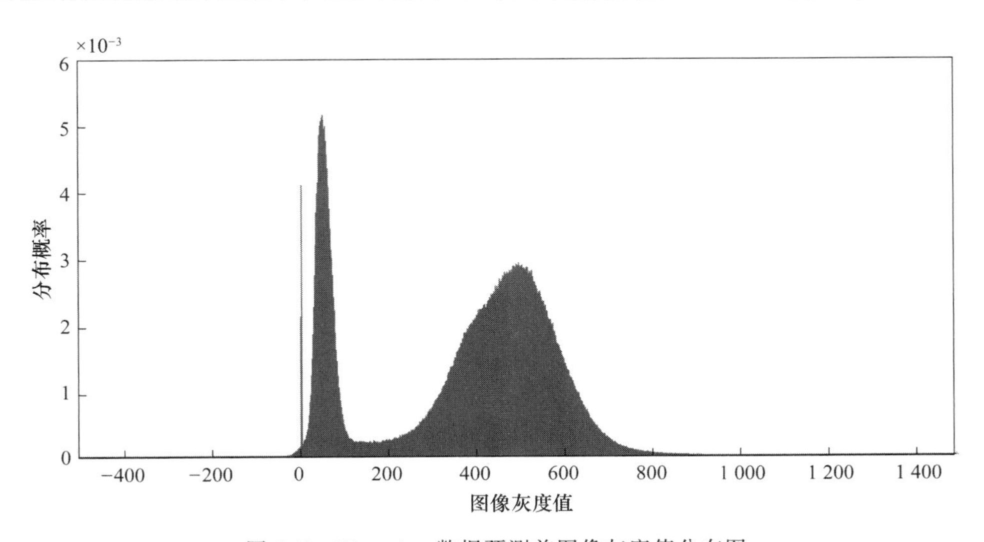

图 6.7　Hyperion 数据预测前图像灰度值分布图

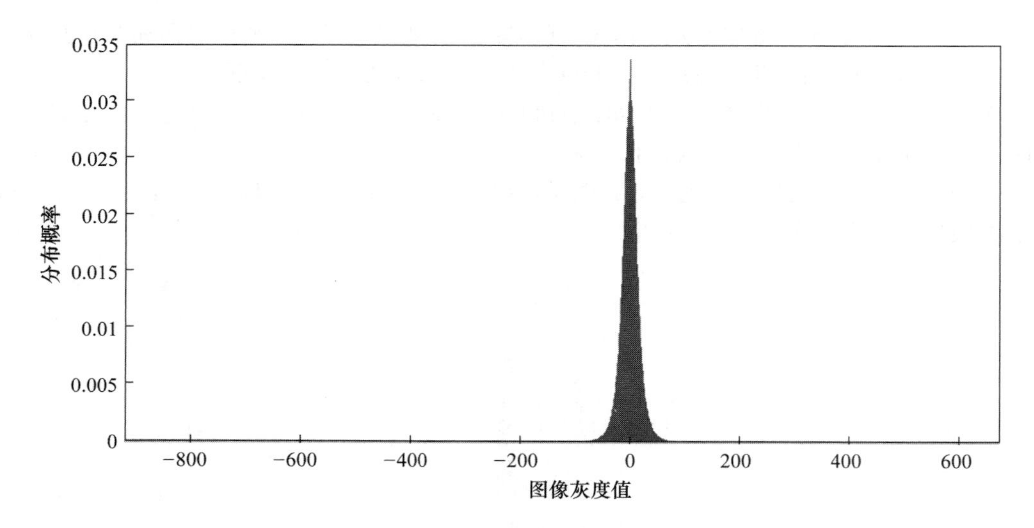

图 6.8　Hyperion 数据预测后图像灰度值分布图

改进后的双向递归预测进一步集中了图像数据的灰度值，从图 6.9 可以看出，图像数据的灰度值范围被进一步缩小，此时残差数据的信息熵为 6.122 bit。

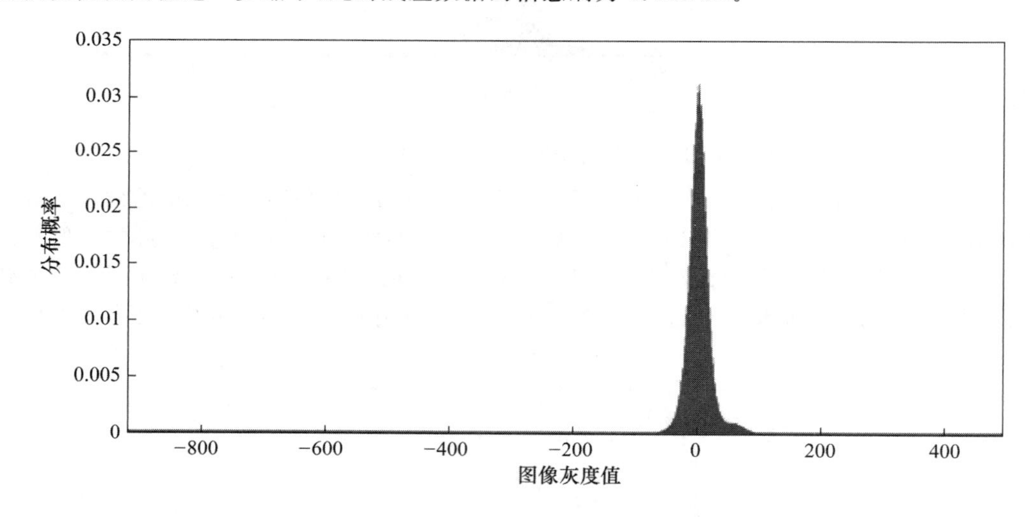

图 6.9　Hyperion 数据改进预测后图像灰度值分布图

以上研究表明，预测算法可以很好地处理高光谱图像的谱间相关性，有效地提高高光谱图像的压缩比。采用改进的双向递归预测算法，得到信息熵明显减少的残差图像，然后采用改进的 LZW 压缩算法进行熵编码，就可以获得较好的压缩效果。关于 LZW 压缩算法的介绍如下。

1978 年，两位以色列科学家 Jacob Ziv 和 Abraham Lempel 继 LZ77 之后，又开发了一种基于字典的被称为 LZ78 的压缩算法。1984 年，美国人 Terry Welch 在 LZ78 算法的基础上，又进一步提出了无损的 LZW 算法。该算法曾经一度受到美国的专利保护，不过在 2005 年前后，该专利已经到期，现在可以被无偿使用。

LZW 压缩算法是一种基于字典算法的编码方法。它的基本思想是建立一个编码表(见

表 6.1)，将输入字符串映射成定长的码字输出，通常码长设为 12 bit。把数字图像当作一个一维的比特串。

算法在产生输出比特串的同时动态地更新编码表，编码表是动态产生的。编码前先将其初始化，使其包含所有的单个字符。在压缩过程中编码表不断添加正在压缩的消息中新字符串，存储新字符串时也保存新字符串的前缀相应的子码。

表 6.1　LZW 压缩算法的编码表

码字(Code Word)	前缀(Prefix)
…	…
193	A
…	…
2013	ANEE
…	…

下面简单描述一下 LZW 压缩算法的流程。

(1) 开始时的词典包含所有可能的单个字符，而当前前缀 P 为空。

(2) 当前字符 C = 字符流中下一个字符。

(3) 判断前缀-字符串 P + C 是否在词典中：

① 如果“是”，则 P = P + C；

② 如果“否”，则

a. 把代表当前前缀 P 的码字输出；

b. 把前缀-字符串 P + C 添加到词典中；

c. 令 P = C。

(4) 判断码字流是否结束。

① 如果“是”：

a. 把代表当前前缀 P 的码字输出；

b. 结束。

② 如果“否”：就返回到(2)。

为了更好地发挥 LZW 压缩算法的作用，需要对前面压缩的残差图像进行处理。主要依据灰度值分布情况，把所有灰度值增加 128，也就相当于将 −128～127 区间向右平移至 0～255 区间。其余的点可以被单独存储，在高光谱图像中，需要保存这些点的 x、y、z 坐标和本身的灰度值。提取后的图像中，这些点的灰度值可以被赋予 128，这样就可以得到一系列 8 bit 的残差图像，一次性压缩了近一半的数据量。

对于这些 8 bit 的残差图像，就可以采用 LZW 算法进行压缩了。研究表明，这样处理的效果要稍好于直接对残差图像进行 LZW 压缩编码。具体的压缩流程如图 6.10 所示。

图像压缩的目的是减少表示一幅图像所需的数据量，它是数字图像处理领域最基础和最重要的技术之一。图像压缩编码是在保证图像质量的前提下，用尽可能少的比特数来表示数字图像中所包含的信息。通过以上的双向递归预测算法，可以将原数据进行一定的谱间去相关，数据压缩处理前后的实验对比结果见 6.3 节。

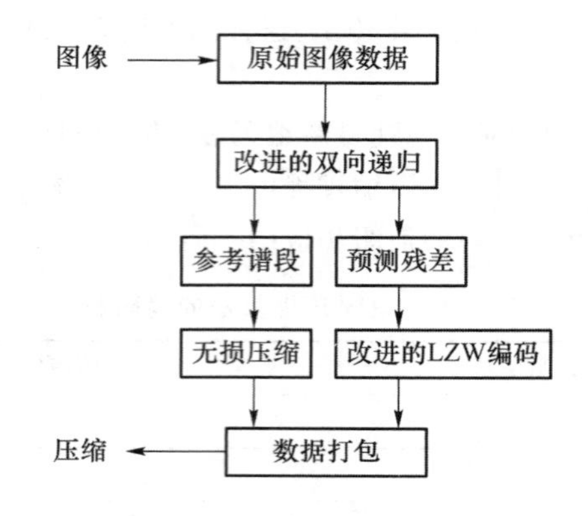

图 6.10　改进的双向递归预测压缩流程

6.2　基于预测的高光谱图像并行压缩算法

6.2.1　计算机并行计算原理

计算机并行计算原理是相对于串行计算原理来区分的。通常，计算机相关工作人员编写的大部分软件均是以串行结构设计的。软件在一台只有单个处理器的计算机上执行操作，任务在进入 CPU 前被分解成离散的指令并排成序列，任务指令在处理器中一条一条地执行，在任意时间点 CPU 上最多只有一条指令在执行，如图 6.11 所示。

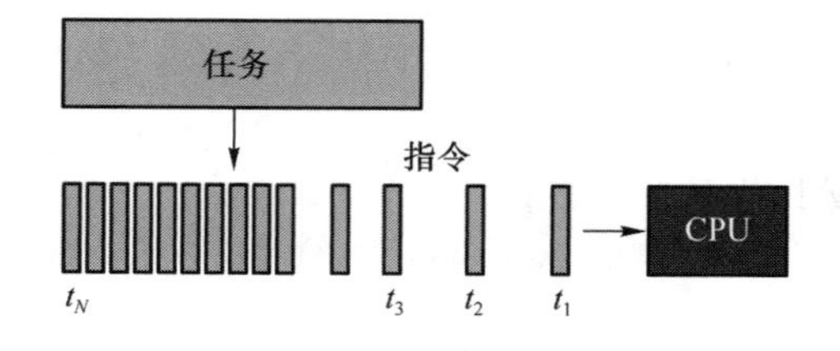

图 6.11　串行计算原理

这种执行方式与人脑对事件的思考习惯是相符的。串行计算的速度对计算机硬件会有要求，尤其是 CPU 的计算效率。

(1) 数据的传输速度。数据在计算机硬件中的传输速度对串行计算执行的速度起决定性作用。绝对光速是 30 cm/ns，铜制导线的传输速度极限为 9 cm/ns。随着现代制造工艺以及技术水平的不断提升，数据传输速度也越来越接近理论极限。

(2) 微型化存在极限。尽管先进的处理器技术已经达到了分子甚至原子的级别，使芯片集成了更多的晶体管，但依然将达到芯片集成晶体管的极限。

(3) 经济上的限制。后期研究中，处理器速度微小的提升都将投入大量的资金，一个高性能的芯片价格相当于多个普通芯片的价格。

由于计算数据量的不断增大，线性的计算将消耗大量的时间，对工作效率产生较大的影响，耽误工程的进度。如图 6.12 所示，普通的 48 小时天气预报的数据量在 10 MB 左右，而物理特性分析数据量则增加到 10 GB 左右，而全球气候变化、海洋环流等方面计算的数据量则激增到 1 000 GB 左右。

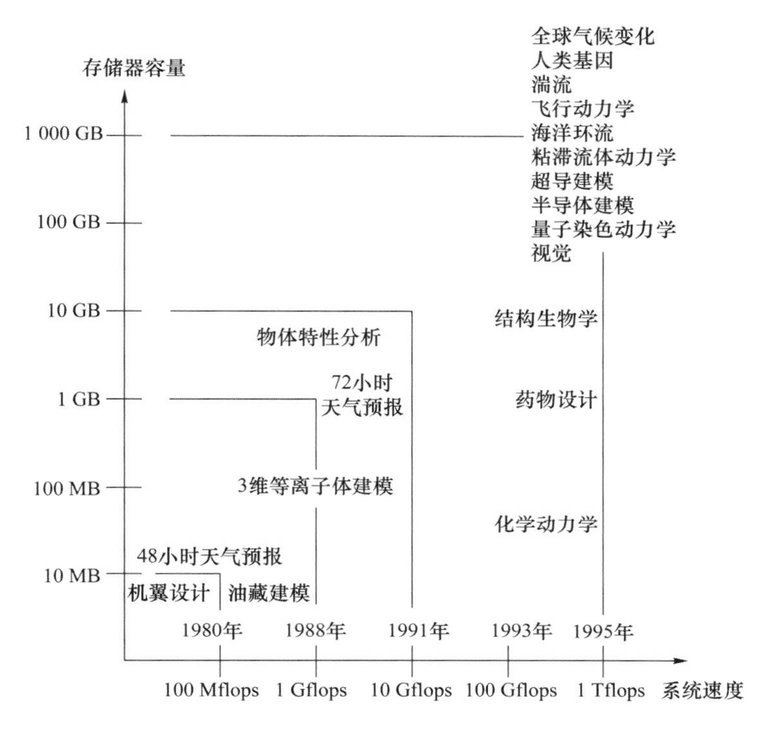

图 6.12　现有各类数据计算的数据量

为打破串行执行方式的瓶颈，并行计算思想应运而生，多核处理器也随之诞生。并行计算可以在一个多核 CPU 上执行，也可以在通过互联网连接在一起的多台计算机上执行。并行处理可以节约大量的成本和时间。在理论上讲，使用更多的硬件设备或资源进行某一个任务或者操作，会使单项任务加速完成，使用市面上的廉价 CPU 进行并行聚簇来处理任务。并行计算方法在解决大规模数据计算问题方面有较为突出的优势，对于庞大而且复杂的问题，在计算机的内存容量受到限制的时候，简单的通过一台计算机来完成计算任务是不切实际的，并行计算恰好解决了这个问题，它通过多台计算机的互联来共同处理问题，如图 6.13 所示。

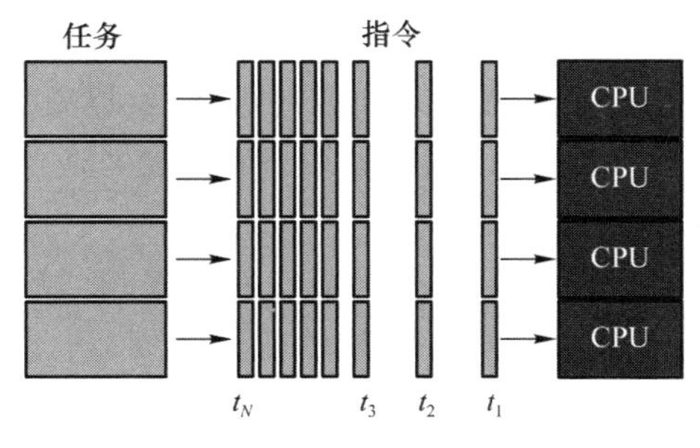

图 6.13　并行计算原理

并行计算方法仍然是一门发展中的科学，对并行计算机进行分类的方法有很多种，如 Flynn 分类法，它是通过利用数据以及两个相互独立的标准指令对多核心计算机进行分类的。每个目标值有两个可能：单个或多个。

（1）单指令单数据流（Single Instruction Single Data，SISD）模型：在系统的一个时钟周期内只能有一条指令可以执行，同时只有一个数据流是可以被用来输入，并以确定性的方式来执行的。这是从计算机出现到现在大多数计算机所采取的类型。

（2）单指令多数据流（Single Instruction Multiple Data，SIMD）模型：所有处理单元在同一时刻都执行相同的指令，但每个单元可以处理不同的数据，这种类型适合处理高度规则的问题，如图形图像处理。

（3）多指令单数据流（Multiple Instruction Single Data，MISD）模型：单个数据流在进入多个处理器单元时，每一个处理器单元需要通过独立的指令流独立操作数据。

（4）多指令多数据流（Multiple Instruction Multiple Data，MIMD）模型：每个单独的处理器可以执行不相同的指令流，同时每个处理器可以采用不同的数据流。采用同步或异步的方式，确定或非确定性的方式来执行。

运用并行计算思想处理问题的模型现在主要分为三种。

（1）主从模型：即只有一个主进程，其他进程为主进程派生出来的从进程。主进程主要负责整个操作系统的任务控制（如负载平衡以及任务调度），从进程主要负责处理数据和计算任务的执行。谷歌公司的搜索业务目前采用的就是这种模型。

（2）对称处理模型：这种模型没有主从概念的区分，计算机所有进程的地位全部是平等的，在任务并行执行的过程中，可以随意选取其中的一个进程来执行输入以及输出操作，其他进程扮演的角色也是相同的。

（3）多程序处理模型：在计算机集群里，每一台计算机的节点执行着不同程序或者相同的程序。

MPI（Message Passing Interface）是一种跨平台的通信传输协议，用于编写基于并行思想的程序。MPI 是消息传递接口，支持广播和点对点的传输。这种消息传递接口的主要目的是为了编写开发计算机间进行消息传递的程序所广泛使用的标准。MPI 作为目前大部分高性能计算机所采用的主要模型，已经得到较为广泛的应用。MPI 的设计目标如下所述：

（1）为了避免存储器到存储器的数据拷贝，允许通信和计算的相互重叠，尽量对通信协同处理器进行卸载；

（2）设计形式为一个应用程序的编程接口；

（3）此接口允许 Fortran 77 语言与 C 语言进行联结，提高移植性；

（4）所需要设定的接口必须是可信的，即用户不需要对通信失败进行处理，这些失败均由其他基本的通信子系统来进行处理；

（5）定义了一个接口，但是并不是不同于现有的系统，例如，Express、p4、PVM 和 NX 等，并行还能够提供更多灵活的相关扩展；

（6）在基本的通信以及系统软件并没有重大的变化时，定义的此接口能够在许多不同的生产商的平台上进行实现，接口语义可以是独立于其他语言的；

(7) 接口应该设计为可接受线索-安全机制的。

MPI 标准提供了能够适应各种并行硬件商品的基础集，可以为分布式内存交互系统提供并行计算机。MPI 提供了简单并且易用的可移植接口，基础较好、水平较高的程序员可以使用该标准在高级的机器上进行高性能、高效率的消息传递操作。

消息传递模式之所以在业界非常流行，皆是因为它所具有的广泛性和可移植性，并且能够被用于分布式内存/共享内存的多核处理器、工作站网络以及这些架构的组合中。信息传递模式也可用于多重设定，独立于内存架构以及网络速度，如图 6.14 所示。

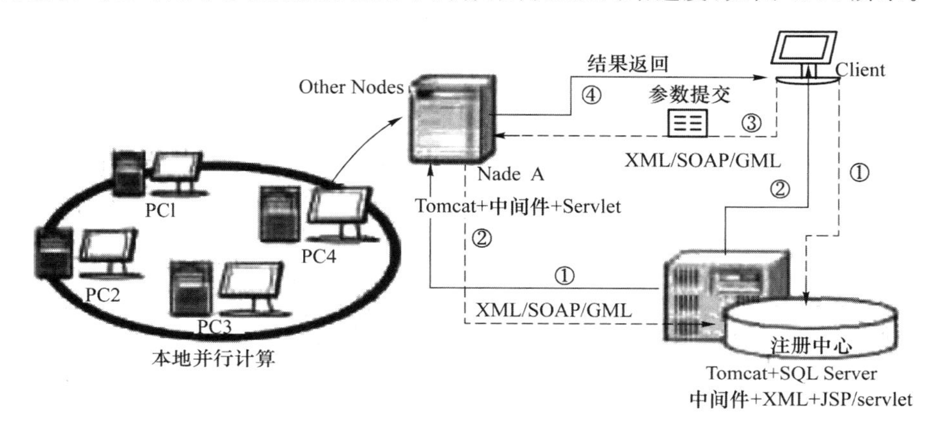

图 6.14　MPI 结构图

消息传递模式需要表达的相关程序可以在分布式存储的多处理机器、工作站网络以及它们的组合上运行。另外，消息传递机制在共享存储器上也是可能实现的。分布式存储体系结构与组合共享中，或可采用增加网络速度的方式使得这种模式不过时，所以将来大范围地在机器上实现该标准是可行的，这些机器由通信网络相互并行连接或者非并行连接。

这个接口可适合于一般的多指令多数据流程序，也适用于有更加严格形式的 SPMD 程序。MPI 提供了许多有用的特点，这些特点可以在特定的处理器硬件间通信，并且可在计算机上扩展并行，提高性能。与此同时，在标准的 Unix 处理器间，通信协议上层实现的消息传递接口将给工作站集群系统以及其他不同种类工作站网络提供相应的可移植性。

随着现代信息化社会的高速发展，对信息处理能力和信息处理速度的要求越来越高，不仅气象预报、航天国防、石油勘探、科学研究等领域需要高性能的计算机，而且教育、企业、金融、政府信息、网络游戏等领域对高性能计算机的需求也迅猛增长。所以，消息传递接口机制作为高性能计算机最流行的加速解决方案之一，将会变得越来越重要。

6.2.2　高光谱图像并行压缩算法

在预测中，每次预测的过程对后续的预测操作是不产生影响的，并且每次预测所用的算法是相同的。换言之，基于预测的压缩算法每次计算都是相互独立且可以单独执行的，同时不依靠其他操作得出的结果。第 6.2.1 小节关于并行计算的研究中，有一种单指令多数据流模型，恰好和基于预测的压缩算法对应，即多次不同的数据计算运用的是同一算法。因此，可以把传统的基于预测的高光谱图像压缩算法进行并行改进。

依据预测算法的执行过程，首先对高光谱数据进行分组，分组方式如图 6.15 所示。

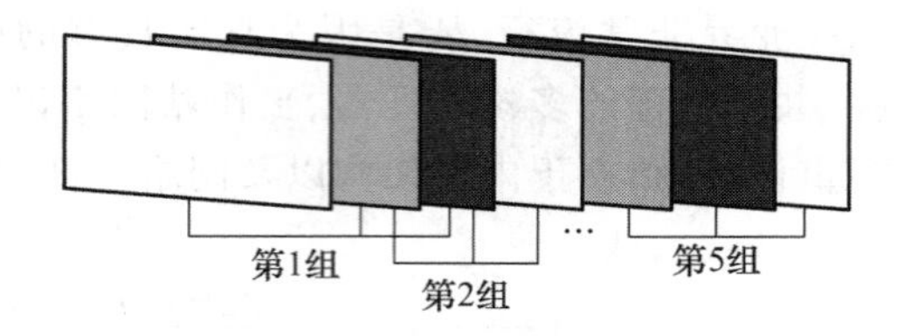

图 6.15　高光谱图像谱间交错分组

完成分组后，对照传统的压缩算法执行过程，可以对每个组内的图像数据进行预测压缩操作。从图 6.15 中可以看出，每个组内的压缩操作可以互不影响地进行，基于此可以发现：实验环境的限制可使 4 组数据同时进行预测压缩操作，其中一组数据的压缩操作完成后，自动继续执行下一组数据的预测压缩操作。例如，现有谱段 1 和谱段 2 预测谱段 3、谱段 2 和谱段 3 预测谱段 4、谱段 3 和谱段 4 预测谱段 5、谱段 4 和谱段 5 预测谱段 6 等 4 个任务，它们分别在 CPU1、CPU2、CPU3、CPU4 上同时执行，若 CPU1 首先完成了任务，则继续执行谱段 5 和谱段 6 预测谱段 7 的任务，以此类推，每个 CPU 完成任务后继续执行后续任务，直到所有任务完成为止。

用此方法便将数据分成了好多组，而且同一时间里总有 4 组数据在同时进行计算，提高了传统预测压缩算法的执行效率，而传统的预测算法的每次压缩操作为顺序执行，相比于并行计算，浪费了大量的时间和 CPU 资源。

研究发现，并行计算时 CPU 间进行了大量的通信，相较于 CPU 内的计算时间，CPU 间的通信占据了大量的时间。而按照上述分组方法，高光谱图像数据被划分成很多组，CPU 在运行算法时，频繁的进行数据交互占用了大量的时间，由此看出，为了达到良好的效果，减少数据的交互是相当重要的。

因此我们提出了新的分组方案以减少 CPU 间的通信，即对整个高光谱数据根据并行计算的 CPU 数目进行分组。假如有 4 个 CPU 同时参与并行计算，便将高光谱图像数据按谱段分成 4 组，如图 6.16 所示。每个 CPU 承担一组数据的计算，这样算法在运行的过程中，只在向 CPU 分配任务阶段进行了数据的交互，如此便将数据的交互时间降至最短，从而将算法所要消耗的时间集中在 CPU 的计算中。此时，并行计算的优势能够充分地体现出来。

对基于分布式的高光谱图像压缩过程进行分析发现：在分布式的压缩过程中，每一步压缩过程，数据间的操作是互不影响的，所以对分布式压缩算法进行并行改进的研究是可行的。因为分布式压缩算法需要将第一谱段完整传输，所以对分布式算法进行并行计算改进时，如果再采用预测算法时的横向分割数据会造成压缩比的降低，使压缩后的数据量变大，这样就不能凸显并行压缩的优越性。因此，对于分布式压缩算法的改进，此处提出一种适用于分布式并行压缩的纵向分组的方式，如图 6.17 所示。假如有 4 个 CPU 参与计算，则将高光谱图像数据纵向等比分割成 4 份，每一份分别进行分布式压缩计算，计算结束后将 4 份数据拼接在一起，这样得出的结果与传统分布式计算得出的结果是相同的，并不会降低压缩比，并且能大幅度减少图像的压缩时间。

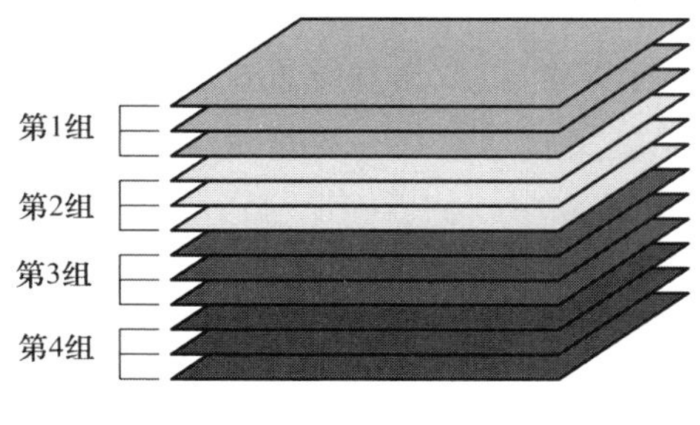

图 6.16　高光谱图像谱间独立分组

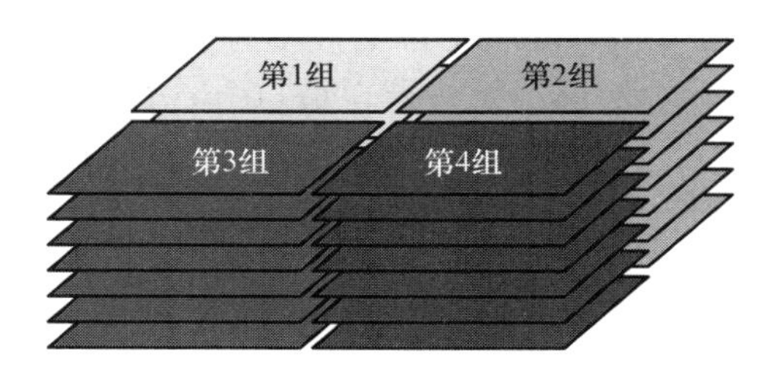

图 6.17　高光谱图像纵向分组

对于这种分组方式，并行预测压缩算法也可以进行应用，两种不同方式的压缩时间均大幅度减少。

6.3　高光谱图像预测算法的实验结果

6.3.1　双向递归预测算法的实验结果

以 HJ1A、Hyperion 和 Cup95eff 数据为例，对它们分别进行双向递归预测算法实验，数据压缩处理前后的实验对比如表 6.2 所示。压缩比分别达到 1.813、2.025 和 3.619，压缩及解压缩时间与数据量有关。由此可见，HJ1A、Hyperion 和 Cup95eff 数据均取得了较好的无损压缩效果。

表 6.2　数据压缩处理前后实验对比

数据类别 压缩指标	HJ1A	Hyperion	Cup95eff
压缩前①的数据量/B	11 403 264	3 538 944	6 291 456
压缩后的数据量/B	6 290 702	1 747 791	1 738 202
压缩比(CR)	1.813	2.025	3.619
压缩时间②/ms	2 164.481	773.033	409.562
解压时间/ms	772.505	243.826	139.448

注：①HJ1A 的压缩数据为谱段 23 到谱段 131，这里计算的是除去谱段 23 和谱段 27 之后余下的部分；Hyperion 的压缩数据为谱段 133 到谱段 161，这里计算的是除去谱段 133 和谱段 137 之后余下的部分；Cup95eff 的压缩数据为谱段 1 到谱段 49，这里计算的是除去谱段 1 和谱段 5 之后余下的部分。

②这里的压缩时间和解压缩时间不包括 LZW 的编码时间。

6.3.2　基于预测的双核并行的实验结果

以 Hyperion 和 HJ1A 为例，对其进行双核并行实验，将数据量设置成不同的级别，方便对实验结果进行比较，从而得出更详细的结论。实验结果共有数据量、串行执行时间、并行执行时间、加速比、效率、并行性能等 6 项指标。

表 6.3 为 CPU 只有两个核心参与预测并行计算时的实验结果。

表 6.3　基于预测的双核并行实验结果

数据量	CPU	双核	
	数据	Hyperion	HJ1A
128 倍数据量	数据量/B	368 538 496	1 256 581 376
	串行执行时间/ms	25 351.069	72 577.587
	并行执行时间/ms	8 648.784	23 496.953
	加速比	2.93	3.09
	压缩效率	1.465	1.545
	并行性能	42 612	53 478
256 倍数据量	数据量/B	737 076 992	2 513 162 752
	串行执行时间/ms	49 622.105	145 970.177
	并行执行时间/ms	16 305.6	47 582.403
	加速比	3.04	3.08
	压缩效率	1.52	1.54
	并行性能	45 203	52 817
512 倍数据量	数据量/B	1 474 153 984	5 026 325 504
	串行执行时间/ms	98 221.701	290 187.049
	并行执行时间/ms	32 632.268	94 467.777
	加速比	3.01	3.07
	压缩效率	1.505	1.535
	并行性能	45 174	53 206

为了降低并行时数据交互所需时间对实验结果的影响，实验过程中，将实验数据的大小分别扩大为原有数据量的 128 倍、256 倍、512 倍，并对这 3 种数据分别进行了实验，得出如表 6.3 的结果。从表 6.3 中可以看出，算法并行执行的时间与串行执行的时间相比，有了大幅度的减小，加速比为 3 左右，根据原始数据和数据量大小的不同，加速比、效率及并行性能有小幅度的变化，但总体趋于稳定，并维持在一定的范围之内。为了更好地了解并行及串行的 CPU 的运行方式，在实验进行时，对 CPU 进行实时监控，串行及双核并行实验时，CPU 的运行情况如图 6.18 与图 6.19 所示。

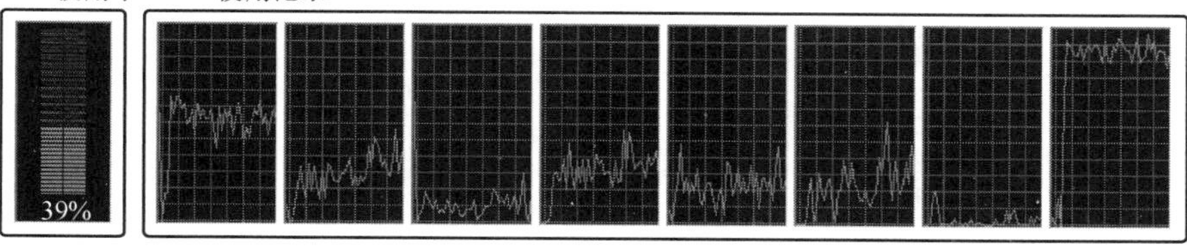

图 6.18　串行实验时 CPU 的运行情况

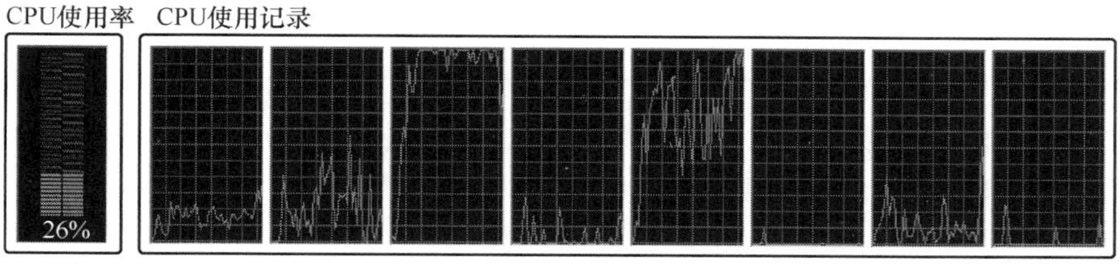

图 6.19　双核并行实验时 CPU 的运行情况

6.3.3　基于预测的四核并行的实验结果

实验运行的 CPU 为四核八线程 CPU，从图 6.18 可以看出，串行运行时，CPU 只有最后一个核心在高速运行，而从图 6.19 可以看出，双核并行执行时，CPU 有两个核心在高速运行。从图 6.18、图 6.19 中可以看出：并行执行可以更加充分地利用 CPU 资源。表 6.4 为 CPU 有四个核心参与预测并行计算时的实验结果。

表 6.4　基于预测的四核并行实验结果

数据量	CPU	四核	
	数据	Hyperion	HJ1A
128 倍数据量	数据量/B	368 538 496	1 256 581 376
	串行执行时间/ms	25 120.909	72 902.404
	并行执行时间/ms	5 573.241	15 176.612
	加速比	4.51	4.8
	压缩效率	1.128	1.2
	并行性能	66 126	82 797
256 倍数据量	数据量/B	737 076 992	2 513 162 752
	串行执行时间/ms	49 672.24	146 960.69
	并行执行时间/ms	10 672.562	31 386.075
	加速比	4.65	4.68
	压缩效率	1.163	1.17
	并行性能	69 062	80 072

续 表

数据量	CPU	四核	
	数据	Hyperion	HJ1A
512 倍数据量	数据量/B	1 474 153 984	5 026 325 504
	串行执行时间/ms	99 462.806	298 876.404
	并行执行时间/ms	21 060.798	60 364.211
	加速比	4.72	4.95
	压缩效率	1.18	1.24
	并行性能	69 995	83 266

四核并行的实验结果显示：相较于双核并行，算法在执行速度上有了进一步的提高，从并行执行时间、加速比、并行性能可以看出，随着参与并行的 CPU 的核心数目的增加，各数据值都有明显的上升。同样，为了了解四个核心参与基于预测的并行压缩计算时 CPU 的运行情况，实验中对 CPU 的实时运行情况进行了监控，串行及并行计算时 CPU 的运行情况如图 6.20 和图 6.21 所示。

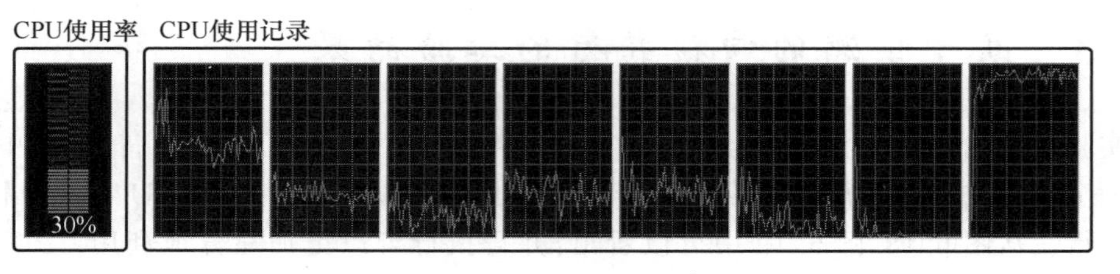

图 6.20　串行计算时 CPU 的运行情况

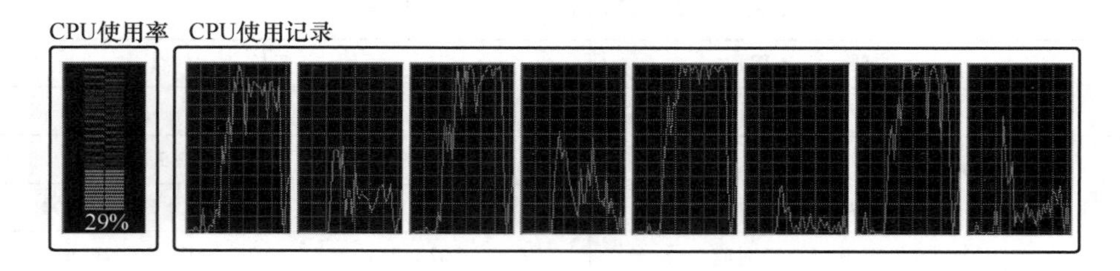

图 6.21　并行计算时 CPU 的运行情况

从图 6.20 和图 6.21 可以看出，传统的串行计算 CPU 只有一个核心在全速运行，而四核并行计算时，有四个核心在全速运行，这样就可以简单地解释四核并行算法执行速度加快、执行时间减小的原因了。同时，CPU 核心数目的增加使得 CPU 的资源进一步得到了利用，算法的性能也得到进一步的提高。

6.3.4　基于预测的八核并行的实验结果

为了充分验证本课题研究的合理性，本小节在已有的实验环境中模拟进行了八核并行计算，这是四核八线程的 CPU 中能够并行计算的极限，实验结果如表 6.5 所示。

表 6.5　基于预测的八核并行实验结果

数据量	CPU	八核	
	数据	Hyperion	HJ1A
128 倍数据量	数据量/B	368 538 496	1 256 581 376
	串行执行时间/ms	25 086.925	73 428.931
	并行执行时间/ms	5 060.435	13 776.226
	加速比	4.96	5.33
	压缩效率	0.62	0.67
	并行性能	72 827	91 214
256 倍数据量	数据量/B	737 076 992	2 513 162 752
	串行执行时间/ms	49 767.954	146 831.81
	并行执行时间/ms	9 450.84	27 407.652
	加速比	5.27	5.36
	压缩效率	0.66	0.67
	并行性能	77 990	91 696
512 倍数据量	数据量/B	1 474 153 984	5 026 325 504
	串行执行时间/ms	100 358.744	292 809.02
	并行执行时间/ms	18 766.949	54 237.732
	加速比	5.35	5.4
	压缩效率	0.67	0.67
	并行性能	78 550	92 672

通过观察发现，八核并行算法的执行时间相较于四核并行算法的执行时间有了部分提升，并行性能也有进一步的提升，但提升幅度并没有四核并行计算相较于双核并行计算的提升明显，原因在于实验环境为四核八线程的 CPU，而本实验是模拟八核运行，不是在真正的八核 CPU 上进行的实验，若换为八核 CPU 运行环境，算法的执行时间和并行性能都会有大幅度提高。但实验结果已体现出算法在八核环境下是可行的，并且结果有进一步的提升。观察八核串行、并行时 CPU 的运行状态，如图 6.22 和图 6.23 所示。

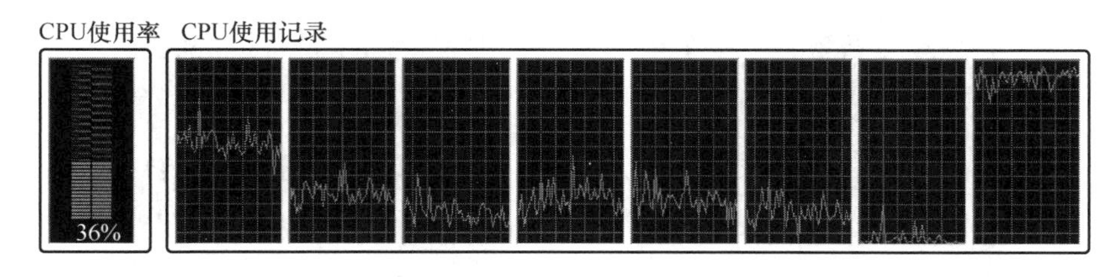

图 6.22　八核串行时 CPU 的运行状态

通过观察可以发现，八核并行时，CPU 的每一个核心都保持满负荷全速运行的状态，CPU 使用率也接近 100%，CPU 的资源得到了充分的利用，即达到了此算法在此实验环境下的极限速度。最终相对于传统串行算法时间有了 5 倍左右的提升，效果明显，完全证明了理论的合理性。

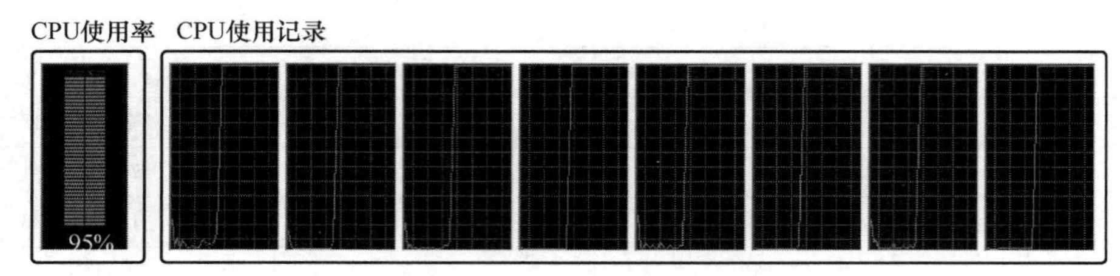

图 6.23　八核并行时 CPU 的运行状态

6.3.5　图像数据压缩前后的图像对比

图 6.24 和图 6.25 分别为环境监测小卫星上 HJ1A 的图像数据压缩前后的图像，从图 6.24、图 6.25 可以看出，由于本章讨论的算法是无损压缩算法，图像压缩前与压缩后的数据是没有差别的。

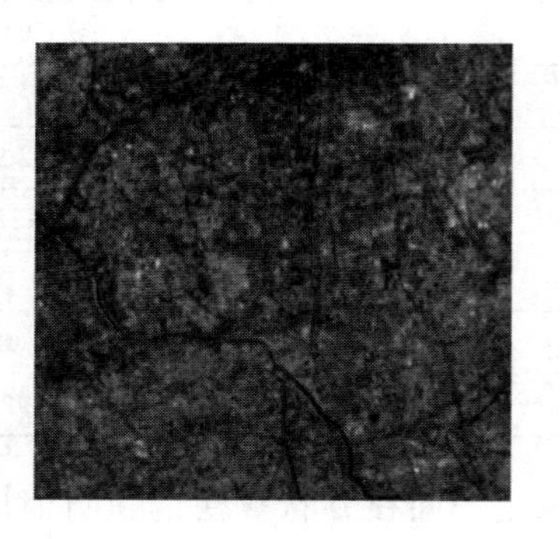

图 6.24　HJ1A 压缩前图像

图 6.25　HJ1A 压缩后图像

图 6.26 和图 6.27 分别为 EO-1 上 Hyperion 的图像数据压缩前后的图像，图像压缩前与压缩后的数据也是没有差别的。

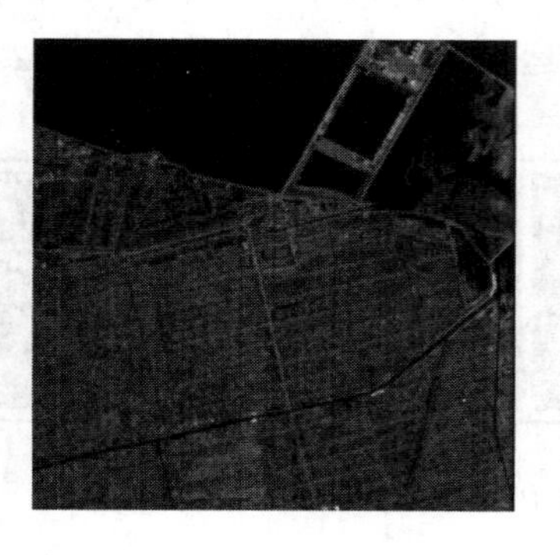

图 6.26　Hyperion 压缩前图像

图 6.27　Hyperion 压缩后图像

6.4　基于采样预测的高光谱图像压缩算法

6.4.1　高光谱遥感图像数据的特性分析

对于基于预测的压缩算法，无论是最佳线性预测、双向递归预测还是双向预测，其原理都是通过基础波段的线性组合来构造当前波段的预测值，再从预测值中选择和当前波段数据具有最小的残差的系数和残差进行编码传输。那么高光谱遥感图像数据的基础波段之间有什么关系呢？下面将对高光谱波段之间的特性进行分析。

图 6.28 和图 6.29 分别为高光谱图像 Hyperion 和 EO-1(BJ)各个像素点的光曲线图。从整体可以看出，虽然这些像素点在同一波段中的灰度值不同，但是它们在所有波段上的值形成的曲线相似，另外，光曲线大部分走向比较平缓，而且较平滑。从微观看，同一个像素点在相邻波段的像素值相差不大，不同像素点在不同频率下的光(电磁波)的反射走向相似。从上述实验可以推断出：高光谱遥感图像数据在各个不同光谱波段数据之间(谱间)有着非常大的冗余数据。另外，高光谱遥感图像数据各波段的空间结构相似，这是一个波段数据不同像素点预测另外波段对应像素点时用同一个系数可以使预测值和原始数据非常接近的原因。

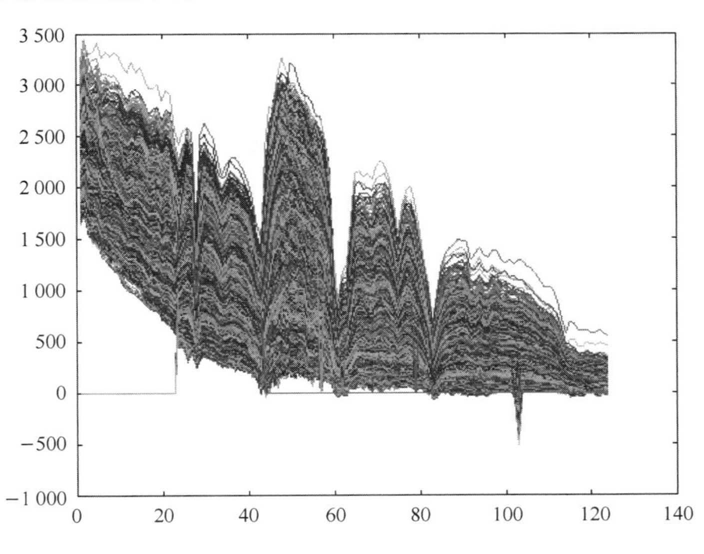

图 6.28　Hyperion 各个像素点的光曲线

构造预测均方差 ε^2 函数的目的是为了求预测系数 a 和 b，也就是解预测均方差 ε^2 函数关于 a 和 b 的方程，同时满足 ε^2 最小。线性代数介绍方程组时，线性相关的向量只有一个向量起作用，也就是对应系数成比例时，这些成比例的系数只有一组起作用。那么在解预测均方差 ε^2 函数关于 a 和 b 的方程时，对应的系数(这里把预测系数 a 和 b 看成是未知数，而系数指 a 和 b 的系数，即高光谱遥感图像数据基础波段数据对应坐标的像素

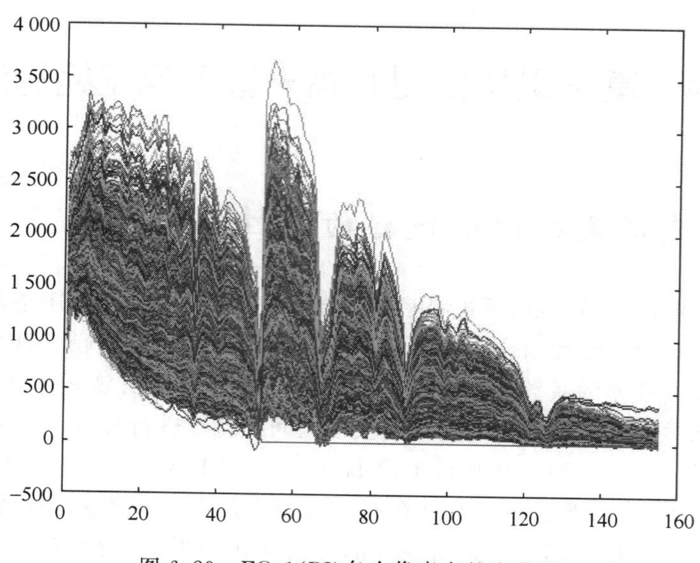

图 6.29　EO-1(BJ)各个像素点的光曲线

点的值)是什么状况呢？分别选取高光谱遥感图像数据 Hyperion 和 EO-1(BJ)中第 71 波段数据、第 73 波段数据和第 75 波段数据进行分析。表 6.6～表 6.8 分别表示 Hyperion 第 71 波段、73 波段和 75 波段在 21 至 30 列的 41 至 60 行相邻行对应的像素比值，表 6.9～表 6.11 分别表示 Hyperion 第 71 波段、73 波段和 75 波段在 21 至 30 行的 41 至 60 列相邻列对应的像素比值，表 6.12～表 6.14 分别表示 EO-1(BJ)第 71 波段、73 波段和 75 波段在 21 至 30 列的 41 至 60 行相邻行对应的像素比值，表 6.15～表 6.17 分别表示 EO-1(BJ)第 71 波段、73 波段和 75 波段在 21 至 30 行的 41 至 60 列相邻列对应的像素比值。图 6.30～图 6.33 分别表示 Hyperion 波段间相邻行(列)的比值的差，图 6.34～图 6.37 分别表示 EO-1(BJ)波段间相邻行(列)的比值的差。

表 6.6　Hyperion 第 71 波段在 21 至 30 列的 41 至 60 行相邻行对应的像素比值

行/列号	21	22	23	24	25	26	27	28	29	30
41/42	1.000	1.001	1.000	1.000	1.000	0.999	1.000	1.000	0.999	1.000
43/44	1.001	1.001	1.000	0.999	0.999	1.000	0.999	0.999	0.999	1.000
45/46	1.000	1.000	1.000	1.000	1.000	1.000	1.000	1.000	1.000	1.001
47/48	0.999	1.000	1.000	1.001	1.001	1.002	1.002	1.000	1.000	1.001
49/50	0.999	0.999	0.999	1.000	1.000	1.002	1.001	1.003	1.002	1.001
51/52	1.000	0.999	0.999	1.000	1.001	0.998	0.999	1.000	1.000	1.000
53/54	1.001	1.000	1.000	1.002	1.003	0.999	0.999	1.001	1.001	0.999
55/56	1.034	1.027	1.020	1.014	1.006	1.004	1.001	1.001	1.001	1.002
57/58	1.014	1.012	1.013	1.016	1.022	1.020	1.024	1.024	1.018	1.012
59/60	1.025	1.028	1.028	1.017	1.016	1.025	1.027	1.016	1.009	1.015

表 6.7　Hyperion 第 73 波段在 21 至 30 列的 41 至 60 行相邻行对应的像素比值

行/列号	21	22	23	24	25	26	27	28	29	30
41/42	0.999	1.001	1.001	1.000	1.000	0.999	0.998	1.000	1.001	0.999
43/44	1.000	1.000	0.999	1.000	0.999	0.997	0.997	1.001	1.001	0.999
45/46	1.000	1.001	1.001	0.999	0.999	1.001	1.000	1.000	0.999	0.999
47/48	1.000	1.001	1.000	0.999	1.000	1.001	1.000	0.999	0.999	1.000
49/50	0.999	1.001	1.001	1.000	1.000	1.000	0.999	0.999	1.000	1.000
51/52	1.000	1.001	1.001	1.000	1.001	1.000	1.000	0.999	0.999	1.001
53/54	1.000	1.000	1.000	1.001	1.001	0.998	0.999	0.999	0.999	1.001
55/56	1.030	1.023	1.016	1.012	1.006	1.002	1.000	0.999	0.999	1.000
57/58	1.013	1.009	1.010	1.014	1.019	1.018	1.020	1.020	1.015	1.010
59/60	1.022	1.026	1.026	1.016	1.016	1.023	1.024	1.015	1.010	1.015

表 6.8　Hyperion 第 75 波段在 21 至 30 列的 41 至 60 行相邻行对应的像素比值

行/列号	21	22	23	24	25	26	27	28	29	30
41/42	0.999	1.001	1.000	1.000	1.000	1.002	1.002	0.999	0.999	1.000
43/44	1.001	1.001	1.001	1.001	1.002	1.003	1.002	1.000	0.999	0.999
45/46	1.000	1.001	1.000	1.000	1.001	1.002	1.002	0.999	0.999	1.001
47/48	1.000	1.001	1.001	1.001	1.001	1.000	1.001	0.999	0.999	1.001
49/50	0.999	1.000	0.999	1.000	1.000	1.000	1.001	1.000	1.000	1.000
51/52	1.000	1.000	1.000	1.000	1.000	1.001	1.001	1.002	1.000	0.999
53/54	1.002	1.000	1.000	1.000	1.000	1.000	1.001	0.999	0.999	1.000
55/56	1.024	1.018	1.012	1.008	1.004	1.003	1.002	0.998	0.999	1.001
57/58	1.007	1.009	1.009	1.011	1.014	1.016	1.018	1.016	1.012	1.008
59/60	1.016	1.018	1.018	1.012	1.012	1.019	1.021	1.012	1.007	1.010

表 6.9　Hyperion 第 71 波段在 21 至 30 行的 41 至 60 列相邻列对应的像素比值

行/列号	41/42	43/44	45/46	47/48	49/50	51/52	53/54	55/56	57/58	59/60
21	1.000	0.999	1.000	1.000	0.998	1.000	1.000	0.998	0.998	1.001
22	1.001	1.000	0.997	0.997	0.998	1.000	1.000	0.998	0.997	1.001
23	1.002	1.001	1.000	1.000	0.998	1.000	0.999	0.998	0.999	1.000
24	1.001	0.999	0.998	0.998	0.998	1.000	1.000	0.997	0.999	1.001
25	0.999	1.000	1.000	1.000	0.999	1.000	1.000	1.000	0.999	1.000
26	1.001	0.999	1.001	1.001	0.999	0.999	0.999	0.997	0.997	1.000
27	1.000	1.000	1.001	1.001	1.000	0.999	0.997	0.998	0.999	1.001
28	1.002	1.000	1.000	1.000	0.999	1.001	1.001	0.997	0.998	1.001
29	1.002	1.001	1.002	1.002	1.001	0.999	1.000	0.998	0.999	1.000
30	1.001	1.000	1.001	1.001	0.997	0.999	0.999	0.999	0.996	0.998

表 6.10　Hyperion 第 73 波段在 21 至 30 行的 41 至 60 列相邻列对应的像素比值

行/列号	41/42	43/44	45/46	47/48	49/50	51/52	53/54	55/56	57/58	59/60
21	1.001	1.001	1.001	0.999	0.999	0.999	0.998	0.999	0.999	1.000
22	1.002	1.000	0.998	0.999	0.997	0.996	0.999	1.001	1.001	1.000
23	1.001	1.001	1.000	0.999	0.998	0.999	0.999	1.001	1.000	0.999
24	1.001	1.000	0.999	0.998	0.998	1.001	1.001	1.000	0.998	0.999
25	0.999	1.001	1.000	1.000	1.000	0.998	0.998	0.999	1.000	0.998
26	1.002	1.000	1.000	1.000	1.001	0.999	0.998	0.999	0.999	1.000
27	0.999	1.001	1.001	1.000	1.002	0.999	0.999	0.999	1.000	1.000
28	1.000	0.998	0.998	1.000	0.999	0.997	0.999	0.999	0.999	1.000
29	1.001	0.999	0.998	1.001	1.000	0.999	0.999	0.999	0.999	1.000
30	0.999	1.000	0.999	0.999	1.000	0.998	0.999	1.000	0.999	0.999

表 6.11　Hyperion 第 75 波段在 21 至 30 行的 41 至 60 列相邻列对应的像素比值

行/列号	41/42	43/44	45/46	47/48	49/50	51/52	53/54	55/56	57/58	59/60
21	1.000	0.998	0.999	1.001	1.001	1.001	1.002	0.999	0.999	0.999
22	0.999	0.999	0.998	1.001	1.001	1.002	1.001	0.999	1.000	1.001
23	0.999	1.000	0.998	1.000	1.001	1.000	1.000	0.999	1.000	0.999
24	0.999	1.000	1.000	1.001	1.002	0.999	0.999	0.998	0.999	1.001
25	0.999	1.000	0.998	1.000	1.000	0.999	1.000	1.000	1.001	0.998
26	0.997	0.999	0.998	1.000	1.000	1.001	0.999	0.998	0.999	0.998
27	0.999	1.000	1.000	1.000	1.000	1.000	0.999	0.999	1.000	0.999
28	1.000	0.999	0.999	1.000	1.001	1.000	0.999	0.997	0.999	1.001
29	0.999	1.000	0.998	1.000	1.000	1.000	1.000	0.999	1.000	0.999
30	0.998	0.998	0.999	0.999	1.001	0.999	1.000	0.998	0.998	1.000

表 6.12　EO-1(BJ)第 71 波段在 21 至 30 列的 41 至 60 行相邻行对应的像素比值

行/列号	21	22	23	24	25	26	27	28	29	30
41/42	0.996	0.995	0.994	0.987	0.988	0.988	0.988	0.983	0.982	0.990
43/44	0.995	0.994	0.992	0.996	0.997	0.993	0.986	0.986	0.985	0.987
45/46	1.000	0.996	0.993	1.000	1.000	1.000	0.995	0.996	0.999	1.000
47/48	0.997	0.997	0.997	0.992	0.989	0.992	1.005	1.004	1.002	0.999
49/50	1.013	1.004	0.995	0.996	1.000	1.003	1.001	1.001	1.002	1.003
51/52	1.011	1.004	0.997	0.995	1.005	1.001	0.999	1.002	1.002	1.001
53/54	1.016	1.007	0.998	0.995	1.003	0.989	0.990	1.000	1.003	1.006
55/56	1.032	1.017	1.001	1.002	1.000	1.005	1.001	1.003	1.003	1.010
57/58	1.008	1.000	0.992	1.003	1.004	1.007	1.010	1.013	1.012	0.998
59/60	1.019	1.009	0.998	1.008	1.019	1.022	1.011	1.003	1.002	1.002

表 6.13　EO-1(BJ)第 73 波段在 21 至 30 列的 41 至 60 行相邻行对应的像素比值

行/列号	21	22	23	24	25	26	27	28	29	30
41/42	0.995	0.995	0.994	0.987	0.986	0.993	0.991	0.986	0.984	0.989
43/44	0.995	0.993	0.991	0.998	1.000	0.996	0.988	0.986	0.986	0.988
45/46	0.998	0.996	0.994	0.998	1.001	1.000	0.995	0.997	1.001	1.000
47/48	0.997	0.997	0.997	0.993	0.991	0.993	1.005	1.005	1.004	1.001
49/50	1.015	1.005	0.996	0.994	0.998	0.999	0.998	1.001	1.002	1.004
51/52	1.008	1.003	0.997	0.997	1.005	1.000	0.999	1.002	1.001	1.003
53/54	1.019	1.009	1.000	0.995	1.002	0.988	0.990	1.001	1.003	1.004
55/56	1.033	1.017	1.001	1.004	1.001	1.002	0.998	1.003	1.004	1.010
57/58	1.008	1.000	0.993	1.003	1.005	1.007	1.010	1.014	1.011	0.997
59/60	1.018	1.009	0.999	1.008	1.020	1.024	1.013	1.000	1.001	1.000

表 6.14　EO-1(BJ)第 75 波段在 21 至 30 列的 41 至 60 行相邻行对应的像素比值

行/列号	21	22	23	24	25	26	27	28	29	30
41/42	0.995	0.994	0.994	0.989	0.988	0.991	0.991	0.986	0.985	0.991
43/44	0.995	0.993	0.991	0.996	0.998	0.994	0.987	0.988	0.987	0.988
45/46	0.999	0.997	0.995	0.998	0.999	1.002	0.997	0.999	1.003	1.001
47/48	0.997	0.997	0.996	0.994	0.991	0.995	1.006	1.005	1.004	1.001
49/50	1.014	1.005	0.995	0.994	0.999	1.001	0.999	1.001	1.003	1.006
51/52	1.007	1.002	0.997	0.996	1.004	1.000	0.999	1.001	1.002	1.004
53/54	1.017	1.008	1.000	0.995	1.003	0.989	0.990	1.002	1.004	1.005
55/56	1.034	1.016	0.999	1.005	1.003	1.002	0.998	1.003	1.004	1.008
57/58	1.006	0.999	0.991	1.003	1.004	1.006	1.010	1.012	1.010	0.997
59/60	1.019	1.009	0.999	1.007	1.017	1.023	1.011	1.000	1.001	1.000

表 6.15　EO-1(BJ) 第 71 波段在 21 至 30 行的 41 至 60 列相邻列对应的像素比值

行/列号	41/42	43/44	45/46	47/48	49/50	51/52	53/54	55/56	57/58	59/60
21	0.987	0.989	0.978	0.980	0.991	0.996	0.991	0.992	0.993	0.997
22	0.989	0.982	0.985	0.983	0.996	0.994	0.987	0.990	0.991	0.997
23	0.987	0.986	0.998	0.998	0.995	0.997	0.989	0.994	0.998	0.990
24	0.991	1.002	1.004	0.996	0.990	0.995	0.989	0.993	0.994	0.992
25	0.999	0.999	0.999	0.999	0.995	0.995	0.986	0.989	0.989	0.995
26	0.997	0.998	0.998	0.997	0.998	0.992	0.987	0.988	0.987	0.993
27	0.995	0.994	0.991	0.997	0.995	0.989	0.990	0.987	0.988	0.998
28	1.004	0.999	0.997	1.001	0.996	0.992	0.988	0.989	0.991	0.999
29	0.996	0.999	0.996	1.001	0.998	0.996	0.996	0.999	0.996	0.986
30	0.990	0.999	1.001	1.011	1.009	1.000	0.994	0.985	0.981	0.983

表 6.16　EO-1(BJ) 第 73 波段在 21 至 30 行的 41 至 60 列相邻列对应的像素比值

行/列号	41/42	43/44	45/46	47/48	49/50	51/52	53/54	55/56	57/58	59/60
21	0.988	0.988	0.978	0.980	0.988	1.000	0.992	0.993	0.994	0.996
22	0.988	0.981	0.983	0.985	0.996	0.996	0.990	0.991	0.993	0.996
23	0.984	0.986	0.999	0.997	0.995	0.996	0.989	0.994	0.995	0.991
24	0.992	1.001	1.002	0.995	0.990	0.996	0.989	0.995	0.994	0.992
25	1.001	1.000	0.998	0.998	0.995	0.995	0.987	0.989	0.989	0.995
26	0.995	0.997	0.999	0.998	0.998	0.994	0.986	0.986	0.987	0.995
27	0.996	0.995	0.991	0.999	0.994	0.989	0.989	0.990	0.987	0.997
28	1.003	0.999	0.994	1.003	0.996	0.994	0.988	0.990	0.989	0.999
29	0.994	1.000	0.997	1.003	0.998	0.997	0.994	0.998	0.996	0.985
30	0.991	1.000	1.002	1.013	1.009	1.002	0.994	0.983	0.978	0.982

表 6.17　EO-1(BJ) 第 75 波段在 21 至 30 行的 41 至 60 列相邻列对应的像素比值

行/列号	41/42	43/44	45/46	47/48	49/50	51/52	53/54	55/56	57/58	59/60
21	0.989	0.990	0.979	0.981	0.989	1.000	0.994	0.993	0.994	0.998
22	0.991	0.982	0.984	0.986	0.996	0.995	0.990	0.991	0.992	0.996
23	0.988	0.988	1.000	0.999	0.994	0.996	0.993	0.995	0.998	0.991
24	0.994	1.003	1.002	1.000	0.991	0.997	0.991	0.995	0.996	0.992
25	1.000	0.998	0.997	0.998	0.994	0.994	0.990	0.991	0.990	0.996
26	0.995	0.995	0.997	0.998	0.998	0.994	0.989	0.987	0.988	0.997
27	0.995	0.994	0.990	1.000	0.995	0.991	0.991	0.991	0.990	0.998
28	1.004	0.997	0.995	1.005	0.999	0.996	0.989	0.990	0.991	0.998
29	0.995	0.999	0.995	1.003	0.998	0.997	0.996	0.998	0.995	0.985
30	0.994	0.999	1.001	1.011	1.008	1.003	0.994	0.983	0.980	0.984

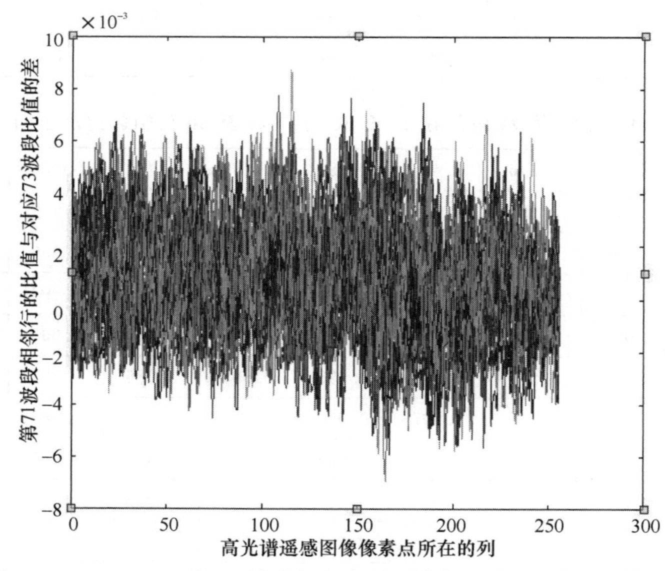

图 6.30　Hyperion 第 71 波段相邻行的比值与对应 73 波段比值的差

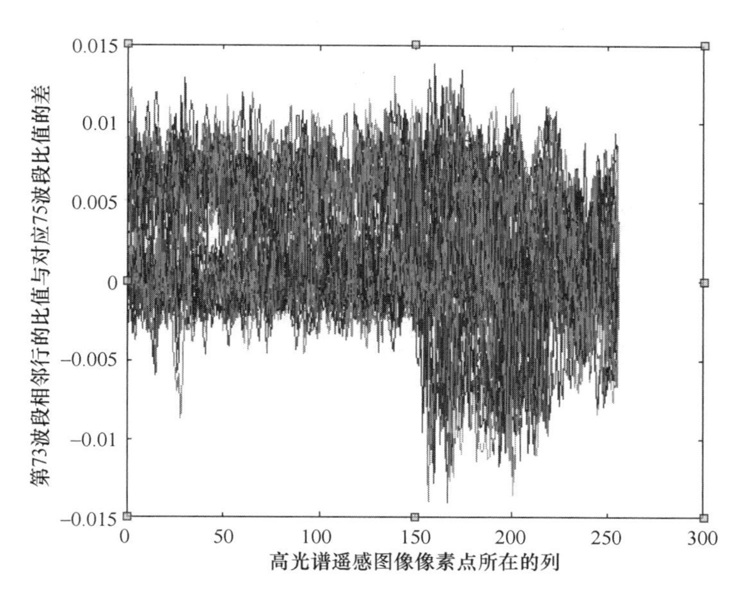

图 6.31　Hyperion 第 73 波段相邻行的比值与对应 75 波段比值的差

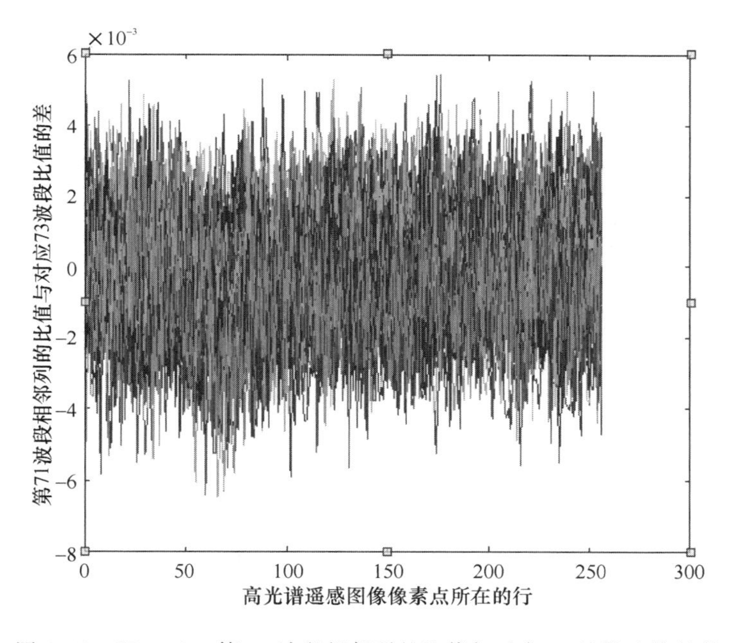

图 6.32　Hyperion 第 71 波段相邻列的比值与对应 73 波段比值的差

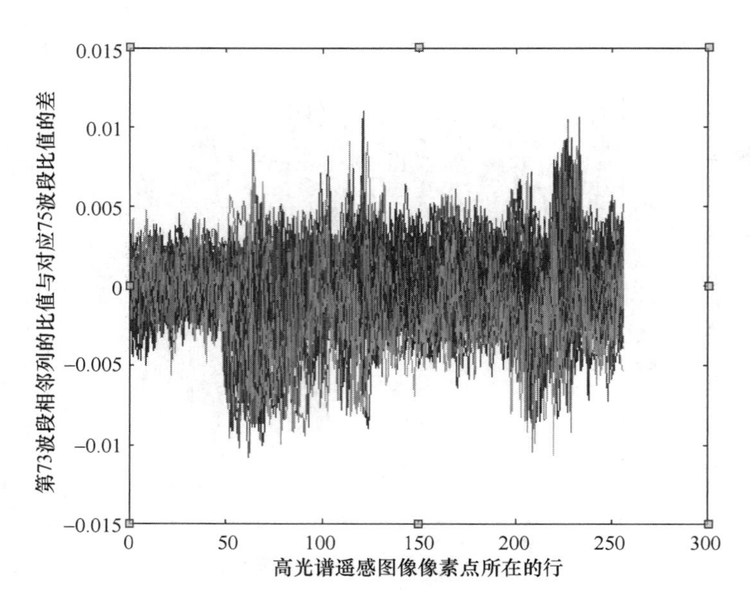

图 6.33　Hyperion 第 73 波段相邻列的比值与对应 75 波段比值的差

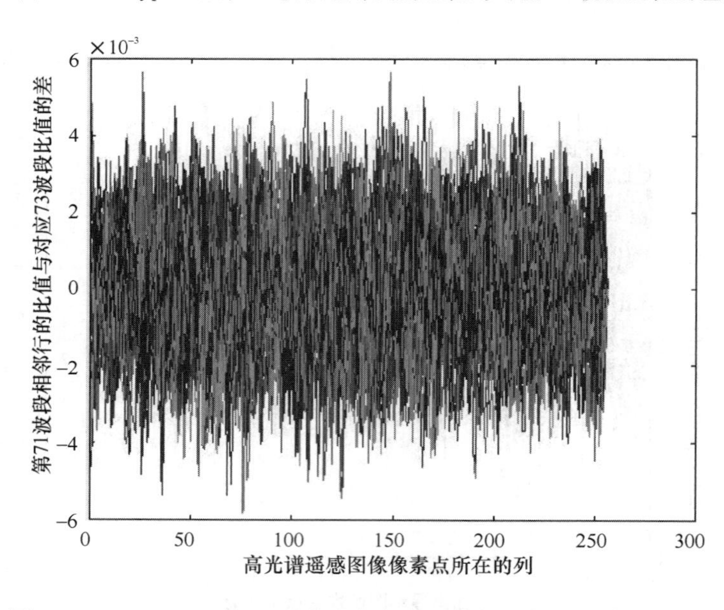

图 6.34　EO-1(BJ) 第 71 波段相邻行的比值与对应 73 波段比值的差

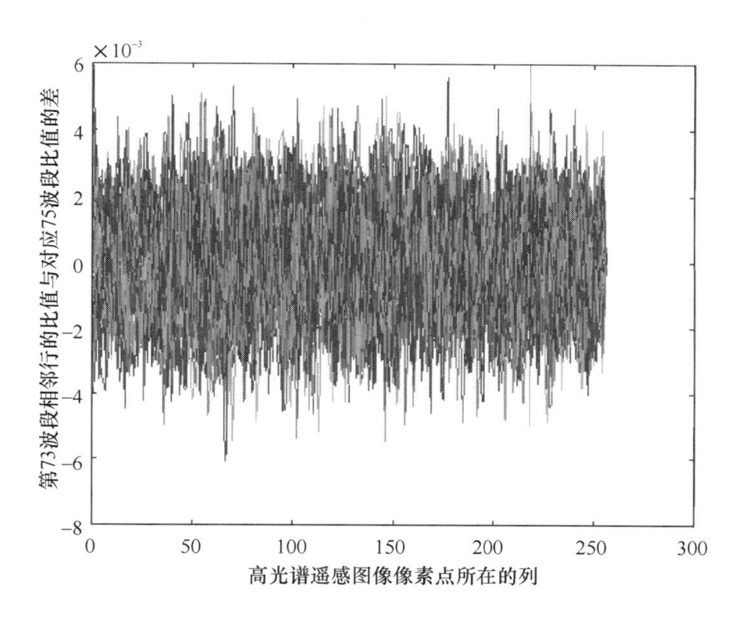

图 6.35　EO-1(BJ)第 73 波段相邻行的比值与对应 75 波段比值的差

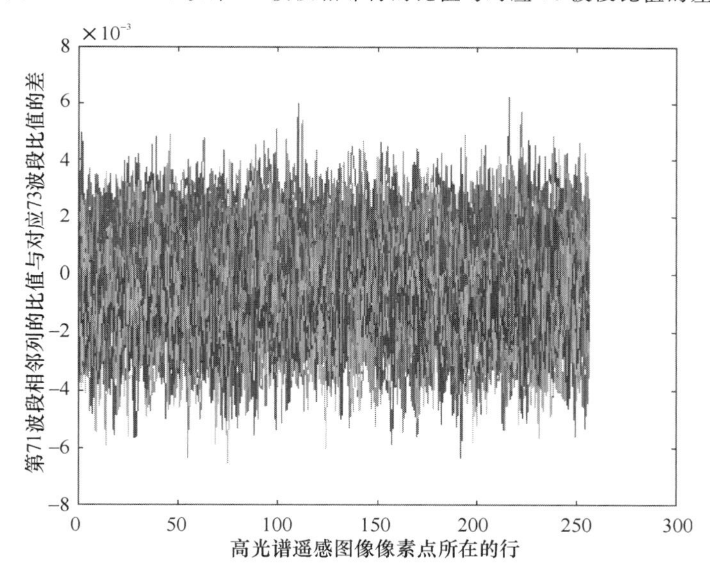

图 6.36　EO-1(BJ)第 71 波段相邻列的比值与对应 73 波段比值的差

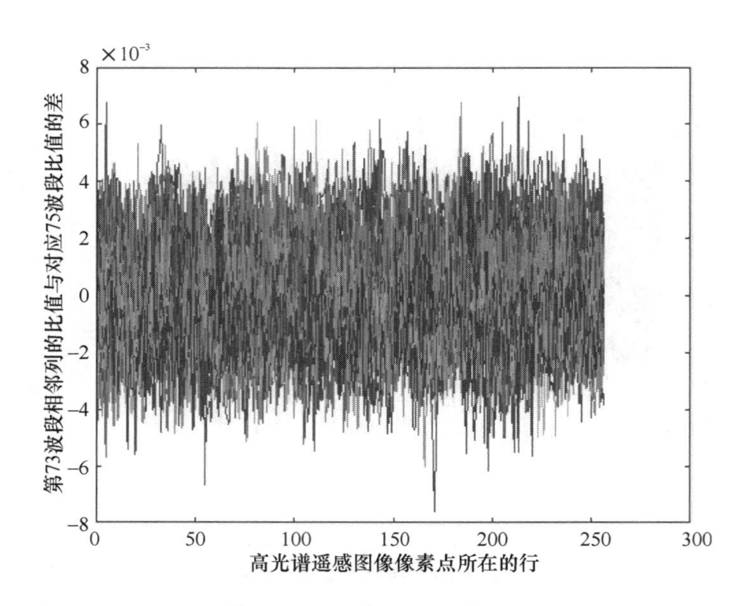

图 6.37　EO-1(BJ)第 73 波段相邻列的比值与对应 75 波段比值的差

计算相邻行坐标对应列的比值。表 6.6～表 6.8 分别是从高光谱遥感图像数据 Hyperion 计算的比值中提取坐标第 21 列到第 30 列并且第 41 行至第 60 行的像素相邻行的值。表 6.8～表 6.9 分别是从高光谱遥感图像数据 EO-1(BJ)计算的比值中提取坐标第 21 列到第 30 列并且第 41 行至第 60 行的像素相邻行的值。

图 6.30～图 6.31 分别是高光谱遥感图像数据 Hyperion 的第 71 波段数据和第 73 波段数据以及第 73 波段数据对应的相邻行比值作差；图 6.9 和图 6.10 分别是高光谱遥感图像数据 EO-1(BJ)的第 71 波段数据和第 73 波段数据以及第 73 波段数据对应的相邻行比值作差。横坐标表示高光谱遥感图像单一波段图像数据的列数，即高光谱一个波段图像素点在高光谱图像中的横坐标，纵坐标表示差值。分别计算高光谱图像两个波段一对相邻行在对应的列上的比值，再作差。

表 6.9～表 6.11、表 6.15～表 6.17 和表 6.6～表 6.8、表 6.12～表 6.14 类似，图 6.32、图 6.33、图 6.36、图 6.37 和图 6.30～图 6.31、图 6.34～图 6.35 类似，只是它针对的是相邻列坐标对应行的比值。

通过观察可以发现：单看一张表，其中的值都接近于 1，这说明在高光谱遥感图像数据 Hyperion 和 EO-1(BJ) 的第 71 波段、第 73 波段和第 75 波段当中，每一个波段的同一列坐标相邻行坐标以及同一行坐标相邻列坐标的两个像素点的值差别不大。再对表 6.6～表 6.8、表 6.9～表 6.11、表 6.12～表 6.14 以及表 6.15～表 6.17 分别对比观察可以发现：表格中对应的值差别不大，这说明高光谱遥感图像数据 Hyperion 和 EO-1(BJ) 的这 3 个波段相邻行以及相邻列的比值几乎相等。

再观察图 6.30～图 6.35 可以直观地看出：无论是相邻行在对应的列上比值的差，还是相邻列在对应的行上比值的差，除高光谱遥感图像数据 Hyperion 的第 73 波段数据和第 75 波段数据的差值在−0.01 至 0.01 之间，其余的少数点在−0.008 至 0.008 之间，大部分点都在-0.004至0.004之间。

通过以上分析可以得出：高光谱遥感图像数据同一波段内相邻像素的比值在不同波段对应的位置上几乎相等。也就是说，对于预测均方差ε^2函数关于a和b的方程而言，在求解的过程中，有部分系数(高光谱遥感图像数据的像素点的值)是成比例的，进一步说，是相邻像素点的光谱向量所构成的系数成比例。

6.4.2　基于采样预测的高光谱图像压缩算法

由第 6.4.1 小节可知，在求解预测均方差ε^2函数关于a和b的方程的解时，相邻像素点的光谱向量所构成的系数成比例，即有部分系数对于求解是不起作用的，但之前介绍的预测算法都没有对此进行处理。因此我们提出基于采样预测的高光谱图像压缩算法，即在计算预测系数a和b时，先对高光谱遥感图像数据在空间行列上分别进行隔点采样，再通过采样后的数据构造预测均方差ε^2函数，采样预测和最佳线性预测算法相结合可以得到基于采样的最佳线性预测算法，后面介绍的算法中就应用到了基于采样的最佳线性预测算法，由于篇幅有限，此处不再详细说明。下面是基于采样的双向递归预测算法的详细阐述，均方差ε^2函数表示如下：

$$\varepsilon^2 = \frac{1}{MN}\sum_{i=0}^{M-1}\sum_{j=0}^{N-1}[g(i,j) - af_1(i,j) - bf_2(i,j)]^2 \tag{6-12}$$

可以通过对未知数a和b分别求导来最小化预测均方差ε^2：

$$\begin{cases}\dfrac{\partial \varepsilon^2}{\partial a}=0\\[2ex]\dfrac{\partial \varepsilon^2}{\partial b}=0\end{cases} \tag{6-13}$$

计算式(6-13)并求出a、b：

$$\begin{cases}a=\dfrac{r(g,f_2)r(f_1,f_2)-r(g,f_1)r(f_2,f_2)}{r(f_1,f_2)r(f_1,f_2)-r(f_2,f_2)r(f_1,f_1)}\\[2ex]b=\dfrac{r(g,f_1)r(f_1,f_2)-r(g,f_2)r(f_1,f_1)}{r(f_1,f_2)r(f_1,f_2)-r(f_2,f_2)r(f_1,f_1)}\end{cases} \tag{6-14}$$

式(6-14)中的r函数公式为

$$r(f,g) = \frac{4}{MN}\sum_{i=0}^{\frac{M}{2}-1}\sum_{j=0}^{\frac{N}{2}-1} f(2i,2j)g(2i,2j) \tag{6-15}$$

基于采样预测的高光谱图像压缩算法的实现步骤如下：

(1) 在空间上对传入的高光谱遥感图像数据进行间隔采样，并存入A中；

(2) 组内顺序为采样后的连续波段B_1、B_4、B_3、B_5、B_2；

(3) $B_1=$采样后的第一个波段数据；

(4) 使用采样后的数据B_1对下一个关键波段数据B_2进行最佳线性预测，并计算其预测系数；

(5) 先通过采样后的两个关键波段数据B_1、B_2对组内中间波段数据B_3进行预测，并计算其预测系数；

（6）分别用采样后的两个关键波段数据 B_1、B_2 和中间波段的数据 B_3 对组内中间波段数据两侧的波段数据 B_4、B_5 进行预测，并计算其预测系数；

（7）根据预测系数，使用原始数据和计算这一组波段数据的残差图像；

（8）判断 B_2+4 是否超过高光谱图像的波段总数；

（9）若没有超过，则令 $B_1=B_2$，$B_4=B_4+4$，$B_3=B_3+4$，$B_5=B_5+4$，$B_2=B_2+4$，并执行（8），否则执行（9）；

（10）对最后不能成组的数据，使用采样后的数据进行最佳线性预测，并计算其预测系数；

（11）根据预测系数，并使用原始数据计算不能成组的波段的残差图像。

6.4.3　实验对比与分析

上一小节介绍了基于采样预测的高光谱图像压缩算法。本小节将对上述算法进行实验，并和传统的最佳线性预测算法以及双向递归预测算法在压缩比和压缩时间上进行对比。为了便于对比实验结果，本小节所有数据的实验都在第 5.1.1 小节中介绍的实验环境中进行，实验数据使用的是第 6.1.2 小节所使用的实验数据。

表 6.18 介绍了实验对比方法，$M2$、$M4$ 为基于采样预测的高光谱图像压缩算法：$M2$ 是基于采样的最佳线性预测算法，$M4$ 是基于采样的双向递归预测算法。表 6.19～表 6.28 将这两种算法分别与 $M1$ 和 $M3$ 从压缩时间和压缩比方面进行详细对比和分析。本章算法的残差图像使用 LZW 编码压缩，因为所有算法都使用同一种编码方式，所以，下面所有算法的运行时间都不包含 LZW 编码时间。

表 6.18　实验方法介绍

方　法	描　述
$M1$	最佳线性预测算法
$M2$	基于采样的最佳线性预测算法
$M3$	双向递归预测算法
$M4$	基于采样的双向递归预测算法

表 6.19　压缩时间对比-a　　（单位：s）

方法	Hyperion	EO-1 (BJ)	EO-1 (QH)	EO-1 (CJS)
$M1$	0.431 7	0.561 4	0.577 8	0.609 4
$M2$	0.262 2	0.342 7	0.345 1	0.345 4
$M2/M1$	60.74%	61.04%	59.73%	56.68%

表 6.20　压缩时间对比-b　　（单位：s）

方法	Hyperion	EO-1（BJ）	EO-1（QH）	EO-1（CJS）
*M*3	0.520 6	0.603 1	0.615 4	0.653 1
*M*4	0.368 4	0.440 6	0.439 3	0.418 5
*M*4/*M*3	70.76%	73.06%	71.38%	64.08%

表 6.21　Hyperion 压缩比对比-a

方法	压缩前数据量/B	压缩后数据量/B	压缩比（CR）
*M*1	16 252 928	8 749 187	1.857 7
*M*2	16 252 928	8 783 044	1.850 5
*M*2/*M*1	100%	100.39%	99.61%

表 6.22　Hyperion 压缩比对比-b

方法	压缩前数据量/B	压缩后数据量/B	压缩比（CR）
*M*3	16 252 928	8 841 070	1.838 3
*M*4	16 252 928	8 878 131	1.830 7
*M*4/*M*3	100%	100.42%	99.59%

表 6.23　EO-1（BJ）压缩比对比-a

方法	压缩前数据量/B	压缩后数据量/B	压缩比（CR）
*M*1	20 316 160	10 691 913	1.900 1
*M*2	20 316 160	10 713 882	1.896 3
*M*2/*M*1	100%	100.21%	99.80%

表 6.24　EO-1（BJ）压缩比对比-b

方法	压缩前数据量/B	压缩后数据量/B	压缩比（CR）
*M*3	20 316 160	10 726 458	1.889 1
*M*4	20 316 160	10 754 513	1.894 0
*M*4/*M*3	100%	100.26%	99.74%

表 6.25　EO-1（QH）压缩比对比-a

方法	压缩前数据量/B	压缩后数据量/B	压缩比（CR）
*M*1	20 316 160	11 660 377	1.742 3
*M*2	20 316 160	11 663 861	1.741 8
*M*2/*M*1	100%	100.03%	99.97%

表 6.26　EO-1(QH) 压缩比对比-b

方法	压缩前数据量/B	压缩后数据量/B	压缩比(CR)
$M3$	20 316 160	11 657 211	1.743 2
$M4$	20 316 160	11 654 840	1.742 8
$M4/M3$	100%	99.98%	100.02%

表 6.27　EO-1(CJS) 压缩比对比-a

方法	压缩前数据量/B	压缩后数据量/B	压缩比(CR)
$M1$	20 316 160	10 568 254	1.922 4
$M2$	20 316 160	10 671 547	1.903 8
$M2/M1$	100%	100.98%	99.03%

表 6.28　EO-1(CJS) 压缩比对比-b

方法	压缩前数据量/B	压缩后数据量/B	压缩比(CR)
$M3$	20 316 160	10 550 811	1.911 2
$M4$	20 316 160	10 629 819	1.925 6
$M4/M3$	100%	100.75%	99.25%

通过观察上述各表可以发现：本文所提出的基于采样预测的压缩算法 $M2$、$M4$ 在压缩时间上比传统的最佳线性预测算法和双向递归预测算法少很多，而压缩比却只小很少。使用基于采样的最佳线性预测算法的压缩时间只占最佳线性预测算法的 56%～62%之间，而压缩比却能达到 99%以上，这说明基于采样的最佳预测算法基本上能够保证在压缩比基本不变的情况下降低约 40%的压缩时间。而使用基于采样的双向递归预测算法的压缩时间占双向递归预测算法的 64%～74%之间，虽然在压缩时间上没有基于采样的最佳线性预测算法降低的比例多，但也降低了 25%～35%，而压缩比也都达到了 99.2%以上，甚至 EO-1(QH)的压缩比还比传统非采样的双向递归预测算法高出0.02%，这表明基于采样的双向递归预测算法也能够保证在压缩比基本不变的情况下降低 30%左右的压缩时间。

能保持压缩比基本不变的原因是未采样的数据可以非常近似地用采样数据线性表出，因此非采样数据对于求解预测均方差 ε^2 函数的未知量 a 和 b 几乎不起作用，而压缩比基本达不到 100%，这是由于未采样的数据只能非常近似地用采样数据线性表出，而不能准确地用采样数据线性表出。而出现压缩比增加的现象是由于预测均方差 ε^2 函数本身引起的。因为满足均方差 ε^2 最小的预测系数 a 和 b 可能会出现这样的情况：一种情况是预测图像大多数点都非常接近原图在 LZW 编码压缩算法可压缩的范围内，而只有一小部分点和原图差别比较大，在 LZW 编码压缩算法可压缩的范围外，假设这两种类型点的个数比为 9∶1；另外一种情况是大部分点都和原图有稍大的差别，但都在 LZW 编码压缩算法可压缩的范围内，有极小一部分点和原图差别较大，在 LZW 编码压缩算法可压缩的范围外，而这两类点个数之比为 9.1∶8.9。基于采样的双向递归预测压缩算法，根据采样后的图像计算出来的预测系数正好满足第二种情况，而使用传统双向递归预测算法计算出来的预测系数正好满足第一种情况，从而基于采样递归预测压缩算法的压缩比高于递归预测压缩算法的压缩比。虽然采样使预测图像和原图的差别变得稍稍大一点，使这种情况出现的比例较低，但有这种情况出现说明了基于采样预测的压缩算法也是有可能提高压缩比的。

另外，压缩时间可以大幅降低的原因是，传统预测算法在计算预测系数时使用全体高光谱遥感数据，而基于采样预测的压缩算法在计算预测系数时只使用部分高光谱遥感数据。表 6.29 为在使用本小节开始说明的几种算法计算预测系数时，各个高光谱图像参与计算的数据量，即参与计算的高光谱遥感图像的点数。

表 6.29　参与计算的数据量对比

方法	Hyperion	EO-1 (BJ)	EO-1 (QH)	EO-1 (CJS)
*M*1、*M*3	8 126 464	10 158 080	10 158 080	10 158 080
*M*2、*M*4	2 031 616	2 539 520	2 539 520	2 539 520
(*M*1、*M*3)/(*M*2、*M*4)	25.00%	25.00%	25.00%	25.00%

从表 6.29 可以看出，基于采样的压缩算法在计算预测系数时使用的数据量只占传统预测算法的 25%，计算量降低了 75%。又因为预测算法有很大一部分时间都是花费在计算预测系数上的，因此基于采样的预测算法可以大幅地降低压缩时间。

6.4.4　实验结论

本节通过实验论证了基于采样预测的高光谱遥感图像压缩算法的可行性。通过对高光谱图像数据在空间上进行间隔采样得到采样后的图像数据，再用采样后的图像数据计算预测系数，最后根据预测系数对原始图像进行预测并计算出残差图像。上一小节中将该算法和传统的预测算法分别进行了对比，得出以下结论：基于采样预测的压缩算法能够在保持压缩比基本不变的情况下，大幅降低压缩时间，并且在实验的过程中，还出现了增加压缩比的情况。如何让基于采样预测压缩算法的压缩比增加，而且增加压缩比的情况出现的比例更高，将是下一步的研究目标。

第7章 基于变换的压缩算法

1974年,法国人 Jean Morlet 提出了小波分析,到21世纪初,已经形成了系统而完善的理论体系。这个理论是对 Dennis Gabor 改进的 Fourier 分析的继承和发展,它在时域和频域都具备良好的局部性质,为处理非平稳(时变)信号提供了有效的数学工具。近年来,小波分析在量子力学、语音合成、信号分析、图像处理、数据压缩等领域取得了一系列应用成果。本书主要研究其在高光谱图像压缩中的应用。

7.1 小波变换的基本原理

长期以来,图像压缩编码把离散余弦变换(Discrete Cosine Transform,DCT)作为主要的变换技术,并成功地应用于各种标准,如 JPEG、MPEG-1 和 MPEG-2 等。但是在基于 DCT 的图像变换编码中,人们将图像分成 8×8 或 16×16 的块来处理,这样十分容易出现方块效应与蚊式噪声。

基于小波变换的图像编码与经典的变换编码方法相比,具有如下优点。

(1) 小波变换是一种全局的变换,因为没有经过分块,所以不会产生 DCT 变换的“方块效应”。

(2) 小波变换的数据结构可以看成是一棵树,树干是低频轮廓,树枝是高频细节。这与人类视觉从粗到细的敏感特性相符合。小波变换比经典的 DCT 变换更符合人眼的视觉特性,从而更有利于去除图像的视觉冗余。

(3) 小波变换将图像转换为时频形式,分离出图像中蕴含的平稳成分与非平稳成分,这样就可以根据实际需要进行无损或有损编码。尽管目前小波变换算法还没有被普及应用,如 JPEG2000 标准,但其仍然被看作是未来极富潜力的发展方向。

7.1.1 小波的定义

对于函数 $\psi(t)\in L^2(\mathbf{R})$,若满足

$$\int_{-\infty}^{\infty} \psi(t)\mathrm{d}t = 0 \tag{7-1}$$

则称 $\psi(t)$是一个小波。其中,$L^2(\mathbf{R})$是一个可测的、平方可积的一维函数空间,$\mathbf{R}$ 为实数集。对该小波进行平移、伸缩,可以得到

$$\psi_{a,b}(x) = |a|^{-\frac{1}{2}}\psi\left(\frac{x-b}{a}\right), \quad a、b\in\mathbf{R}, a\neq 0 \tag{7-2}$$

其中,a 为尺度参数,b 为平移参数,称函数 $\psi(x)$为基本小波,也称其为母小波。小波变换的实质在于将 $L^2(\mathbf{R})$空间中的任意函数 $f(x)$ 表示成在 $\psi_{a,b}(x)$上不同伸缩和平移因子上的投影的叠加。

区别于 Fourier 变换,小波变换是一个二维的"时间-尺度"域的映射,所以函数 $f(x)$ 在小波基上变换后得到的多项式具有多分辨率的特征。调整尺度参数 a 和平移参数 b,可以得到具有不同时频宽度的小波,在不同的位置与原始信号匹配,达到对信号的局部化分析[13-16]。函数 $f(x)$在 $L^2(\mathbf{R})$上的连续小波变换定义如下:

$$T(f(x)) = \langle f(x), \psi_{a,b}(x) \rangle = |a|^{-\frac{1}{2}}\int_{-\infty}^{\infty} f(x)\psi\left(\frac{x-b}{a}\right)\mathrm{d}x \tag{7-3}$$

7.1.2　离散小波与多分辨率分析

若对上述连续小波的尺度参数 a 和平移参数 b 进行离散化,即 $a=2^j, b=\frac{k}{2^j}, j、k\in\mathbf{Z}$,得到对时间和尺度都离散化了的小波变换,即多分辨率分析(Multiresolution Analysis, MRA)。离散小波表示如下:

$$\psi_{m,n}(x) = |a|^{-\frac{m}{2}}\psi(a^{-m}x - nb), \quad m、n\in\mathbf{Z} \tag{7-4}$$

多分辨率分析的基本思想是:将 $L^2(\mathbf{R})$用它的子空间 V_j、W_j 进行表示,其中 V_j、W_j 分别成为尺度空间和小波空间。它的严格定义为

令 $V_j(j=\cdots,-2,-1,0,1,2,\cdots)$为 $L^2(\mathbf{R})$中的一个函数子空间序列,若满足以下条件:

(1) 单调性:$\cdots\subset V_{j-1}\subset V_j\subset V_{j+1}\subset\cdots, \forall j\in\mathbf{Z}$;

(2) 逼近性:$\bigcap_{j\in\mathbf{Z}} V_j = \{0\}, \overline{\bigcup_{j\in\mathbf{Z}} V_j} = L^2(\mathbf{R})$,$\overline{x}$ 表示 x 的闭包;

(3) 伸缩性:$f(t)\in V_j \Leftrightarrow f(2t)\in V_{j+1}, \forall j\in\mathbf{Z}$;

(4) 平移不变性:$f(t)\in V_0 \Leftrightarrow f(t-k)\in V_0, \forall k\in\mathbf{Z}$;

(5) Riesz 基存在性:存在函数 $\phi\in V_0$,使$\{\phi(t-k)\}_{k\in\mathbf{Z}}$构成 V_0 的一个 Riesz 基。即 $V_0=\mathrm{span}\{\phi(t-k), k\in\mathbf{Z}\}$,并存在 $0<A\leqslant B<\infty$,使得对任意的 $f(t)\in V_0$,总存在序列 $\{c_k\}_{k\in\mathbf{Z}}\in l^2$,使得 $f(t) = \sum_{k=-\infty}^{\infty} c_k\phi(t-k)$ 且 $A\|f\|_2^2 \leqslant \sum_{k=-\infty}^{\infty} |c_k|^2 \leqslant B\|f\|_2^2$。

则称 ϕ 为尺度函数,并称 ϕ 生成 $L^2(\mathbf{R})$的一个多分辨分析$\{V_j\}_{j\in\mathbf{Z}}$。多分辨率分析定义了一个 $L^2(\mathbf{R})$逐渐逼近的空间序列$\{V_j\}$[17]。对于 $\phi(t)\in V_0\subset V_1$, $\{\sqrt{2}\phi(2t-k)\}_{k\in\mathbf{Z}}$ 构成 V_1 的一个 Riesz 基,故存在系数$\{h_k\}$,使得 $\phi(t) = \sqrt{2}\sum_k h_k\phi(2t-k)$,这个方程称为

双尺度方程。多分辨率的空间关系可以用图 7.1 说明，其中$\{V_j\}_{j\in \mathbf{Z}}$在$\{0\}$和 $L^2(\mathbf{R})$之间是相互嵌套的，即

$$\{0\}\leftarrow\cdots\subset V_{-1}\subset V_0\subset V_1\subset\cdots\rightarrow L^2(\mathbf{R})$$

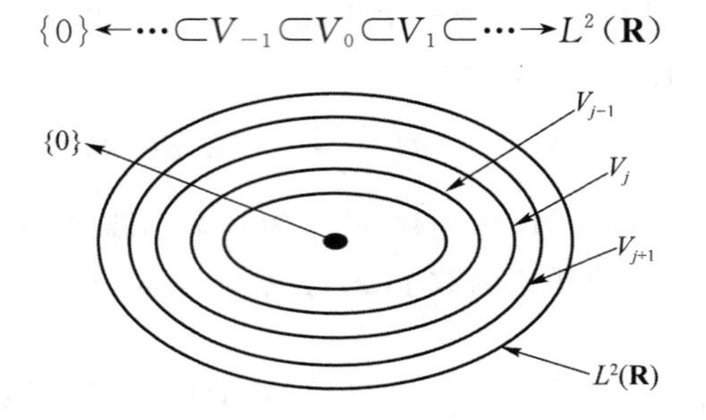

图 7.1 分辨率的空间关系图

由正交多分辨分析中的单调性可知，V_j 是 V_{j+1}的真子空间，于是存在 V_j 在 V_{j+1} 中的正交补空间 W_j，使得

$$V_{j+1}=V_j\oplus W_j, V_j\perp W_j \tag{7-5}$$

这样就可以将 $L^2(\mathbf{R})$对逼近空间 V_j 递归进行分解，如图 7.2 所示。

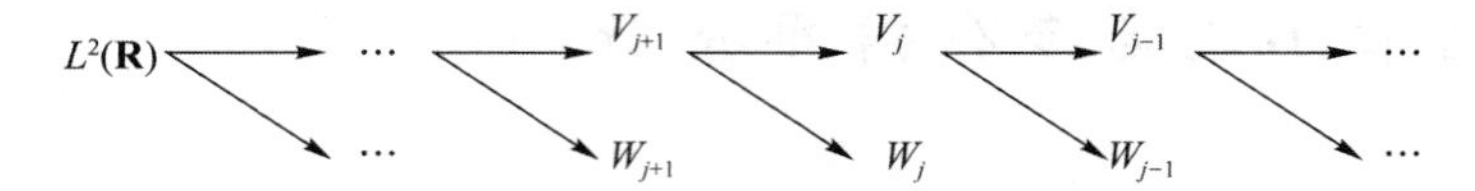

图 7.2 $L^2(\mathbf{R})$的多分辨率分解图

显然，空间 W_j 包含了 V_j 逼近 V_{j+1}所需要的细节信息，空间序列$\{W_j\}$也是由一个函数 ψ 经过平移和伸缩得到的，即子空间 W_j 的基是

$$\{\psi_{i,j}(x)=\sqrt{2^i}\psi(2^ix-k)\}_{k\in \mathbf{Z}} \tag{7-6}$$

函数 ψ 称为小波函数。

7.1.3 小波变换在图像压缩中的应用

在上述多分辨率分析的理论框架下，针对二维离散的数字图像信号，采用二维离散小波变换。先在水平方向上采用分析滤波器 $\tilde{\tilde{h}}$、$\tilde{\tilde{g}}$ 对图像做行小波变换，得到低频部分和高频部分，然后对得到的“图像”在垂直方向上用分析滤波器 $\tilde{\tilde{h}}$、$\tilde{\tilde{g}}$ 做列小波变换，得到低频系数和高频系数，分解示意图如图 7.3 所示。

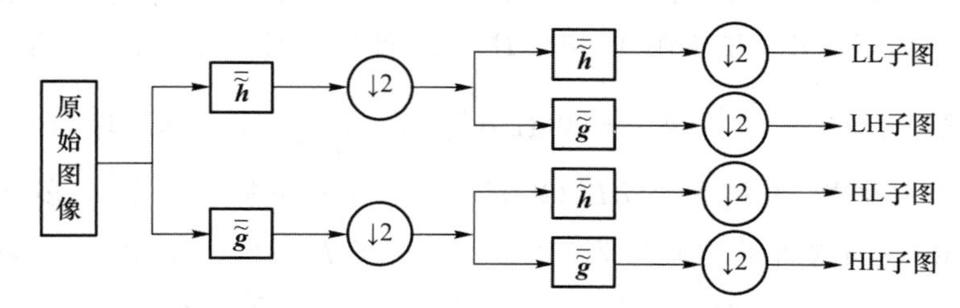

图 7.3 二维小波分解示意图

重构示意图如图 7.4 所示。

LL子图
LH子图
HL子图
HH子图
↑2
h
g
+
重
构
图
像

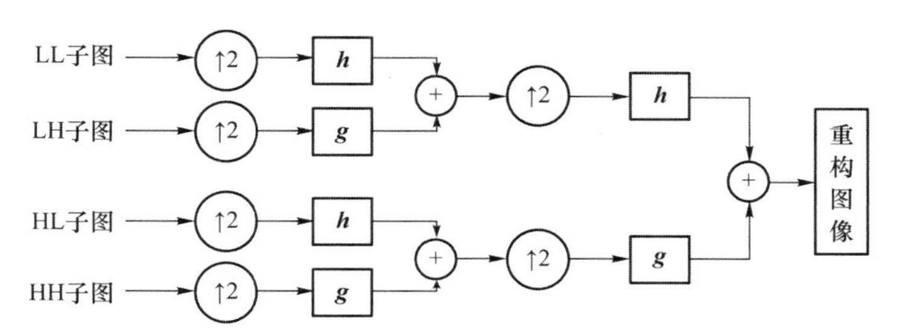

图 7.4　二维小波重构示意图

二维小波的每次分解都会产生一个低频子带 LL 和三个高频子带 LH、HL、HH，下次的分解是在上次生成的低频子带 LL 上进行的。依次重复，可以完成对图像的 n 级小波分解。图 7.5 为二维小波变换进行的三级塔式分解图。

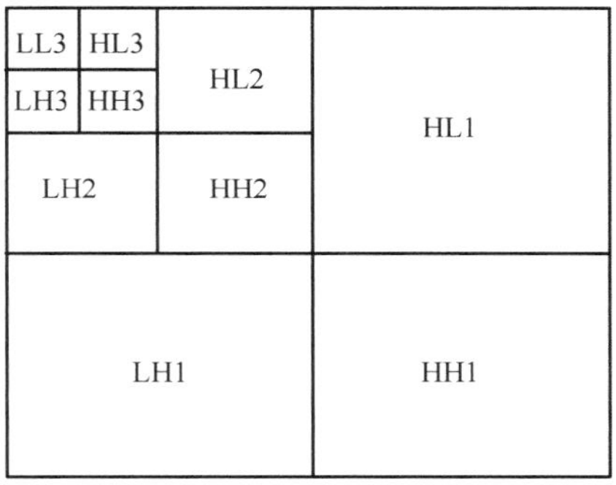

LL3
HL3
LH3
HH3
HL2
LH2
HH2
HL1
LH1
HH1

图 7.5　三级塔式分解图

7.2　整数小波变换

最初的小波变换实现的是有损压缩，然而，很多时候有损压缩并不能满足人们的实际需要。如在医疗领域，医生们希望能够更清晰地看见医学影像，以便于判断患者的病情。在卫星遥感领域，研究人员希望能够更清晰地看见地面的目标，以便于进行有效的科学研究和工程管理。这就要求必须要实现无损失地压缩数据。传统的 DCT 变换和小波变换会在变换之后产生浮点数。如果忽略小数点，将造成截断误差。为了解决这个问题，并提高小波变换的效率，1994 年 12 月，比利时血统美国人 Wim Sweldens 提出了基于提升格式(Lifting Scheme)的小波变换理论，这也就是通常所说的第二代小波。

与传统的基于 Fourier 分析的小波变换理论不同，基于提升格式的小波变换拥有以下几个优点：

(1) 小波的构造不涉及频域，仅在时域内完成，这样就摆脱了 Fourier 分析理论的束缚；

(2) 只需要代数理论的支持,利用 Euclidean 算法求解 Laurent 级数;

(3) 可以在一定程度上取代传统的小波变换,并且具有构造新变换的能力;

(4) 与传统的 Mallat 算法相比,提升格式算法在一定程度上降低了运算量;

(5) 运算速度快,能实现整数到整数的变换,为无损失地压缩数据奠定了基础。

7.2.1 整数小波变换原理

整数小波变换(Integer Wavelet Transform,IWT)可以归结为离散小波变换(Discrete Wavelet Transform,DWT)的一种特殊实现方式。通常整数小波变换可以将整数表示的数字信号转换为整数表示的变换系数。在小波分析的基础上,整数小波变换不仅可以在一定程度上取代离散小波变换,更为离散小波变换增加了许多新的特性。例如,可以实现完全可逆的变换,从而达到无损失地压缩数据的目的。基于提升框架的构造方法,可以有效地提高数据压缩的效率。整数小波提升框架实际上就是将传统小波变换的滤波器多相矩阵,通过 Euclidean 算法分解为若干个三角矩阵与常数对角阵的乘积。滤波器多相矩阵可以表示为 Laurent 多项式,因此提升框架的方法就是利用 Euclidean 算法分解 Laurent 多项式的过程。

7.2.2 整数小波核心算法

从以下几个方面介绍整数小波核心算法。

(1) Euclidean 算法

在代数学中,Euclidean 算法被广泛用于求解两个自然数的最大公因数。在整数小波的提升框架下,需要利用 Euclidean 算法求解两个 Laurent 多项式的公因式。当然,用 Euclidean 算法求解的公因式可能不止一个。

令 $a(x)$ 与 $b(x)$ 为两个不同的 Laurent 多项式,且 $b(x)\neq 0$,$|a(x)|\geqslant|b(x)|$。令 $a_0(x)=a(x)$,$b_0(x)=b(x)$,则寻找公因式的过程如下:

$$a_{i+1}(x)=b_i(x) \tag{7-7}$$

$$b_{i+1}(x)=a_i(x) \bmod b_i(x) \tag{7-8}$$

i 从 0 开始,反复执行式(7-7)、式(7-8),直至 $b_n(x)=0$,其中 n 为满足 $b_i(x)=0$ 的第一个 i 值。此时有

$$a_n(x)=\mathrm{GCD}(a(x),b(x)) \tag{7-9}$$

如果有 $|b_{i+1}(x)|<|b_i(x)|$,并且存在 m 使得 $|b_m(x)|=0$,那么当 $n=m+1$ 时算法终止。此时,Euclidean 算法的执行次数 n 的实际范围为

$$n\leqslant|b(x)|+1 \tag{7-10}$$

如果令 $q_{i+1}=a_i(x)/b_i(x)$,那么可以得出采用 Euclidean 算法后 Laurent 多项式的矩阵形式:

$$\begin{pmatrix} a_n(x) \\ 0 \end{pmatrix}=\prod_{i=1}^{n}\begin{pmatrix} 0 & 1 \\ 1 & -q_i(x) \end{pmatrix}\begin{pmatrix} a(x) \\ b(x) \end{pmatrix} \tag{7-11}$$

将式(7-11)转化为

$$\begin{pmatrix} a(x) \\ b(x) \end{pmatrix} = \prod_{i=1}^{n} \begin{pmatrix} q_i(x) & 1 \\ 1 & 0 \end{pmatrix} \begin{pmatrix} a_n(x) \\ 0 \end{pmatrix} \tag{7-12}$$

如果 $a_n(x)$ 为一个单项式，则 $a(x)$ 与 $b(x)$ 互质。

(2) 提升框架

要介绍提升框架，首先要介绍 DWT 完美重建的条件。一维 DWT 前向变换中，隔 2 抽样前的 $\overline{\boldsymbol{h}}$ 与 $\overline{\boldsymbol{g}}$ 分别代表分解低通(Low Pass)与高通(High Pass)分析滤波器，逆变换中隔 2 抽样后的 $\boldsymbol{h}$ 与 $\boldsymbol{g}$ 分别代表低通与高通合成滤波器。规定上述 4 个滤波器均为有限冲击响应(Finite Impulse Response，FIR)滤波器。由 z 变换的基本性质可以得出，实现完美重建的 DWT 滤波器需要满足

$$\boldsymbol{h}(x)\overline{\boldsymbol{h}}(x)+\boldsymbol{g}(x)\overline{\boldsymbol{g}}(x^{-1})=2 \tag{7-13}$$

$$\boldsymbol{h}(x)\overline{\boldsymbol{h}}(-x^{-1})+\boldsymbol{g}(x)\overline{\boldsymbol{g}}(-x^{-1})=0 \tag{7-14}$$

定义一个 2×2 的矩阵 $\boldsymbol{M}(x)$ 与它的对偶矩阵 $\overline{\boldsymbol{M}}(x)$ 如下：

$$\boldsymbol{M}(x)=\begin{pmatrix} \boldsymbol{h}(x) & \boldsymbol{h}(-x) \\ \boldsymbol{g}(x) & \boldsymbol{g}(-x) \end{pmatrix} \tag{7-15}$$

$$\overline{\boldsymbol{M}}(x)=\begin{pmatrix} \overline{\boldsymbol{h}}(x) & \overline{\boldsymbol{h}}(-x) \\ \overline{\boldsymbol{g}}(x) & \overline{\boldsymbol{g}}(-x) \end{pmatrix} \tag{7-16}$$

此时得到完美重建条件的矩阵表示为

$$\boldsymbol{M}\ (x^{-1})^{t}\boldsymbol{M}(x)=2\boldsymbol{I} \tag{7-17}$$

如果用 h_e 表示含有 $\boldsymbol{h}$ 中的偶系数，用 h_o 表示含有 $\boldsymbol{h}$ 中的奇系数，则

$$h_e = \sum_k \boldsymbol{h}_{2k} x^{-k} \tag{7-18}$$

$$h_o = \sum_k \boldsymbol{h}_{2k+1} x^{-k} \tag{7-19}$$

也可以将式(7-18)、式(7-19)表示为

$$h_e(x^3)=\frac{\boldsymbol{h}(x)+\boldsymbol{h}(-x)}{2} \tag{7-20}$$

$$h_o(x^3)=\frac{\boldsymbol{h}(x)-\boldsymbol{h}(-x)}{2x^{-1}} \tag{7-21}$$

令多项矩阵 $\boldsymbol{P}(x)$ 为

$$\boldsymbol{P}(x)=\begin{pmatrix} h_e(x) & h_e(x) \\ h_o(x) & h_o(x) \end{pmatrix} \tag{7-22}$$

则可以给出 $\boldsymbol{P}(x)$ 与 $\boldsymbol{M}(x)$ 间的关系如下：

$$\boldsymbol{P}(x^2)^{t}=\frac{1}{2}\boldsymbol{M}(x)\begin{pmatrix} 1 & x \\ 1 & x^{-1} \end{pmatrix} \tag{7-23}$$

与定义 $\boldsymbol{M}(x)$ 时相似，也可以定义 $\boldsymbol{P}(x)$，这样完美重建条件就能够通过 $\boldsymbol{P}(x)$ 与 $\overline{\boldsymbol{P}}(x)$ 表示为

$$\boldsymbol{P}(x)\overline{\boldsymbol{P}}\ (x^{-1})^{t}=\boldsymbol{I} \tag{7-24}$$

根据前面提到的针对 Laurent 多项式的 Euclidean 算法，得到 h_e 与 h_o 的因式分解

算法

$$\begin{pmatrix} h_e(x) \\ h_o(x) \end{pmatrix} = \prod_{i=1}^{n} \begin{pmatrix} q_i(x) & 1 \\ 1 & 0 \end{pmatrix} \begin{pmatrix} K \\ 0 \end{pmatrix} \tag{7-25}$$

由于 Euclidean 算法对 Laurent 多项式分解后的结果并不唯一，所以可以选择 h_e 与 h_o 的最大公因式为常数 K 的分解模式。如果将滤波器 $\boldsymbol{h}$ 的一组互补滤波器 $\boldsymbol{g}^0$ 带入式(7-25)的左边，构成一个 2×2 的矩阵，则有

$$\boldsymbol{P}^0(x) = \begin{pmatrix} h_e(x) & g_e^0(x) \\ h_o(x) & g_o^0(x) \end{pmatrix} = \prod_{i=1}^{n} \begin{pmatrix} q_i(x) & 1 \\ 1 & 0 \end{pmatrix} \begin{pmatrix} K & 0 \\ 0 & \frac{1}{K} \end{pmatrix} \tag{7-26}$$

将 $\boldsymbol{P}^0(x)$ 分解后的 $q_i(x)$ 中的奇数项与偶数项分开表示，可以进一步得到分解模式为

$$\boldsymbol{P}^0(x) = \prod_{i=1}^{\frac{n}{2}} \begin{pmatrix} q_{2i-1}(x) & 1 \\ 1 & 0 \end{pmatrix} \begin{pmatrix} 1 & 0 \\ q_{2i}(x) & 1 \end{pmatrix} \begin{pmatrix} K & 0 \\ 0 & \frac{1}{K} \end{pmatrix} \tag{7-27}$$

Sweldens 等人指出，原始滤波器 $\boldsymbol{g}$ 与 $\boldsymbol{g}^0$ 间存在如式(7-28)的一步提升关系：

$$\boldsymbol{P}(x) = \boldsymbol{P}^0(x) \begin{pmatrix} 1 & s(x) \\ 0 & 1 \end{pmatrix} \tag{7-28}$$

其中，$s(x)$是一个 Laurent 多项式。至此，将式(7-27)与式(7-28)组合在一起可以得出对于低通合成滤波器为 $\boldsymbol{h}$、高通合成滤波器为 $\boldsymbol{g}$ 的 DWT，其提升框架下的表示模式如下：

$$\boldsymbol{P}(x) = \prod_{i=1}^{m} \begin{pmatrix} 1 & s_i(x) \\ 0 & 1 \end{pmatrix} \begin{pmatrix} 1 & 0 \\ t_i(x) & 1 \end{pmatrix} \begin{pmatrix} K & 0 \\ 0 & \frac{1}{K} \end{pmatrix} \tag{7-29}$$

这里需要指出的是，式(7-29)中的 m 为式(7-27)中的 $n/2+1$，$K \neq 0$，因此 $t_m(x) = 0$，$s_m(x) = K^2 s(x)$。只要$(\boldsymbol{h},\ \boldsymbol{g})$是一对互补滤波器组，就一定存在 Laurent 多项式 $s_i(x)$ 与 $t_i(x)$，但是分解步骤不同，得到的提升结果也不会相同。也就是存在一个小波滤波器组对应多个不同提升框架的情况。在上述 DWT 中，若低通分解滤波器为$\bar{\boldsymbol{h}}$、高通分解滤波器为$\bar{\boldsymbol{g}}$，则提升框架可以表示为

$$\bar{\boldsymbol{P}}(x) = \prod_{i=1}^{m} \begin{pmatrix} 1 & 0 \\ -s_i(x^{-1}) & 1 \end{pmatrix} \begin{pmatrix} 1 & -t_i(x^{-1}) \\ 0 & 1 \end{pmatrix} \begin{pmatrix} \frac{1}{K} & 0 \\ 0 & K \end{pmatrix} \tag{7-30}$$

$$\boldsymbol{P}(x) = \bar{\boldsymbol{P}}(x) \tag{7-31}$$

对于正交滤波器组，有式(7-31)成立，该式表明对于正交小波滤波器组，式(7-29)与式(7-30)是互通的，这一结论对于图像编码至关重要。其中式(7-30)中的矩阵 $\begin{pmatrix} \frac{1}{K} & 0 \\ 0 & K \end{pmatrix}$为缩放矩阵，$K$ 称为缩放因子。

(3) 提升框架下的 IWT

Wim Sweldens 等人在 1996 年提出了提升框架基础上的改进算法，通过“截断取整”实现整数小波变换的方案。该方案可以使得经过提升之后的数据保持为整数。通常将这一过程分为分裂、预测与更新三个基本步骤。

定义原始信号为 s_j，小波分解后低频信号为 s_{j-1}，高频细节信号 d_{j-1}。

① 分裂(Split)

先将原始信号 s_j 分割成为两个互不相交的子集 $s_{j,2i}$ 和 $s_{j,2i+1}$，实际中通常是将一个信号分为偶数序列与奇数序列，即

$$s_{j,2i} = \text{even}(s_j) \tag{7-32}$$

$$s_{j,2i+1} = \text{odd}(s_j) \tag{7-33}$$

② 预测(Predict)

利用奇序列与偶序列之间的相关性，利用 $s_{j,2i}$ 和 $s_{j,2i+1}$ 对 d_{j-1} 进行预测，预测利用固定的预测算子 $\boldsymbol{P}$。将偶序列乘以相应的预测算子得到 $\boldsymbol{P}(s_{j,2i})$，然后奇序列 $s_{j,2i+1}$ 减去相应的 $\boldsymbol{P}(s_{j,2i})$ 就可以得到预测误差：

$$d'_{j-1} = s_{j,2i+1} - \boldsymbol{P}(s_{j,2i}) \tag{7-34}$$

③ 更新(Update)

利用第二步得到的预测误差 d'_{j-1}，进一步通过更新算子 $\boldsymbol{Q}$ 进行变换，再与偶序列 $s_{j,2i}$ 相加，得到更新值 s'_{j-1}，如式(7-35)所示。

$$s'_{j-1} = s_{j,2i} + \boldsymbol{Q}(d'_{j-1}) \tag{7-35}$$

经过上面三个步骤，就初步实现了提升框架下的小波变换。当然，不同的小波变换在进行预测和更新时的算子 $\boldsymbol{P}$、$\boldsymbol{Q}$ 是不同的，同时预测和更新的次数也可能会增加，这就要看式(7-29)中 m 的值。若 $m=1$，则只需一次预测与更新即可。在预测与更新步骤中，预测算子 $\boldsymbol{P}$ 相当于 Laurent 多项式中的 $s_i(x)$，更新算子 $\boldsymbol{Q}$ 相当于 Laurent 多项式中的 $t_i(x)$。

综上所述，当 $m=1$ 时，IWT 的提升算法为

$$d'_{j-1} = s_{j,2i} - \boldsymbol{P}(s_{j,2i}) \tag{7-36}$$

$$s'_{j-1} = s_{j,2i} + \boldsymbol{Q}(d_{j-1}) \tag{7-37}$$

$$d_{j-1} = d'_{j-1}/K \tag{7-38}$$

$$s_{j-1} = K\, s'_{j-1} \tag{7-39}$$

利用整数小波提升框架，可以有效避免传统离散小波变换对存储空间的需求，同时摆脱了 Fourier 变换的框架体系，避免了复杂烦琐的计算，明显提高了小波变换的执行效率。

7.3　基于整数小波的高光谱图像无损压缩算法

采用整数小波变换的压缩方法，首先将图像数据某一谱段进行整数小波变换，然后再用 SPIHT 编码方法对整数小波变换后的所有系数进行编码，最后输出编码流。图 7.6 是该编码算法的基本流程图。

本书采用提升格式下的整数小波变换，可以真正实现从整数到整数的无损压缩。同时，相比传统小波变换，Daubechies5/3 小波编码方法简单，执行效率高，可以很好地满足星上硬件设备和功耗的要求。

采用内插双正交整数小波变换中的 Daubechies5/3 小波，不仅可以有效地避免由于截断取整引入的整数小波变换的非线性误差，还能满足星上无损压缩的实际需要。

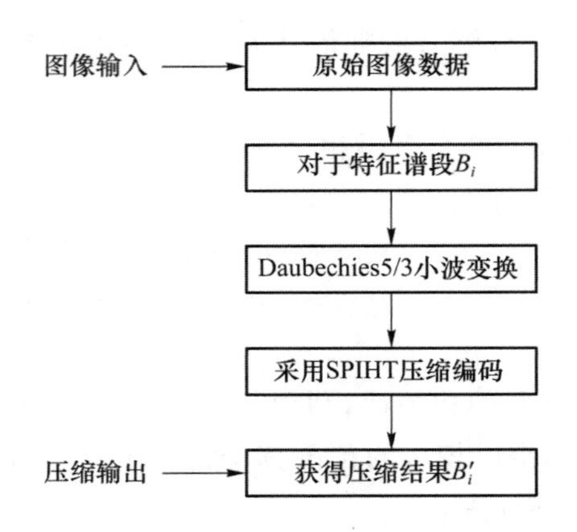

图 7.6　整数小波变换算法流程图

Daubechies5/3 小波与 Daubechies9/7 小波相比，有以下两个优点：

(1) 运算速度快，其正变换和逆变换的计算仅靠整数加法和移位就可以完成，而 Daubechies9/7 的计算则需要浮点数的加法和乘法；

(2) 内存需求低，图像的 Daubechies5/3 小波计算结果用 16 位整数即可保存，而 Daubechies9/7 小波的计算结果则要用 32 位浮点数保存。

如前面所述，Daubechies5/3 小波的算法也可以分解为分裂、预测和更新三步，分裂是将原始数据按照其排列顺序分成奇序列和偶序列，图 7.7 是对一维信号 I 的分解示意图。

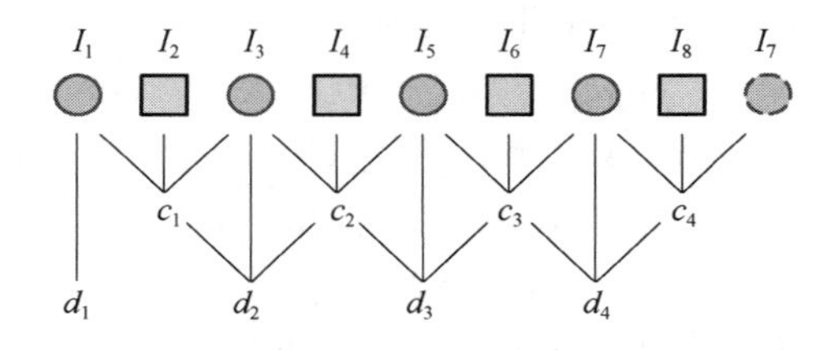

图 7.7　Daubechies5/3 小波分解图

图 7.7 中表示一维信号 I 序列有 $I_1 \sim I_8$ 共 8 个值。为了方便对其进行小波分解，需要对其边缘进行延拓处理，如图 7.7 中虚线的圆圈所示。这样原始信号 I 就分别分解为奇序列和偶序列两部分。其中奇序列为$\{I_1, I_3, I_5, I_7\}$，偶序列为$\{I_2, I_4, I_6, I_8\}$。下面对分好的序列进行预测和更新处理，具体表示如下：

$$c_i = I_{2i} - \frac{(I_{2i-1} + I_{2i+1})}{2}, \quad d_i = I_{2i-1} + \frac{(c_i + c_{i+1} + 2)}{4} \tag{7-40}$$

其中，$d_1 = I_1$，$c_4 = I_8 - \frac{(I_7 + I_7)}{2} = I_8 - I_7$。对于更长的信号序列，处理的方法仍然如此，最终将信号分解为低频 d 和高频 c 两部分。

SPIHT 算法是在嵌入零树小波编码(Embedded Zerotree Wavelet Encoding，EZW)算法基础之上的改进算法。该算法由美国学者 Said 和 Pearlman 在 1996 年 6 月提出，是目前使用最为广泛的小波图像压缩编码算法之一。

分层小波树集合分割(Set Partitioning In Hierarchical Trees,SPIHT)算法:等级树就是 EZW 算法中定义的四叉树。分集是指在给定门限的条件下,这些四叉树将小波系数分成若干集合。通过仔细分析这种变换系数分级的算法,Said 和 Pearlman 改进了 EZW 算法,大大提高了压缩的效果。

要说明 SPIHT 算法,需要先简单介绍空间方向树小波(Spatial Orientation Tree Wavelet,STW)算法。因为 STW 算法是 SPIHT 算法的基础,SPIHT 算法只是在码流输出上对 STW 算法进行了改进。STW 算法与 EZW 算法之间的区别是对零树信息的编码方法不同。STW 算法由于采用了状态转移模型,变换系数会从一个状态转移到另一个状态。采用了这种模型后,编码所需要的比特数被进一步压缩。与 EZW 采用 R 和 V 类似,STW 采用状态 I_R、I_V、S_R 和 S_V 对状态转移进行表示,如图 7.8 所示。

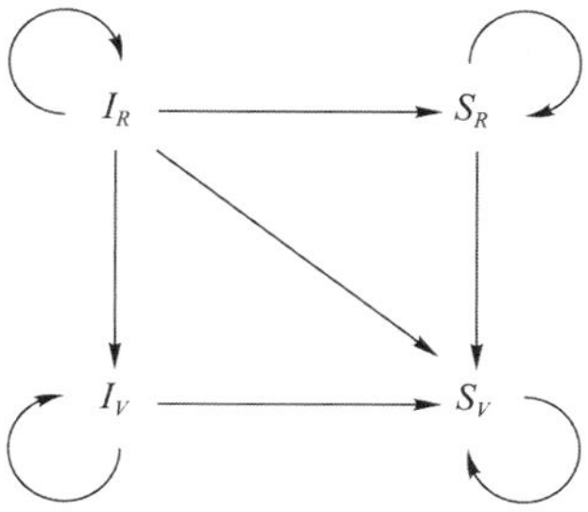

图 7.8 STW 的状态转移图

下面给出 3 个定义。

定义 1 定义后代集合 $D(m)$,其中 m 为给定标号位置,若 m 在第 1 级或在全低通级,则 $D(m)$ 是空集;若 m 在第 $i(i>1)$ 级,则 $D(m)=\{$根节点为 m 的四叉树的后代$\}$。

定义 2 定义重要性函数 S 为

$$S(m)=\begin{cases}\max\limits_{n\in D(m)}|\omega(n)|, & D(m)\neq\varnothing \\ \infty, & D(m)=\varnothing\end{cases} \tag{7-41}$$

定义 3 定义状态 I_R、I_V、S_R、S_V,若给定阈值 T,则有

$$m\in I_R,当且仅当|\omega(m)|<T,\ S(m)<T$$
$$m\in I_V,当且仅当|\omega(m)|<T,S(m)\geqslant T$$
$$m\in S_R,当且仅当|\omega(m)|\geqslant T,S(m)<T$$
$$m\in S_V,当且仅当|\omega(m)|\geqslant T,S(m)\geqslant T$$

依据图 7.8 所示的状态转移图,当门限 T 降低为 T' 时,状态会发生转移,一旦位置 m 到达状态 S_V,将会永远保持这一状态,表 7.1 是状态转移的编码情况,I_R 需要两个比特位,而 I_V 和 S_R 只需要一个比特位。

表 7.1 STW 的状态转移编码

状态	I_R	I_V	S_R	S_V
I_R	00	01	10	11
I_V	—	0	—	1
S_R	—	—	0	1
S_V	—	—	—	—

下面详细说明 STW 算法的流程。

步骤 1:初始化,设置阈值 $T=T_0$,使所有变换系数 $|\omega(m)|<T_0$,且至少有一个变换系数满足 $|\omega(m)|<T_0/2$。将所有第 l 级标号放到重要列表 IL 中,包括全低通子带和第 l

级水平、垂直、对角子带中的所有位置标号，其中 l 是小波变换的级数。令精细列表 AL 为空集。

步骤 2：更新阈值 $T_k=T_{k-1}/2$，其中 $k\geqslant1$。

步骤 3：重要系数滤波，对重要列表 IL 中的标号用如下的程序扫描。重要列表在程序执行过程中也可能改变。

执行：(直到重要列表 IL 结束)

在重要列表中取下一个标号 m

保存旧状态 $S_{old}=S(m,T_{k-1})$

由定义 3 得到新状态 $S_{new}=S(m,T_k)$

输出状态转移 $S_{old}\rightarrow S_{new}$ 的代码(SPIHT 对此进行了改进)

若 $S_{old}\neq S_{new}$，则执行下面三项中的一项(见表 7.2)：

表 7.2　状态转移执行任务表

状态转移	执行任务	作用
$I_R\rightarrow S_R$	m 放在精细列表 AL 末尾，输出 $\omega(m)$ 的符号，令 $\omega_Q(m)=T_k$	量化输出
$I_R\rightarrow I_V$	m 的子标号放到重要列表 IL 的末尾	探索子树
$\cdots\rightarrow S_V$	将 m 从重要列表中删除	删除叶子节点

步骤 4：精细滤波，扫描精细列表 AL 中由较高门限 $T_j(j<k)$ 得到的标号 m(如果 $k=1$ 就跳过该步骤)，对每一个重要系数 $\omega(m)$：

若 $|\omega(m)|\in[\omega_Q(m),\ \omega_Q(m)+T_k)$，则输出 0；

若 $|\omega(m)|\in[\omega_Q(m)+T_k,\ \omega_Q(m)+2T_k)$，则输出 1，$\omega_Q(m)=\omega_Q(m)+T_k$。

步骤 5：重复以上步骤 1～4，直到 IL 为 $\varnothing$。

下面介绍一个例子。对于某图像，经过 3 次小波变换得到如图 7.9(a)所示的系数矩阵，经过一次 STW 算法之后得到图 7.9(b)所示矩阵，经过两次 STW 算法之后得到图 7.9(c) 所示矩阵，其中涂有颜色的元素提示出了下一步需要搜索的子树的位置。

STW 与 SPIHT 之间的差别是，SPIHT 更为合理地组织了表 7.1 所示的状态转移输出码表，使得每次只需输出 1 bit。下面介绍 2 个定义。

定义 4　对于给定标号集合 I，阈值 T，定义重要性函数 $S_T[I]$ 为

$$S_T[I]=\begin{cases}0, & \max\limits_{n\in D(m)}|\omega(n)|\geqslant T\\ 1, & \max\limits_{n\in D(m)}|\omega(n)|<T\end{cases}\tag{7-42}$$

对于初始阈值 T_0，因为所有变换系数 $|\omega(m)|<T_0$，所以 $S_{T0}[I]=0$。若集合 I 只包含一个标号 m，则将 $S_T[\{m\}]$ 简记为 $S_T[m]$。

定义 5　在定义 1 的基础之上，标号的集合 I 划分为如下子集：

$$D(m)=\{索引\ m\ 的后代索引\}$$

$$C(m)=\{索引\ m\ 的孩子索引\}$$

63	−34	49	10	5	18	−12	7
−31	23	14	−13	3	4	6	−1
−25	−7	−14	8	5	−7	3	9
−9	14	3	−12	4	−2	3	2
5	9	−1	47	4	6	−2	2
3	0	−3	2	3	−2	0	4
2	−3	6	−4	3	6	3	6
5	11	5	6	0	3	−4	4

(a)

S_V	S_V	S_R	I_R	–	–	–	–
I_V	I_R	I_R	I_R	–	–	–	–
I_R	I_V	–	–	–	–	–	–
I_R	I_R	–	–	–	–	–	–
–	–	I_V	S_V	–	–	–	–
–	–	I_V	I_V	–	–	–	–
–	–	–	–	–	–	–	–
–	–	–	–	–	–	–	–

(b)

S_V	S_V	S_V	I_R	I_V	S_V	–	–
S_V	S_R	I_R	I_R	I_V	I_V	–	–
S_R	I_V	–	–	–	–	–	–
I_R	I_R	–	–	–	–	–	–
–	–	I_V	S_V	–	–	–	–
–	–	I_V	I_V	–	–	–	–
–	–	–	–	–	–	–	–
–	–	–	–	–	–	–	–

(c)

图 7.9　小波变换系数 STW 编码的前两级

$G(m) = D(m) - C(m) =$ {索引 m 的孙子,即除了孩子以外的所有后代索引}

此外,令集合 $H=\mathrm{IL}$ 包含全部 l 级标号、全低通子带以及第 l 级水平、垂直、对角子带中的所有位置标号,其中 l 为小波变换的级数。

SPIHT 用 3 个列表跟踪标号集合 I 的状态:非重要系数表(List of Insignificant Pixels,LIP)、重要系数表(List of Significant Pixels,LSP)和非重要集合表(List of Insignificant Sets,LIS)。

在每一个列表中,一个标号 M 就标识一个集合。在 LIP 和 LSP 中,这些标号 $M=\{m\}$代表单元素集合。依据变换系数$|\omega(m)|$与给定阈值 T_k 的关系,将 m 相应地称为重要标号和非重要标号。在 LIS 中,这些标号 M 代表 $D(m)$或者 $G(m)$,相应地,称 M 是 D 类标号或 G 类标号。

SPIHT 算法如下。

步骤 1:初始化。设置初始阈值 $T=T_0$,使得所有变换系数满足$|\omega(m)|< T_0$,且至少有一个变换系数满足$|\omega(m)|< T_0/2$。令 LIP$=H$,LSP$=\varnothing$,令 LIS 等于 H 中所有有后代的标号(均设为 D 类标号)。

步骤 2：更新阈值。令 $T_k = T_{k-1}/2$。

步骤 3：重要系数滤波。具体流程如下。

　　对 LIP 中每一个 m，执行：

输出 $S_{T_k}[m]$

若 $S_{T_k}[m]=1$，则

　　将 m 放到 LSP 的末尾

　　输出 $\omega(m)$的符号，且令 $\omega_Q(m)=T_k$

继续执行步骤 3，直到 LIP 的末尾。

对于 LIS 中的每一个 m，执行：

若 m 是 D 类标号，则

　　输出 $S_{T_k}[D(m)]$

　　若 $S_{T_k}[D(m)]=1$，则

　　　　对于每一个 $n\in C(m)$，执行：

　　　　输出 $S_{T_k}[D(n)]$

　　　　若 $S_{T_k}[D(n)]=1$，则

　　　　将 n 放到 LSP 的末尾

　　　　输出 $\omega(n)$的符号，且令 $\omega_Q(n)=T_k$

　　　　否则，如果 $S_{T_k}[D(n)]=0$，则

　　　　将 n 放到 LIP 的末尾

　　若 $G(m)\neq\varnothing$，则

　　将 m 放到 LIS 的末尾，且记为 G 类标号

　　否则，将 m 从 LIS 中删除

若 m 是 G 类标号，则

　　输出 $S_{T_k}[D(m)]$

　　若 $S_{T_k}[D(m)]=1$，则将 $C(m)$放到 LIS 末尾，且都记为 D 类标号

　　将 m 从 LIS 中删除

继续执行上述过程，直到 LIS 的末尾。

步骤 4：精细滤波。扫描 LIP 中的数据，由较高阈值 $T_j(j<k)$得到的标号 m(如果 $k=1$ 就跳过该步骤)，对每一个重要系数 $\omega(m)$：

　　若$|\omega(m)|\in[\omega_Q(m),\ \omega_Q(m)+T_k)$，则输出 0；

　　若$|\omega(m)|\in[\omega_Q(m)+T_k,\ \omega_Q(m)+2T_k)$，则输出 1，$\omega_Q(m)=\omega_Q(m)+T_k$。

步骤 5：循环执行步骤 2～4。

　　小波变换高光谱图像无损压缩算法的实验结果见第 10.3.1 小节。

7.4　基于 3D-SPIHT 的高光谱有损压缩算法

3D-SPIHT 是二维 SPIHT 算法的扩展，是在二维 SPIHT 的基础上增加了一维光谱维的变换，其原理与二维 SPIHT 算法相同。为了简便起见，本书主要介绍二维 SPIHT

算法的原理与实现。

7.4.1　SPIHT 算法原理

SPIHT 是在小波变换后形成的零树结构(也称为“空间方向树”结构)的基础上,通过将树中的某一节点及其后继结点划归为同一集合,进而对这些集合采取适当的分割排序策略,通过初始化、排序扫描、细化扫描和量化步长更新等 4 个步骤完成对该树结构的嵌入式编码。SPIHT 算法解码与编码采用相同过程的思路,在码字传输过程中,隐式的传递了码字的位置信息。SPIHT 算法集合划分方法的高效性和重要性信息的紧凑性,使得即使没有后续的熵编码,也同样可以取得良好的图像压缩效果。

7.4.2　3D-SPIHT 算法流程

本书所用到的 3D-SPIHT 编解码流程如图 7.10 所示。

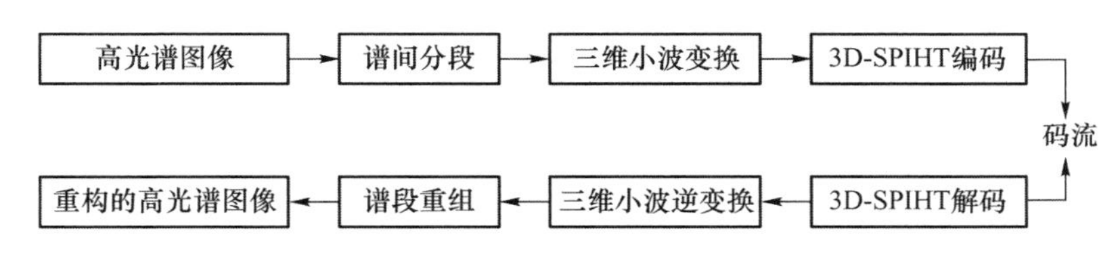

图 7.10　3D-SPIHT 编解码流程图

首先对实验的图像进行谱间分段。将相关性高的谱段分为一组,这样不仅能提高每组图像之间的相关度,还能够减少运算时间,提高效率。然后对每组高光谱图像分别进行三维小波变换,对小波变换的结果进行三维 SPIHT 变换,生成码流进行传输。在接收端,将得到的码流进行 3D-SPIHT 解码和三维小波逆变换。最后将得到的每组高光谱图像按照谱段进行重组,得到重构后的高光谱图像。

7.4.3　SPIHT 的技术内容

SPIHT 的结构示意图如图 7.11 所示。

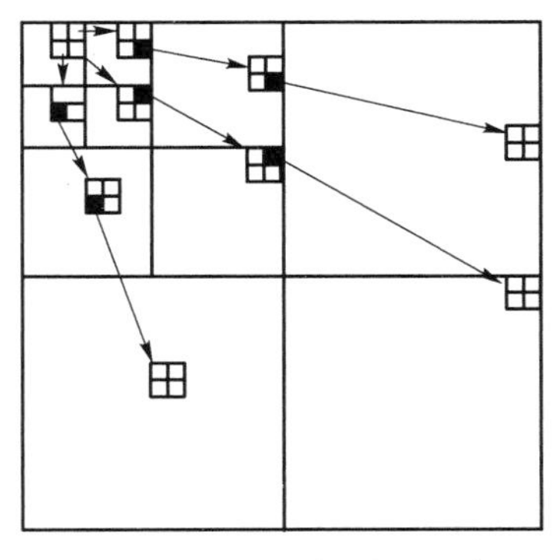

图 7.11　SPIHT 树结构示意图

在 SPIHT 树结构中，除了最低频子带和最高频子带中的系数没有孩子以外，其余节点(i,j)都有 4 个子孩子节点，分别为$(2i,2j)$、$(2i+1,2j)$、$(2i,2j+1)$、$(2i+1,2j+1)$。SPIHT 的编码思想是对位平面进行划分，将非重要位 0 集中到特定模式的集合中，并对含有重要位的此类集合进行划分，直至将集合划分为具体的元素。

在 SPIHT 算法中，为了控制对集合的划分与管理，该算法引入了以下 4 个集合符号以及 3 个有序表。

(1)4 个集合

$O(i,j)$：节点(i,j)所有孩子的坐标集。根据树结构的特点，除LL_N，LH_1，HL_1，HH_1之外，对任意的坐标(i,j)，都有$O(i,j)=\{(2i,2j),(2i,2j+1),(2i+1,2j),(2i+1,2j+1)\}$。

$D(i,j)$：节点(i,j)所有子孙的坐标集(包括孩子的坐标)。

H：所有树根的坐标集。

$L(i,j)$：$D(i,j)-O(i,j)$，即节点(i,j)所有非直系子孙的坐标集。

(2) 3 个有序表

LIP(*List of Insignificant Pixels*)——不重要系数表。

LSP(*List of Significant Pixels*)——重要系数表。

LIS(*List of Insignificant Sets*)——不重要子集表。

在这三个表中，每一个都使用坐标(i,j)来标识。在 LIP 和 LSP 中，坐标(i,j)表示单个小波系数，而在 LIS 中，坐标(i,j)或者表示$D(i,j)$或者表示$L(i,j)$，为了区别起见，$D(i,j)$称为 D 型表项，$L(i,j)$称为 L 型表项，分别用(i,j,D)和(i,j,L)表示。

下面介绍 SPIHT 算法的流程。

(1) 阈值和有序表的初始化

初始阈值 $T=2^n$，其中 $n=\log_2[\max\limits_{(i,j)}(|c_{i,j}|)]$，LIP$=\varnothing$，LIP$=\{(i,j)|(i,j)\in H\}$，LIS$=\{(i,j,D)|(i,j)\in H$ 并且(i,j)具有非零子孙$\}$。

接下来是排序扫描，对 LIP 中的所有小波系数，依次计算 $S_n(i,j)$，确定其是否为重要系数。其中 $S_n(i,j)=\begin{cases}1, & \max\limits_{(i,j)}(|c_{(i,j)}|)\geqslant 2^n,\\ 0, & \text{其他},\end{cases}$ 如果 $S_n(i,j)=1$，称(i,j)关于阈值 2^n 是重要的；否则，称(i,j)关于阈值 2^n 是不重要的。

① 若 $S_n(i,j)=1$，则输出“1”及其符号位(其中 1 表示正，0 表示负)，然后将(i,j)从 LIP 中删除，添加到 LSP 尾部；

② 若 $S_n(i,j)=0$，则输出“0”。

(2) 对 LIS 中的每个表项依次处理

① 对 D 型表项(i,j)，若 $S_n(i,j,D)=1$，则输出“1”。

将 $D(i,j)$分成 $O(i,j)$和 $L(i,j)$，依次扫描 $O(i,j)$。对$(k,l)\in O(i,j)$，若 $S_n(O(k,l))=1$，则输出“1”及其符号位，然后将(k,l)添加到 LSP 尾部；若 $S_n(O(k,l))=0$，则输出“0”，并将(k,l)添加到 LIP 尾部。处理完 $O(i,j)$，判断 $L(i,j)=\varnothing$。若 $L(i,j)=\varnothing$，将 $D(i,j)$从 LIS 中删除；否则，将 $L(i,j)$添加到 LIS 末尾并删除 $D(i,j)$。

若 $S_n(i,j,D)=0$，则输出“0”。

② 对 L 型表项(i,j)，若 $S_n(i,j,L)=1$，则输出“1”，并将 $L(i,j)$分解为 $D(k,l)$，其中$(k,l)\in O(i,j)$，并将它们依次添加到 LIS 尾部；若 $S_n(i,j,L)=0$，则输出“0”。

对排序扫描开始前 LIS 中的每个表项及扫描过程中添加到其中的所有表项全部处理完后，本次排序扫描过程结束。

(3) 精细扫描

对于 LSP 中的每个表项(i,j)，若(i,j)不是在刚刚进行过的扫描过程中新添加的，则输出$|c_{i,j}|$的二进制表示中第 n 个最重要的位，其中 $T=2^n$ 是扫描过程中设定的阈值。

(4) 进行下一次排序扫描和精细扫描

将 n 减至 $n-1$，设定新阈值 $T=2^{n-1}$，返回到(4)对 LIS 中的每个表项依次处理。

下面介绍扩展 3D-SPIHT 算法。

将二维算法扩展到三维，再通过三维小波变换得到立体金字塔形结构后，得到的图像如图 7.12 所示。

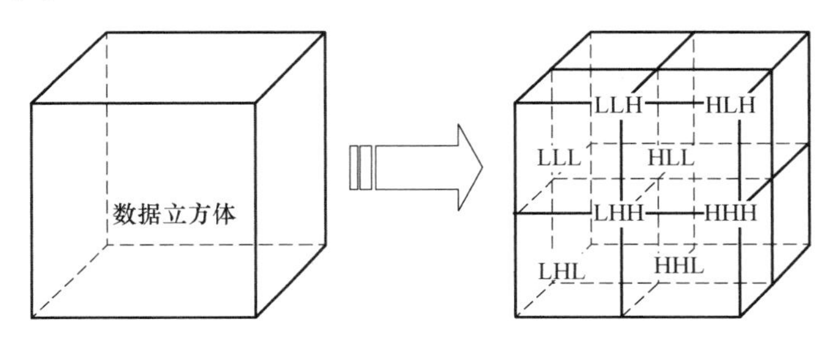

图 7.12　三维小波一级分解示意图

经过多级分解后，同样地，得到的数据立方体除第一个根节点和最外层的叶节点没有孩子外，其他每个节点有 8 个后代。子带中的系数节点(b,i,j)中，所有的后继节点表示为

$$O(b,i,j)=\{(2b,2i,2j),(2b,2i+1,2b),(2b+1,2i,2j),(2b,2i,2j+1),(2b+1,2i+1,2j),(2b+1,2i,2j+1),(2b,2i+1,2j+1),(2b+1,2i+1,2j+1)\} \quad (7\text{-}43)$$

其中，$O(b,i,j)$表示节点(b,i,j)的所有后代的坐标，b 为波段序号。如图 7.13 所示。

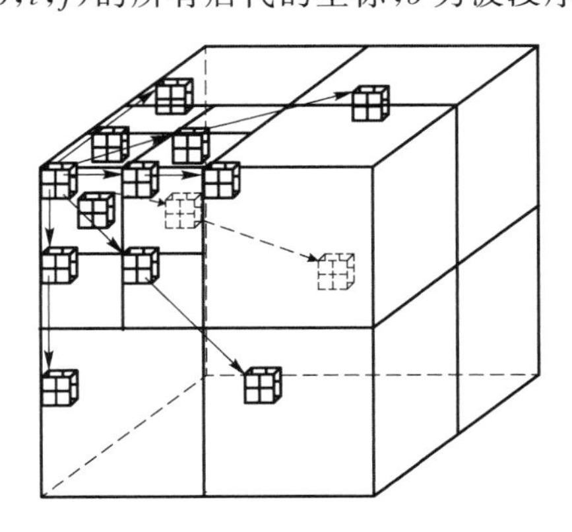

图 7.13　三维等级树的空间结构及父子关系示意图

类似于二维 SPIHT 编码方法，三维 SPIHT 方法在编码过程中，也把小波系数的重要性信息通过三个表来组织：

(1) 重要像素列表标记重要像素；

(2) 不重要像素列表标记不重要像素信息；

(3) 对于不重要集合表，像素或者集合的重要性通过式(7-44)的准则来判断：

$$S_n(T)=\begin{cases}0, & \max\limits_{(b,i,j)\in T}\{|c_{b,i,j}|\}<2^n \\ 1, & \max\limits_{(b,i,j)\in T}\{|c_{b,i,j}|\}<2^n\end{cases} \tag{7-44}$$

其中，T 表示单独的小波系数或者小波系数的一个集合，$|c_{b,i,j}|$ 为小波系数的绝对值，n 是对应于阈值的位平面序号。算法的过程与二维 SPIHT 算法一样。

7.5　基于 PCA 变换与小波变换的组合有损压缩算法

PCA 变换，即主成分分析法(Principal Components Analysis，PCA)，能够比较彻底地去除数据的相关性，并且产生的均方误差最小，可应用于高光谱图像谱间相关性的去除。小波变换在二维图像变换中有着广泛的应用。在图像分解的应用中，能够将图像的主要能量集中到低频区域，将图像的细节部分变换到图像的高频区域。压缩后能基本保持图像的特征不变，实现图像的累进传输，而且还有压缩比高、压缩速度快等特征，它可应用于高光谱图像空间相关性的去除上。下面介绍这两种变换算法的原理。

7.5.1　PCA 变换的原理

PCA 变换是将一系列存在相关性的变量集合，利用正交变换将其变换到称为主成分的线性无关的变量中的数学过程。主成分的数量通常少于或者等于原始数据的数量。其数学原理如下。

对由 n 个样点组成单个信号的一个离散信号序列，可以把这个信号序列看作一个 n 维空间的向量。每个样值代表一个 n 维分量，记作 $\boldsymbol{X}=(x_1,x_2,\cdots,x_n)^{\mathrm{T}}$。将向量 $\boldsymbol{X}$ 的协方差矩阵表示为

$$\boldsymbol{\Phi}_X=\begin{pmatrix}\varphi_{11} & \varphi_{12} & \cdots & \varphi_{1n} \\ \varphi_{21} & \varphi_{22} & \cdots & \varphi_{2n} \\ \vdots & \vdots & & \vdots \\ \varphi_{n1} & \varphi_{n2} & \cdots & \varphi_{nn}\end{pmatrix} \tag{7-45}$$

其中，定义 $\varphi_{ij}=E[(x_i-Ex_j)(x_j-Ex_j)]$。$\boldsymbol{\Phi}_X$ 代表向量 $\boldsymbol{X}$ 各个分量之间的相关性。可以看出，$\boldsymbol{\Phi}_X$ 是一个实对称矩阵，主对角线上的元素代表了各分量的方差。当主对角线上的元素不为 0 时，表明各分量之间是互不相关的。

根据线性代数知识可知，存在一个正交矩阵 $\boldsymbol{Q}$，相对应于协方差矩阵 $\boldsymbol{\Phi}_X$，其行矢量就是 $\boldsymbol{\Phi}_X$ 的本征矢量的转置。

对信号 $\boldsymbol{X}$ 用正交矩阵 $\boldsymbol{Q}$ 作正交变换 $\boldsymbol{Y}=\boldsymbol{QX}$，$\boldsymbol{Q}$ 为 PCA 变换矩阵。

将其运用到高光谱图像中，进行 PCA 变换的过程如下。

由二阶矩过程定义可知，高光谱遥感图像各谱段间对应像素点具有一阶矩和二阶矩的统计特征。对高光谱遥感图像做如下两个假设。

假设 1：设图像的大小为 $M\times N$，$f(m,n)$是图像本身的信号，它具有二阶矩特征，是

一个 $M\times N$ 维的平稳随机信号。

假设 2：设集合 $\{f_1(m,n),f_2(m,n),f_3(m,n),\cdots,f_Q(m,n)\}$ 是由高光谱图像的 Q 个谱段组成的，其中每一个分量 $f_i(m,n)$ 可表示成一个列向量 $\boldsymbol{f}_i(j)$，其中 $j=mN+n+1,0\leqslant n\leqslant N-1$[18]。

由假设 1 可知，协方差矩阵定义为

$$\boldsymbol{C}_j=E\{(\boldsymbol{f}_i-\boldsymbol{\mu}f)(\boldsymbol{f}_j-\boldsymbol{\mu}_f)\} \tag{7-46}$$

其中，$\boldsymbol{\mu}_f$ 表示信号均值矢量，它可表示如下：

$$\boldsymbol{\mu}_f=\frac{1}{Q}\sum_{i=1}^{Q}\boldsymbol{f}_i(j) \tag{7-47}$$

由式(7-43)和式(7-44)可以求出高光谱图像的协方差矩阵为

$$\boldsymbol{C}_f=\frac{1}{Q}\sum_{i=1}^{Q}(\boldsymbol{f}_i-\boldsymbol{\mu}_f)(\boldsymbol{f}_j-\boldsymbol{\mu}_f)=\frac{1}{Q}\left(\sum_{i=1}^{Q}\boldsymbol{f}_i\boldsymbol{f}_i^{\mathrm{T}}\right)-\boldsymbol{\mu}_f\boldsymbol{\mu}_f^{\mathrm{T}} \tag{7-48}$$

求得协方差矩阵后，可求出 $M\times N$ 个本征值，并对其按降序排序：$\lambda_1>\lambda_2>\cdots>\lambda_{MN}$，再求出本征值 λ_i 对应的归一化矢量 $\boldsymbol{e}_i$ 构成的正交线性变换矩阵：

$$\mathbf{A}=\begin{pmatrix}\boldsymbol{e}_{11} & \boldsymbol{e}_{12} & \cdots & \boldsymbol{e}_{1MN}\\ \boldsymbol{e}_{21} & \boldsymbol{e}_{22} & \cdots & \boldsymbol{e}_{2MN}\\ \vdots & \vdots & & \vdots\\ \boldsymbol{e}_{MN1} & \boldsymbol{e}_{MN2} & \cdots & \boldsymbol{e}_{MNMN}\end{pmatrix} \tag{7-49}$$

于是 PCA 变换后的图像表示为

$$\bar{g}=\mathbf{A}(\bar{f}-\boldsymbol{\mu}_f) \tag{7-50}$$

由本征子图像重建原图像的公式可由式(7-46)推出：

$$\bar{f}=\mathbf{A}^{\mathrm{T}}\bar{g}+\boldsymbol{\mu}_f \tag{7-51}$$

其中，$\mathbf{A}^{\mathrm{T}}$ 是 $\mathbf{A}$ 的转置矩阵。

7.5.2　PCA 变换与小波变换的组合算法流程图

将 PCA 变换与小波变换相结合的变换算法流程图如图 7.14 所示。

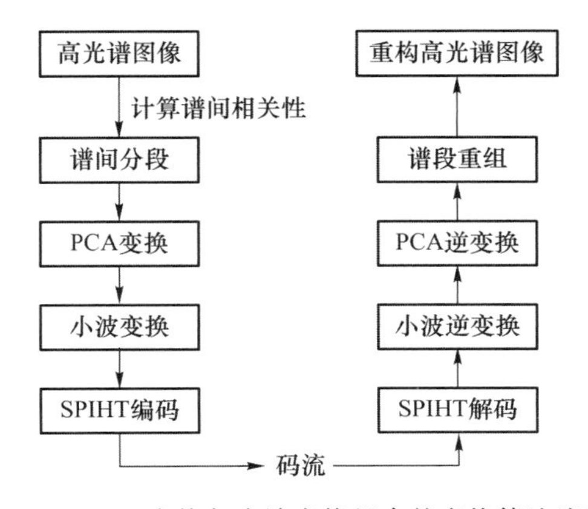

图 7.14　PCA 变换与小波变换组合的变换算法流程图

由图7.13可知，首先计算高光谱实验图像的谱间相关性。按谱段进行分组，组内分别采用PCA变换去除谱间相关性。对PCA变换后的图像，采用小波变换去除其空间相关性。然后对各组的图像进行整合，进行SPIHT编码，从而生成码流。对接收到的码流进行解码，按组分别进行逆变换，然后进行组内重组，最后得到重构的图像。

7.6 算法比较

以HJ1A数据和Hyperion数据为例，对预测算法、3D-SPIHT算法，PCA与小波组合的变换算法进行比较，从压缩比、压缩时间与压缩峰值信噪比等指标入手，其中前两者的仿真结果见表7.3，后者的仿真结果见图7.15和图7.16。

表7.3 算法仿真结果

	HJ1A		Hyperion	
	压缩比	压缩时间/s	压缩比	压缩时间/s
预测算法	12.180 7	8.5	11.87	2.43
3D-SPIHT算法	5.248	384	15.8	81
PCA+小波[1]	11.999 1	8	13.285 6	4
PCA+小波[2]	9.019 9	11	17.873 6	2

注：对HJ1A数据，3D-SPIHT算法采用16波段分组压缩，PCA+小波[1]保留20波段，PCA+小波[2]保留30波段。对Hyperion实验数据，3D-SPIHT算法采用16波段分组压缩，PCA+小波[1]保留10波段，PCA+小波[2]保留5波段。

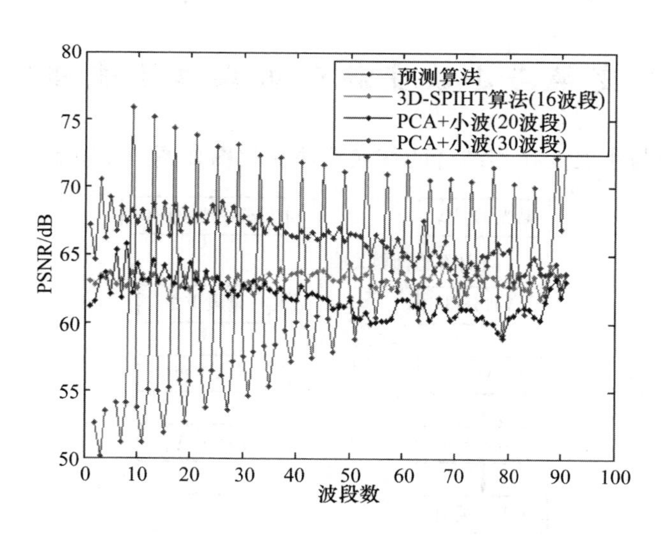

图7.15 HJ1A图像3种算法峰值信噪比示意图

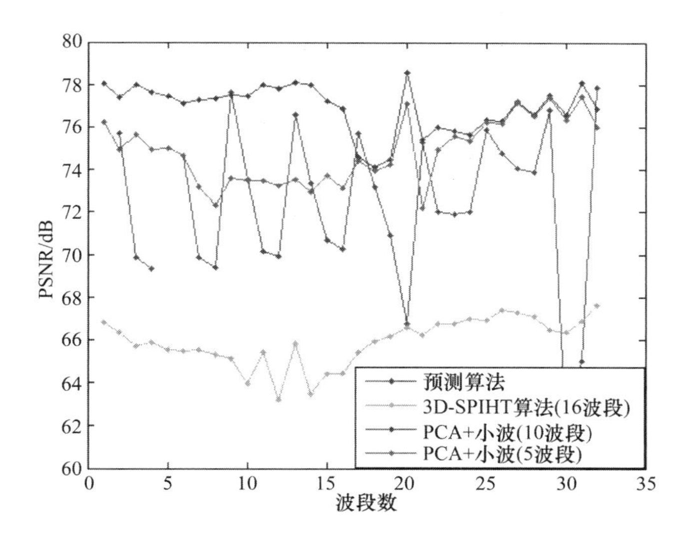

图 7.16　Hyperion 图像 3 种算法峰值信噪比示意图

从表 7.3 中可以看出，3D-SPIHT 压缩比较低，且压缩时间明显长于其他算法。对于 HJ1A 实验数据，当 PCA＋小波算法保留主成分数据时，其压缩比和压缩时间与预测算法比较相近，但是前者的峰值信噪比比后者的稳定性好。但当 PCA＋小波算法保留 30 个主成分数据时，虽然其压缩比和压缩时间有一定下降，但是其峰值信噪比明显优于预测算法。对于 Hyperion 实验数据，当 PCA＋小波算法保留 5 个主成分数据时，其压缩比高于预测算法，其峰值信噪比与预测算法相当。但是当其保留 10 个主成分数据时，其压缩比仍然略高于预测算法，但是其峰值信噪比明显优于预测算法。综合实验数据 Hyperion 和实验数据 HJ1A，可以得出结论：当 PCA＋小波变换保留主成分数据的个数近似于其波段值的 1/3 时，其压缩效果要优于其他两种算法。

第8章 基于矢量量化的压缩算法

矢量量化(Vector Quantization,VQ)与标量量化对应,它通过寻找到合适的码矢量,然后直接对图像数据进行量化。矢量量化可以通过调整码矢量的大小平衡压缩比与信噪比之间的关系。

矢量量化算法比较突出的问题是运算复杂度较高,这是因为码矢量产生的过程是一个不断迭代的过程,其计算量随着矢量维数的增加而呈指数级增长。因此,迫切需要找到快速的矢量量化算法。由于可以用一个矢量来表示高光谱图像任一像素所对应的光谱曲线,同时也可以用一个矢量来表示高光谱图像的任一谱段。可以明显看出的是,第二种方案所需码矢量较少,它可以明显地提高码矢量的生成速度,减少矢量量化需要的时间。

8.1 矢量量化原理

矢量量化以香农的率失真理论为基础,通过给定失真阈值,寻找相应的码矢量。1948年10月,香农的一篇论文揭开了信息论研究的序幕。1959年,香农定义了率失真函数 $R(D)$,并在此基础上提出了香农第三定理。

在给定失真 D 的条件下,上面的 $R(D)$ 为系统能够达到的最小码速率。对离散信源而言,$R(D)$ 的定义为

$$\begin{aligned} R(D) &= \min_{\{P(Y_j|X_i),\overline{D}\leqslant D\}} \{I(Y;X)\} \\ &= \min_{\{P(Y_j|X_i),\overline{D}\leqslant D\}} \left\{\sum_{i=1}^{n}\sum_{j=1}^{m} P(Y_jX_i)I(Y_j;X_i)\right\} \\ &= \min_{\{P(Y_j|X_i),\overline{D}\leqslant D\}} \left\{\sum_{i=1}^{n}\sum_{j=1}^{m} P(Y_jX_i)\log_2 \frac{P(Y_jX_i)}{P(Y_j)P(X_i)}\right\} \end{aligned} \tag{8-1}$$

其中,$\overline{D}=\sum_{i=1}^{n}\sum_{j=1}^{m}P(X_i)P(Y_j\mid X_i)d(Y_j,X_i)$,$P(Y_j|X_i)$表示在已发送 X_i 的情况下接收

到 Y_j 的概率。$d(Y_j, X_i)$ 称作失真测度，它表示输出采样值 Y_j 还原为原始信源采样值 X_i 所引入的失真。相反地，可以通过率失真函数的逆函数 $D(R)$，计算在给定信息率不超过 R 的条件下系统所能够到达的最小失真。$D(R)$ 和 $R(D)$ 均为编码性能的极限值，其中 $D(R)$ 是在维数 k 趋向无穷大时 $D_k(R)$ 的极限，即

$$D(R)=\lim_{k\to\infty}D_k(R) \tag{8-2}$$

依据香农的率失真理论可知，总可以通过最小的信源速率使得信道通信的平均失真小于给定的失真阈值，这看起来与数据压缩所做的工作是一致的。从式(8-2)可以看出，增加码矢量维数 k，编码性能可以任意接近率失真函数。当然，达到这个极限是非常困难的。率失真函数也可以作为理论值去分析压缩实际的效果。需要说明的是，率失真理论是一个存在性定理而非构造性定理，它没有指明具体的实现方法。

8.2　矢量量化基本算法

基本的矢量量化器可以定义为一个从 k 维欧几里得空间到其一个有限子集 $\boldsymbol{C}$ 的映射 $Q:\mathbf{R}^k\to\boldsymbol{C}$，其中 $\boldsymbol{C}=\{y_0, y_1, \cdots, y_{N-1} \mid y_i\in\mathbf{R}^k\}$ 称为码书，N 为码书大小。该映射满足：$Q(\boldsymbol{x}\mid\boldsymbol{x}\in\mathbf{R}^k)=\boldsymbol{y}_p$，其中 $\boldsymbol{x}=(x^0, x^1, \cdots, x^{k-1})$ 为 $\mathbf{R}^k$ 中的 k 维矢量，$\boldsymbol{y}_p=(y_p{}^0, y_p{}^1, \cdots, y_p^{k-1})$ 为码书 $\boldsymbol{C}$ 中的码字，并满足

$$d(\boldsymbol{x}, \boldsymbol{y}_p)=\min_{0\leqslant j\leqslant N-1}d(\boldsymbol{x}, y_j) \tag{8-3}$$

其中，$d(\boldsymbol{x}, y_j)$ 为输入矢量 $\boldsymbol{x}$ 与码字 y_j 之间的失真测度。每一个矢量 $\boldsymbol{x}=(x^0, x^1, \cdots, x^{k-1})$ 都能在码书 $\boldsymbol{C}=\{y_0, y_1, \cdots, y_{N-1}\}$ 中找到其最近的码字 $\boldsymbol{y}_p=Q(x\mid x\in\mathbf{R}^k)$。输入矢量空间通过量化器 Q 量化后，可以用划分 $\boldsymbol{S}=\{\boldsymbol{S}_0, \boldsymbol{S}_1, \cdots, \boldsymbol{S}_{N-1}\}$ 来描述，其中 $\boldsymbol{S}_i$ 是所有映射成码字 y_i 的输入矢量的集合，即 $\boldsymbol{S}_i=\{\boldsymbol{x}\mid Q(\boldsymbol{x})=y_i\}$。这 N 个子空间 $\boldsymbol{S}_0, \boldsymbol{S}_1, \cdots, \boldsymbol{S}_{N-1}$ 满足

$$\bigcup_{i=0}^{N-1}\boldsymbol{S}_i=\boldsymbol{S},\quad \boldsymbol{S}_i\cap\boldsymbol{S}_j=\phi,\quad i\neq j \tag{8-4}$$

矢量量化编码器在给定阈值的情况下，从码书中搜索出与输入矢量之间失真最小的码字。传输时仅传输该码字的索引。与编码过程不同，矢量量化的解码过程非常简单，即在码书中通过索引查找到该码字，并将其作为重构矢量还原的原始数据。

8.3　矢量量化用于高光谱图像压缩

高光谱图像数据具有一定的空间相关性和较强的谱间相关性，这为利用矢量量化压缩高光谱数据提供了便利。首先高光谱数据被划分到矢量空间，然后通过一定规则选取样本训练、生成码书，不同的矢量被量化为码书中的某一个码字，通过传递矢量的码字索引和量化后产生的残差实现无损压缩。压缩率的大小主要取决于码书规模和残差的熵。在此思想基础上，出现了多种压缩方案，我们主要研究基于 LBG (Linde Buzo Gray)的无

损矢量量化算法。

LBG是1980年由Yoseph Linde，Andrés Buzo和Robert M. Gray等3位科学家在IEEE期刊上共同发表的矢量量化算法，因此由3个人的名字共同命名。它是一种经典的矢量量化码书设计方法，为矢量量化技术的发展奠定了重要基础。

LBG算法中的最佳邻近原则与前面所述的矢量量化基本算法是一致的。除此之外，LBG算法还要求满足“质心”条件，即在各个子空间寻找相应的“质心”，通过组合所有的“质心”构造最优码书。

对于给定划分$\boldsymbol{S}=\{\boldsymbol{S}_0,\boldsymbol{S}_1,\cdots,\boldsymbol{S}_{N-1}\}$，最优码字$\boldsymbol{y}_p$是相应子空间$\boldsymbol{S}_p$的质心，即$\boldsymbol{y}_p=\mathrm{cent}(\boldsymbol{S}_p)$。假设有$M$个($M>N$)训练矢量，要求将其分别归到$N$个子空间中去。一次聚类完成后，若子空间$\boldsymbol{S}_p$中聚类到了$|\boldsymbol{S}_p|$个训练矢量，则子空间$\boldsymbol{S}_p$的质心$\boldsymbol{y}_p$可以表示为

$$\boldsymbol{y}_p=\frac{\sum\limits_{x_j\in \boldsymbol{S}_p}x_j}{|\boldsymbol{S}_p|} \tag{8-5}$$

传统的码书设计算法基本上就是反复不断进行上面所述的工作，最终得到符合需要的码书。不难看出，码书生成过程中的计算量是随着码书矢量的维数k和码书尺寸N的增大而急剧增长的。

LBG算法作为一种迭代算法，需要给定迭代终止的条件。人们通常以$|D^{(m-1)}-D^{(m)}|/D^{(m)}$是否小于给定阈值$\varepsilon$为条件，来测试失真下降比例的情况。条件一旦成立，则算法终止；否则，将继续依据最佳近邻原则和“质心”条件反复迭代，直到条件成立为止。下面简单说明LBG算法迭代的具体步骤。

步骤1：给定初始码书$\boldsymbol{C}^{[0]}=\{\boldsymbol{y}_0^{[0]},\boldsymbol{y}_1^{[0]},\cdots,\boldsymbol{y}_{N-1}^{[0]}\}$，其中[0]表示迭代次数$m=[0]$，平均失真$D^{[-1]}\to\infty$，给定相对误差门限$\varepsilon(0<\varepsilon<1)$。

步骤2：用码书$\boldsymbol{C}^{[m]}$中的N个码字作为质心，根据最佳邻近原则，把M个训练矢量X划分为N个子空间$\boldsymbol{S}^{[m]}=\{\boldsymbol{S}_0^{[m]},\boldsymbol{S}_1^{[m]},\cdots,\boldsymbol{S}_{N-1}^{[m]}\}$，其中$\boldsymbol{S}_p^{[m]}$满足

$$\boldsymbol{S}_p^{[m]}=\{x\mid d(x,\boldsymbol{y}_p^{[m]})=\min_{0\leqslant i\leqslant M-1}d(x_i,\boldsymbol{y}_p^{[m]}),x\in X\} \tag{8-6}$$

步骤3：计算平均失真，即

$$D^{[m]}=\frac{1}{M}\sum_{i=0}^{M-1}\min_{0\leqslant j\leqslant N-1}d(x_i,\boldsymbol{y}_j^{[m]}) \tag{8-7}$$

判断相对误差是否满足，若满足条件，则停止算法，码书$\boldsymbol{C}^{[m]}$就是所求的码书；否则，继续下一步。

$$\left|\frac{D^{[m-1]}-D^{[m]}}{D^{[m]}}\right|\leqslant\varepsilon \tag{8-8}$$

步骤4：根据最佳码书条件，计算各子空间的质心，即

$$\boldsymbol{y}_p^{[m+1]}=\frac{1}{\|\boldsymbol{S}_p^{[m]}\|}\sum_{x\in \boldsymbol{S}_p^{[m]}}x \tag{8-9}$$

通过这N个新质心$\{\boldsymbol{y}_0^{[m+1]},\boldsymbol{y}_1^{[m+1]},\cdots,\boldsymbol{y}_{N-1}^{[m+1]}\}$形成新码书$\boldsymbol{C}^{[m+1]}$，置$m=m+1$，转至步骤2。

矢量量化技术的主要问题是其具有较高的压缩复杂性，尤其是码书产生的过程，其

计算量随着矢量维数的增加而呈指数增长。因此在保持较高压缩比的前提下，许多人仍然在尝试寻求降低复杂度的办法，如矢量量化的加速算法。这也是目前该领域的研究热点之一。

本书采用基于 LBG 算法的矢量量化技术，重点研究算法的构造方法和综合性能。对于经典的 LBG 算法而言，如果最终结果收敛，其相对误差指标 ε 可以无限趋近于 0。实际上，随着码书矢量的维数 k 和码书尺寸 N 的增大，算法的计算复杂度将变得十分巨大。所以为了实现更快处理，要尽可能在矢量维数和码书尺寸上寻找平衡，研究发现，将码书的矢量维度适当增大，同时减少矢量维数，就可以实现仅用较少的运算次数使结果收敛的目的。

通过码书还原数据产生的误差，形成了相应的误差矩阵，利用 LZW 算法进行压缩。图 8.1 是 LBG 算法压缩的流程图。

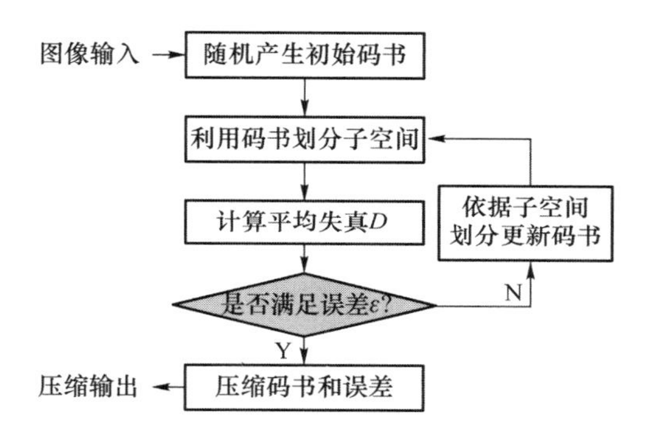

图 8.1　LBG 算法压缩的流程图

8.4　矢量量化算法的改进

对上述 LBG 算法，当不保留其残差时，残差的大小与分布就成了影响其失真度的因素，考虑影响其残差大小的因素，码字的维度对残差的大小有着重要的影响。维度越大的情况下，每一维度的逼近越难保证，因此有可能造成的误差越大，分布越不均匀。另外，由于矢量量化自身的原因，在残差矩阵中，总会有绝对值较大的残差存在，这些绝对值较大的残差对图像的失真同样有着重要的影响，有可能存在重要的图像信息，因此应该减小或者降低这些误差带来的损失。

通过上述的两点分析，在这里提出对 LBG 算法的改进。一方面，降低像素矢量的维度，这一点可以通过采用将图像按波段分组的方式，对每一组的高光谱图像分别进行矢量量化，从而减小码字的维度，降低量化误差。另一方面，对量化后的残差图像设置一阈值，当残差的绝对值大于该阈值时，保存该残差。通过以上两方面的改进，理论上可以提高矢量量化的精度，改进的 LBG 算法流程如图 8.2 所示。

首先对原始图像进行谱间分段，在实验过程中，将其按照 16 波段进行分组，对每组

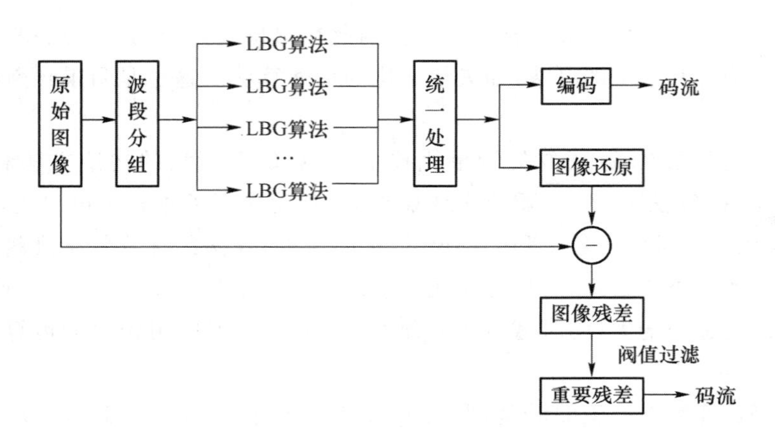

图 8.2　改进的 LBG 算法流程图

图像分别进行 LBG 压缩。对压缩后的各组的结果，一方面将其编码送到发送端进行传输；另一方面，将其进行还原，与原始图像做差值运算，得到残差图像，对残差图像中残差值大于 500 的数据，保留其坐标以及残差值，同样对其进行编码，并送到发送端传输。解码端则根据得到的码书和划分对高光谱图像进行初步的还原，然后再根据得到的残差坐标进行进一步校准，得到还原后的图像。

8.5　改进的 LBG 算法的实验结果及评价

应用改进的 LBG 算法对 HJ1A 图像进行仿真处理，仿真对比结果如表 8.1 所示。

表 8.1　改进的 LBG 算法与传统的 LBG 算法性能的比较

码书大小	传统 LBG 算法			改进的 LBG 算法		
	压缩比(CR)	压缩时间/s	峰值信噪比/dB	压缩比(CR)	压缩时间/s	峰值信噪比/dB
128	73.6	98	53.7	13.1	257	57.6
256	61.8	109	54	12.5	363	58.5
512	46.8	256.5	54.7	11	503	59.4

从表 8.1 中可以发现，对码书进行分组并校正能够有效降低图像的失真度，能带来约 4 个 dB 的提高，但同时带来了压缩比和压缩时间上的下降，但是若能对每一组图像采用并行 LBG 运算，则能相应地带来压缩时间上的提升。

随着码书数目的增大，对两种算法来说，峰值信噪比的提升约为 0.3 dB 和 0.9 dB，而压缩时间却有较大的提升。图 8.3 为对 HJ1A 进行仿真的峰值信噪比对比示意图。

从图 8.3 中可以看出，改进的 LBG 算法的峰值信噪比明显高于传统的 LBG 算法，这说明改进算法提升了图像的保真度。对于改进的 LBG 算法，同样地，增加码书的大小可以使得图像的峰值信噪比有所提升，图像的保真度提高。

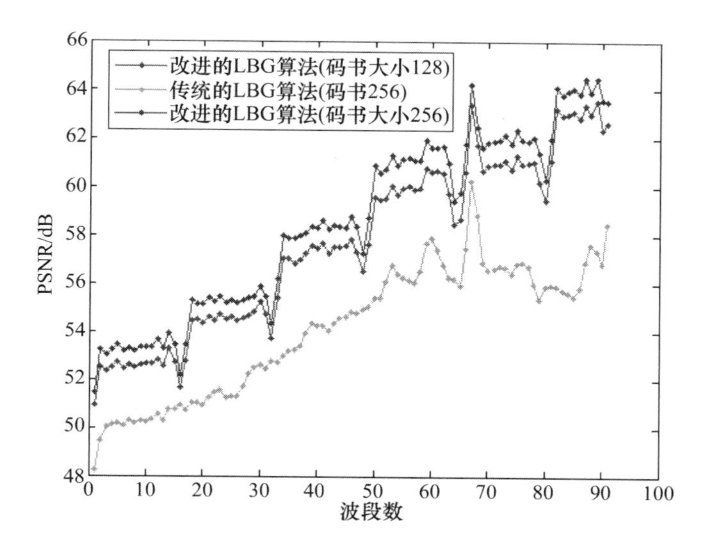

图 8.3　改进的 LBG 算法与传统的 LGB 算法峰值信噪比对比示意图

第9章

基于分布式编码的无损压缩算法

20世纪70年代，以Slepian-Wolf定理和Wyner-Ziv定理为基础的分布式信源编码(Distributed Source Coding，DSC)理论成功解决了编码端复杂度与实现效率之间的矛盾。随着通信技术的成熟，基于信道编码的分布式编码技术也取得了一系列成果。分布式编码使得编码端的执行效率有了很大提高，促进了高效编码技术的发展。

9.1 DSC理论基础

设X、Y均为离散无记忆信源，且X、Y之间存在相关性。$H(X)$、$H(Y)$分别表示X、Y的信息熵，$H(XY)$表示X、Y的联合熵，R_X与R_Y分别为X与Y的编码码率。

通常情况下，有三类对X、Y进行编解码的方案，如图9.1所示。第一种方案是对X、Y分别进行编解码，如图9.1(a)所示。这时，总的编码码率为$R=R_X+R_Y$，并且满足$R\geqslant H(X)+H(Y)$。第二种方案是对X、Y联合编解码，如图9.1(b)所示，总码率$R\geqslant H(XY)$。最后一种是分布式信源编码方案，编码端对X、Y单独编码，在解码端将X、Y进行联合解码，如图9.1(c)所示。

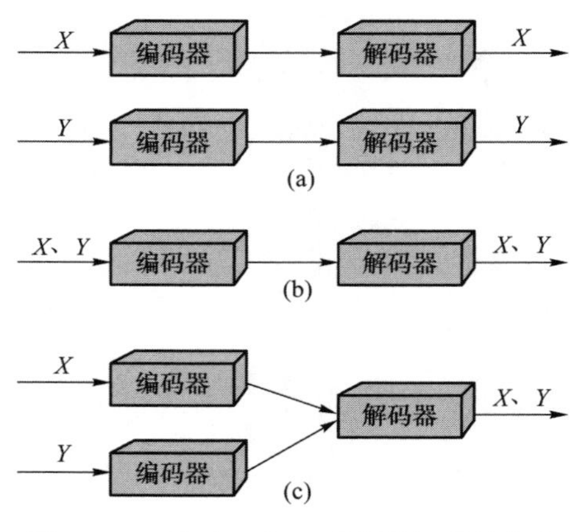

图9.1　三种对X与Y进行编解码的方案

Slepian-Wolf 定理证明了在满足式(9-1)、式(9-2)和式(9-3)的情况下,在编码端对 X 和 Y 分别以 R_X 与 R_Y 进行编码,在解码端进行联合解码,其编码性能等同于对 X、Y 进行联合编解码,与图 9.1(b)相比,分布式编码并未造成编码性能上的损失。

$$R_X \geqslant H(X|Y) \tag{9-1}$$

$$R_Y \geqslant H(Y|X) \tag{9-2}$$

$$R_X + R_Y \geqslant H(XY) \tag{9-3}$$

其中,$H(X|Y)$与 $H(Y|X)$为条件熵。

图 9.2 给出了两个信源的 Slepian-Wolf 编码码率示意图,可以看出,该图中灰色区域是一块有两个拐点(A 和 B)的无界区域,其中 A 点总码率为 $R = H(X|Y) + H(Y) = H(XY)$,该点所表达的情形:在编码端对 X 以码率 $H(X|Y)$进行编码,在解码端将 Y 作为 X 的边信息对 X 进行解码。对于 B 点,其道理与 A 点相同,A 点与 B 点满足轮换对称的条件。根据 A 点所表达的情形,可给出图 9.2 所示的 Slepian-Wolf 编解码方案,其中 Y 只出现在解码端,编码端以 $R_X = H(X|Y)$的码率对 X 进行编码,解码端利用边信息 Y 对 X 进行解码,此时可获得与 Y 在编码端相同的压缩效果。在一些应用场合,边信息 Y 在编码端也是可用的,如高光谱图像的分布式压缩。图 9.3 为非对称分布式信源编码图,图 9.3 中所示的方案对 X 与 Y 的处理方式不同,通常看作是非对称分布式信源编码。与对称分布式信源编码相比,非对称分布式信源编码的应用更为广泛。

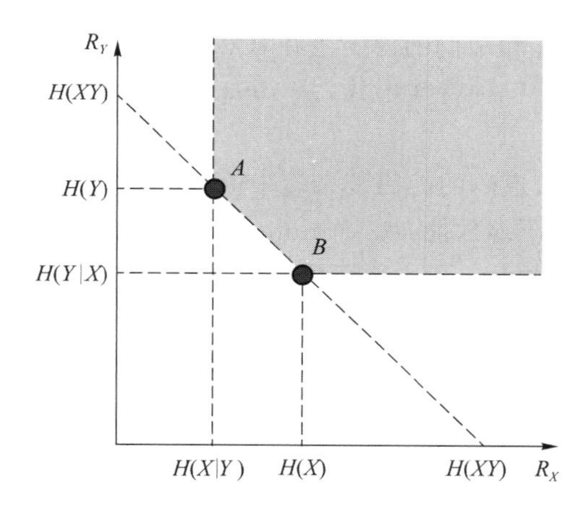

图 9.2　Slepian-Wolf 编码码率示意图

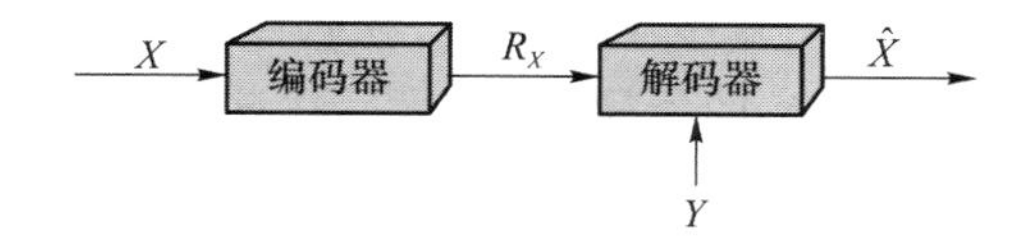

图 9.3　非对称分布式信源编码

9.2　基于陪集码的 DSC 实现

DSC 是信息论发展过程中的重要成果之一。20 世纪 70 年代，David Slepian 和 Jack K. Wolf 在信息论的基础上提出了针对两个互为相关信源无损压缩的理论极限，即 Slepian-Wolf 理论，然而研究人员一直没有发现这一理论的实现方法。直到最近十几年，人们发现 DSC 与信道编码的纠错码之间存在着一定的关系，从而找到了一条实现该理论的途径。1998 年，Pradhan 提出了基于特征群的分布式信源编码(Distributed Source Coding Using Syndromes, DISCUS)，该方法尝试了两个独立相关信源 X 与 Y 的独立编码与联合解码，在 X 与 Y 之间建立虚拟信道，其中 X 为编码端的输入，Y 为解码端的输出，Y 可看作是 X 被噪声污染过的信号，如式(9-4)所示。

$$Y=X+N \tag{9-4}$$

其中，N 为高斯白噪声，这样就可以构造有效的信道纠错码来恢复 X。此后，大部分 DSC 方案都是基于 DISCUS 提出的，通常采用性能优良的信道码来实现，如 Turbo 码、LDPC (Low Density Parity Check)码与 Trellis 码等。

LDPC 码即低密度校验码，最早是在 1962 年 1 月由 Gallager 在 IRE (Institute of Radio Engineers)会报上提出的，并于 1963 年由麻省理工出版社以专著形式正式发表。由于当时硬件水平的限制，这一研究成果并未得到及时的肯定，直到 1993 年 5 月，两位法国教授 Berrou、Glavieux 和他们的博士生在 ICC 会议上提出了 Turbo 码。人们后来发现，Turbo 码是 LDPC 码的一种特殊形式，从 1996 年开始，Mackay 等人开始了对 LDPC 码新的研究。

然而，研究发现上述信道码的编码复杂度较高，难以体现 DSC 的优势。为了获得较低的编码复杂度和理想的压缩性能，A. Majumdar 提出把标量多元码应用于视频图像的 DSC 压缩，E. Magli 等人也引入了这种简单的多元码，通过陪集划分的方式实现高光谱图像的无损压缩。

陪集是高等代数中的概念，是指将信源空间划分成若干互不相交的子集，其并为全集，其交为空集。若信源空间为 Ω，$(X,Y)\in\Omega$，将 Ω 划分成 z 个陪集：CS_j ($j=1,2,\cdots,z$)，并满足

$$\begin{cases}\Omega=CS_1\cup CS_2\cup\cdots\cup CS_z\\ \varnothing=CS_i\cap CS_j, \quad i\neq j;\ i,\ j=1,\ 2,\cdots,z\end{cases} \tag{9-5}$$

其中，$\varnothing$ 为空集，由于 X 必定属于其中某一陪集，编码端将 X 所属陪集的索引传输到解码端，解码端根据陪集索引确定 X 的所属陪集，然后在该陪集中找到与边信息 Y 距离最近的元素作为 X 的重构值。在这个过程中，陪集的划分是关键，其原则是使得陪集中相邻元素之间的距离尽可能大。下面分别介绍二元码与多元码的陪集划分方法。

假设有两个相关信源序列 X 和 Y，两者的海明距离 $d_H(X,Y)$ 满足

$$d_H(X,Y)\leqslant e \tag{9-6}$$

陪集划分是对 X 的所有可能序列进行分组，每组为一个陪集，其分组原则是使得同

一陪集中相邻序列之间的海明距离最大化。

为使信道传输的抗干扰能力更强，必须令编码与编码之间的差异尽可能大，为了衡量这种差异的大小，引入海明距离这一概念，其计算公式如下：

$$d_{\mathrm{H}}(x,y)=w(x\oplus y) \tag{9-7}$$

其中，x、y 分别为两个位数相同的二进制数，函数 $w(t)$ 为计算二进制数 t 中 1 的个数，也称该函数的运算结果为海明重量，符号“$\oplus$”为异或运算。

海明距离统计的是两个位数相同的二进制数中相异位数的多少。对于二元线性分组码而言，计算其最小海明距离的公式为

$$d_{\mathrm{H}}=r(n,k)-1 \tag{9-8}$$

其中，$r(n,k)$ 为分组码 (n,k) 构成矩阵的秩，如已知分组码 $(3,2)=\begin{pmatrix}0&0&1&1\\0&1&0&1\\0&1&1&0\end{pmatrix}$，$r(3,2)=3$，$d_{\mathrm{H}}=r(3,2)-1=2$，因此该分组码的最小海明距离为 2。

假设 x_i 与 $x_j(i\neq j)$ 为同一陪集的相邻序列，如果 x_i 与 Y 的海明距离满足 $d_{\mathrm{H}}(x_i,Y)\leqslant e$，为了能够由 Y 无失真地重建 X，必须使得 x_j 与 Y 的海明距离满足 $d_{\mathrm{H}}(x_j,Y)\geqslant e+1$，从而可得 x_i 与 x_j 之间的海明距离必须满足

$$d_{\mathrm{H}}(x_i,x_j)\geqslant 2e+1 \tag{9-9}$$

也就是同一陪集中相邻序列之间的最小海明距离为 $2e+1$，这种情况下可以纠正 e 位错码，相当于序列 X 经过二元对称信道的传输，输出序列 Y 相对 X 发生了 e 个误码，陪集中相邻序列的最小海明距离 $2e+1$ 完全可以将 Y 纠正为 X。

若 X、$Y\in\{0,1\}^n$，讨论 $n=3$，$e=1$ 的情形。在 $d_{\mathrm{H}}(X,Y)=1$ 的条件下，根据式(9-9)可知，陪集中相邻序列之间的最小海明距离为 3，陪集划分结果如下：

$$CS_1=\{000,111\},CS_2=\{001,110\},CS_3=\{010,101\},CS_4=\{100,011\} \tag{9-10}$$

相应的陪集索引为$\{00,01,10,11\}$，显然，陪集索引需要 2 个 bit 表示。编码端只需传输 2 个 bit 的陪集索引，与直接传送 X(3 个 bit)相比，节省了 1 个 bit，从而实现了数据的压缩。解码端根据接收到的陪集索引确定 X 所属的陪集，然后以 Y 作为边信息在该陪集中唯一确定 X。

在研究过程中，采用的方法是基于陪集的多元码压缩技术。与二元码情形类似，对于高光谱数据，由于其通常保存为 16 个比特位的数据格式，因此也可以用$\{0,1,\cdots,65\,535\}$的多元码来进行表示和处理。然而，多元码和二元码本质上是没有区别的。下面再简单介绍一下多元码的陪集划分。

假设信源每个元素的比特数为 $n=3$，其集合为 $\Omega=\{0,1,2,3,4,5,6,7\}$。将 Ω 分成 4 个陪集，分别为$\{0,4\}$、$\{1,5\}$、$\{2,6\}$与$\{3,7\}$，陪集中相邻元素之间的欧氏距离为 4，陪集索引只需用 2 个 bit 表示。若 $X=5$，显然，X 位于第 2 个陪集，此时，只需将 X 所属陪集的索引(2 个 bit)传送给解码端。解码端根据 X 的索引找到其所属陪集$\{1,5\}$，此时，可以利用 X 与 Y 的相关性进一步确定 X 为陪集中的哪个元素。例如，若 $Y=4$，在陪集中搜索与 Y 距离最小的元素作为 X 的重构值，即 $X'=5$，从而实现了 X 的正确解码。

由上面的例子可以看出，若要获得正确的解码结果，X 与 Y 之间的距离必须小于陪

集中相邻元素距离的一半，即 X 与 Y 之间的距离决定了陪集的划分，将各个陪集索引与所对应的陪集中的元素进行对比可以发现，陪集索引对应该陪集中各个元素的低 r 位。如 $X=6(110)$ 位于陪集索引为(10)的陪集中，X 的低 $2(r=2)$ 位为其所属陪集的索引。

(n,k) 线性分组码应用于信源编码的过程是将信源的 2^n 个可能取值划分为 2^r 个陪集，其中每个陪集包含 2^k 个元素，同一陪集中相邻元素的距离为 2^r，一般来讲，信源数据的 n 都是已知的，关键问题是如何确定 r，一旦 r 得以确定，就相当于找到了一种信道码。

如前所述，X 与 Y 之间的距离必须严格小于陪集中相邻元素之间距离的一半，根据这一原则，在编码端可以利用 X 与 Y 之间的距离来确定 r，由于陪集中相邻元素之间的距离为 2^r，则

$$2^{r-1}>X-Y \tag{9-11}$$

进一步可写成

$$r>\log_2(X-Y)+1 \tag{9-12}$$

由式(9-12)可以看出，在 X 与 Y 相关性较高(距离较小)的情况下，所需划分的陪集数量较少，陪集索引的数据量较少，相应的无损压缩性能较好；若 X 与 Y 的相关性较小(距离较大)的情况下，所需划分的陪集数量较多，陪集索引的数据量较大，相应的无损压缩性能较差。

在研究过程中，采用分布式选择压缩的算法，对于 16 个 bit 的高光谱数据，采用 6 个 bit 作为陪集的索引，陪集相邻元素之间的距离为 $2^{16-6}=2^{10}=1\,024$，$r=10$。当 X 与 Y 之间的距离取 $2^9=512$ 时，仍然不能保证所有元素被正确解码。这时，把可能不正确解码的部分数值单独存储，解码的时候再将其还原即可。图 9.4 为分布式算法处理流程图，取高光谱图像的某一谱段(通常是第 1 个谱段)作为解码所需的边信息，在传输时仅仅传送陪集的索引，单独存储的数值和某一谱段图像，就可以无损还原原始高光谱图像。

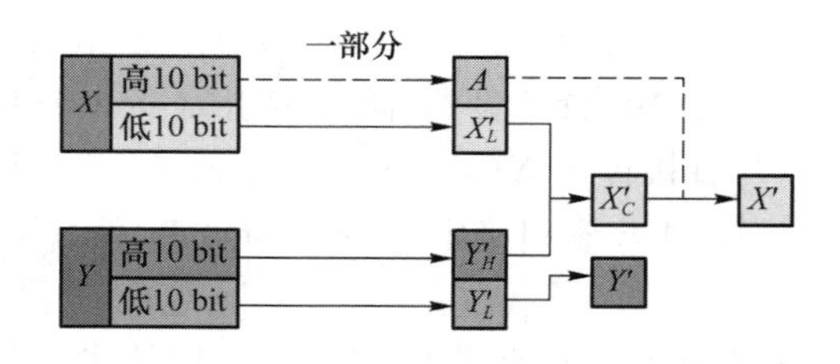

图 9.4　分布式算法处理流程图

具体的编码过程如下：

(1) 对 X、Y 作差并取绝对值(即 $|X-Y|$)，对于范围在 $[64,+\infty)$ 区间的值，存储其对应的高 10 bit 的值以及其在高光谱图像中的三维坐标；

(2) 对 X 取其低 6 bit 的值直接传送。

具体的解码过程如下：

(1) 求 Y' 的高 10 bit，并将其与 X 传来的低 6 bit 合并为 X'_C；

(2) 将单独存储的值依据其在高光谱图像中的坐标全部重新赋值到 X'_C 的高 10 bit 中，得到 X'。

在实际的编码压缩过程中，高 i 位与低 j 位之间的欧氏距离被控制在范围 α 内。实

际上，可能在高 i 位出现正负1的误差。在 n 进制编码中 $\alpha=[0,n^j-1]$，若 $Y'_H-X'_H\neq 0$，则 $|Y'_H-X'_H|=1$。

为了纠正这样一类误差，设计了一种快速的校验编码，我们把这种校验编码称作奇偶判定校验。奇偶判定校验就是利用元素数值奇偶性来还原需要校验的数据。

首先定义两个欧氏距离 CA 和 CB：

$$CA=(Y'_H+1)\times 10^2+X'_L-Y' \tag{9-13}$$

$$CB=(Y'_H-1)\times 10^2+X'_L-Y' \tag{9-14}$$

对于欧氏距离 CA 和 CB，一定有 $CA+CB=2n^2$。如果 $CA>CB$，那么实际值就应该为 Y'_H-1；如果 $CA<CB$，那么实际值应为 Y'_H+1；如果 $CA=CB$，那么实际值就是 Y'_H。

为了说明这种情况，同时便于理解，下面用十进制举例说明。

例如，取欧氏距离为100，用5位数表示数据。不妨取边信息值为01110，则实际数值01200与01110之间的欧氏距离为90，应该只传送低位00。这时候发现高位数据并不相同，如果按照前面的算法，还原的值应该为01100，与实际值01200并不相符，高位011与实际值012相差了1。这时，需要奇偶判定校验来还原高位的实际值，从而将数据还原成01200。由于高位数值之间的误差不是1便是0。因此，采用奇偶判定校验可以非常高效地实现数据校验。

以上面的例子来说，首先需要引入校验位，由于原始高位数值012是偶数，所以校验位为0。如果还原后的数据高位为011，那么根据校验位0可知一定出现了误差。原始数值要么为010，要么为012。若要确定还原的数值是哪一个，可以通过下面的公式判断：

$$CA=(Y'_H+1)\times 10^2+X'_L-Y' \tag{9-15}$$

$$CB=(Y'_H-1)\times 10^2+X'_L-Y' \tag{9-16}$$

其中，CA 和 CB 一定满足 $CA+CB=2\times 10^2$。如果 $CA>CB$，那么实际值就应该为 Y'_H-1，反之，则应为 Y'_H+1。就上面的例子而言，$CA=90$，$CB=110$，$CA<CB$，因此实际值应该为 Y'_H+1，即 $011+1=012$。这样就通过校验位还原了元素的实际数值。

将校验位放在传输的低6 bit数据的后面，则压缩后的数据示意图如图9.5所示，在信道中传输以下格式的三维数据。图9.5中的元素可以表示为 $\{x_6,x_5,x_4,x_3,x_2,x_1,c\}$，$x_6$ 是原始数据低6 bit中的最高位，x_1 是原始数据低6 bit中的最低位，c 为校验位。

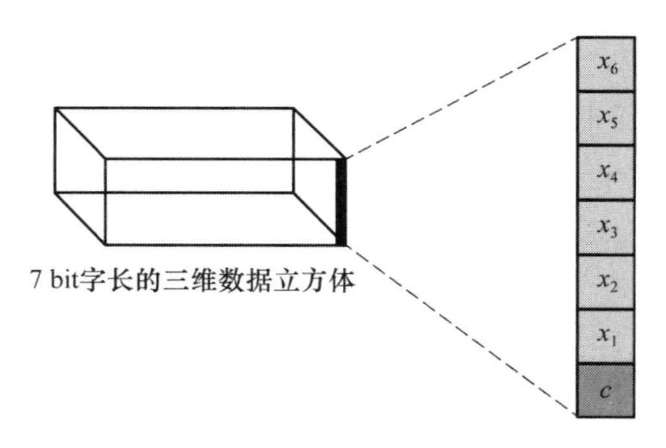

图9.5　经过分布式选择压缩后的数据示意图

通过以上的算法处理，数据的结构仍然为三维矩阵，只是字长由16 bit减少为7 bit。通过这种方式，一方面实现了数据的压缩，另一方面也为数据的进一步处理提供了便利。

在实际的压缩编码中，部分高光谱图像相邻谱段元素数值波动较大，由于需要单独存储的特殊点较多，使得直接采用分布式选择压缩算法的压缩效果有一定的下降。因此，为了适应这一类高光谱图像，需要对此算法进行相应的预处理，使得输入的信源近似符合高斯分布。

2012年，粘永健等人提出了基于多波段预测的高光谱图像无损压缩算法。将二阶预测算法应用到本书中，图9.6为二阶预测后的高光谱图像，从第三谱段开始，用预测值代替边信息，对于相邻谱段元素数值波动较大的高光谱图像而言，二阶预测算法取得了较好的压缩效果。

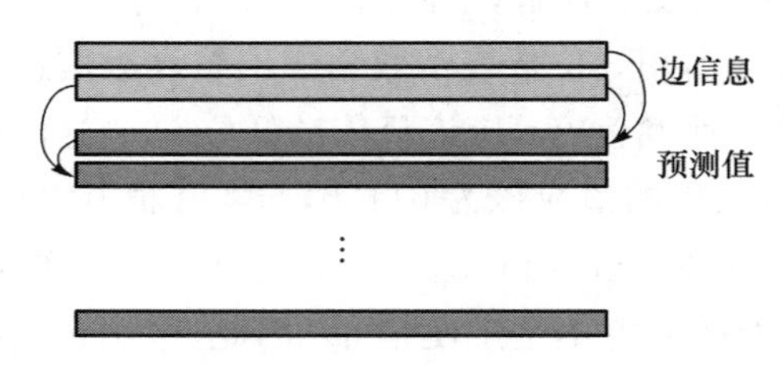

图9.6　二阶预测后的高光谱图像

9.3　分布式算法的实验结果

以HJ1A、Hyperion和Cup95eff为例，对高光谱图像数据进行压缩，其中HJ1A数据传输低7 bit信息，其余传输低6 bit信息。HJ1A和Hyperion数据经过二阶预测处理后再进行分布式选择压缩。表9.1为分布式选择压缩算法的各项压缩指标。

表9.1　分布式编码算法的压缩指标

数据类别 压缩指标	HJ1A	Hyperion	Cup95eff
压缩前的数据量/B	11 927 552	4 194 304	6 553 600
压缩后的数据量/B	7 736 079	2 015 480	2 949 748
压缩比(CR)	1.542	2.081	2.222
压缩时间/ms	980.462	326.541	184.802
解压时间/ms	10 785.528	892.222	864.089

对于前面所述的由X'_L构成的数据矩阵，仍然有进一步压缩的空间，利用适当的算法可以进一步去除其空间相关性。

第10章

高光谱图像有损压缩的性能评价

与无损压缩相比，有损压缩在不损失有用信息的情况下，提取图像有效的特征信息，减少编码的数据量，这对于高光谱遥感图像的压缩具有更为现实的意义。无损压缩算法不会引起任何失真，能够确保原始数据的精确重构，因此无须再对其质量进行评价。但是有损压缩算法为了达到更高的压缩倍数，原始数据必然会有一定量的损失，因此必须对其进行性能评价。

高光谱图像压缩性能评价方法，大致可分为以下几类：

（1）失真的客观参数标准；

（2）压缩对后续特定的应用性能的影响；

（3）特定的应用失真敏感组合参数的提取。

10.1 光谱失真度的度量指标

从光谱失真角度评价高光谱图像的不可逆压缩算法，需通过专门指标进行重构光谱在整个波长范围内相似度的衡量。目前，已有多种衡量光谱相似度的指标，如编码度量、几何度量、变化度量以及信息度量等。

10.1.1 几何度量

从空间几何学角度，几何度量形成了最常用的光谱相似性的比较方法。其基本思想是把光谱向量看成高维空间中的一个点（或者从原点到该点的向量），其相似性的度量即对高维空间中两点（或者两个向量）的空间关系进行分析。最常用的几何度量模型有正交投影模型和距离模型。假设两光谱像元向量为 $\boldsymbol{x}_1=(x_{1j},x_{2j},\cdots,x_{Lj})$ 和 $\boldsymbol{x}_2=(x_{1i},x_{2i},\cdots,x_{Li})$，通过距离模型和正交投影模型，可得到如下两个几何度量。

（1）最小距离度量

最小距离度量表征两个向量间的几何距离，它是模式识别和分类中最为常用的度量指标,包括欧氏距离、切式距离、绝对值距离和明式距离等,其中最常用的为欧氏距离(Euclidean Distance,ED),其定义为

$$\mathrm{ED}(x_i,x_j)=\Big[\sum_{l=1}^{L}(x_{li}-x_{lj})^2\Big]^2 \tag{10-1}$$

根据最小距离法可知,光谱像元向量间距离越小,相似度越大,反之相似度越小。最小距离法是比较简单直观的光谱相似度量方法,但也有其局限性,它特别容易受光谱波形上下平移的影响,从而产生误判。

(2) 光谱角度量

用正交投影模型可得光谱角(Spectral Angle,SA)度量。该度量是遥感领域广泛使用的相似性测度,它是具有相同波长范围内两个像元的向量在高维空间所形成的夹角。原点和高光谱图像的高维空间点构成向量,光谱角定义为

$$\mathrm{SA}(x_i,x_j)=\arccos\left(\frac{x_i x_j}{\|x_i\|\|x_j\|}\right)=\arccos\left(\sum_{l=1}^{L}\frac{x_{li}x_{lj}}{\left(\sum_{l=1}^{L}x_i^2\right)^{\frac{1}{2}}\left(\sum_{l=1}^{L}x_{lj}^2\right)^{\frac{1}{2}}}\right) \tag{10-2}$$

在具体计算中,光谱角度量无须求出实际角度值。光谱向量间的相似程度可直接用两个向量的余弦值来表示,其夹角余弦值反映光谱向量在几何上的相似性。光谱角越小,余弦值越接近1,两光谱向量相似性越高。若数值很小,则表示光谱向量差异极大。

因为两向量之间角度不受向量本身长度的影响,所以光谱角对图像的增益不敏感,对坐标系旋转、放大和缩小也具有不变性。在度量像元光谱相似性方面,它比最小距离法有更为明显的优势,更便于光谱的比较和分配。以光谱角度量为基准的光谱角制图(Spectral Angle Mapping,SAM)模型在高光谱遥感图像聚类、分类以及信息提取等方面都得到了广泛应用。此外,当角度很小时,SA和ED也是非常接近的。光谱角是对整个光谱向量相似性进行计算,是全局性的描述指标,对波形局部特征变化并不太敏感,故存在一定的局限性。

10.1.2　概率度量

几何度量法强调了光谱形状,它用距离或者角度表示向量之间的相似度,属于确定性的度量方式,从而不能有效地描述光谱变化的随机性。伴随着高光谱传感器光谱分辨率的明显提高和信息量的大幅度增加,研究者从概率统计学角度,建立起了光谱相似性度量方法,即把光谱向量看作随机的向量,再用各种概率分布对向量间的相似性进行分析,典型的度量方法有相关系数度量和基于信息论的度量。本小节主要介绍相关系数度量。

相关系数度量是一个常用的统计指标,光谱向量相关系数的定义为

$$r=\frac{\sum_{l=1}^{L}(x_{li}-\mu_i)(x_{lj}-\mu_j)}{\sqrt{\left[\sum_{l=1}^{L}(x_{li}-\mu_i)^2\right]\left[\sum_{l=1}^{L}(x_{lj}-\mu_j)^2\right]}} \tag{10-3}$$

其中,μ 表示光谱向量的均值。若两个光谱向量完全相同,则其相关系数为1;否则,其相

关系数在 0 到 1 之间。光谱相关系数是在对两条光谱曲线强度值进行统计的基础上计算出的值，它反映了两者的总体相似性。

10.2　图像压缩质量的评价指标

10.2.1　压缩比

对于图像的无损压缩，因不涉及主观评价问题，通常用压缩比（Compression Ratio，CR）或者比特率等客观指标来衡量。压缩比反映的是原图像每个像素的比特数和压缩后的平均每个像素比特数的比值，是一个无量纲常数，即

$$\mathrm{CR}=\frac{n_1}{n_2} \tag{10-4}$$

其中，n_1 是原始图像每个像素的比特数，n_2 是压缩编码后的图像每个像素的平均比特数。在实际的应用中，压缩比常常用原始文件的大小与压缩后文件大小的比值来表示。此外，可定义与压缩比效果完全等价的比特率，它可以用来反映图像压缩后的每个像素平均占用的比特数。我们知道图像压缩根本的目的在于减小原图的体积，故比特率和压缩比是最重要的评价指标。压缩比越高，比特率越低，从而图像的压缩倍数就越大，反之也是如此。

对于图像的有损压缩，率失真函数对评价编码性能是很有用的，但是率失真函数很难计算，故评价有损压缩算法常采用的方法是定量地计算解码后恢复的图像和原始图像之间的误差。在压缩比相同的情况下，还要采用其他数值度量准则。

10.2.2　均方误差

对于像素大小为 $M\times N$ 的图像来说，均方误差（Mean Square Error，MSE）可定义为

$$\mathrm{MSE}=\frac{1}{M\times N}\sum_{i=1}^{M}\sum_{j=1}^{N}\left[f(i,j)-\hat{f}(i,j)\right]^2 \tag{10-5}$$

其中，$f(i,j)$ 和 $\hat{f}(i,j)$ 分别表示恢复后的图像和原始的图像中第 i 行、第 j 列的像素值。图像方差在图像直方图上表示为直方图的曲线宽度。图像的方差越大，图像的灰度层次就越丰富，提供的信息也就越多。反之，图像的方差越小，整个图像的灰度层次就越少，提供的信息量也就越少。

10.2.3　信噪比

对于像素大小为 $M\times N$ 的图像来说，信噪比（Signal Noise Ratio，SNR）可定义为

$$\mathrm{SNR} = 10\lg \frac{\sum_{i=1}^{M}\sum_{j=1}^{N}[f(i,j)]^2}{\sum_{i=1}^{M}\sum_{j=1}^{N}[f(i,j)-\hat{f}(i,j)]^2} \tag{10-6}$$

SNR 的单位为分贝(dB),定量地评价复原后的图像质量,它是均方误差的变形,两者本质上是相同的。另外一种信噪比定义是把原图像去均值后再计算,具体如下:

$$\mu_f = \frac{1}{M\times N}\sum_{i=1}^{M}\sum_{j=1}^{N}f(i,j) \tag{10-7}$$

$$\mathrm{SNR_m} = 10\lg \frac{\sum_{i=1}^{M}\sum_{j=1}^{N}[f(i,j)-\mu_f]^2}{\sum_{i=1}^{M}\sum_{j=1}^{N}[f(i,j)-\hat{f}(i,j)]^2} \tag{10-8}$$

信噪比为图像所提供的信息和所包含噪声的比值。图像提供的信息量可根据严格理论进行估算,但是图像的噪声估计比较复杂,特别是当噪声的某些特征和图像纹理或者边缘非常相似的时候。所以这一计算方法不适用于图像信息和噪声的绝对度量,而仅可作为原始图像和重构图像之间比较的参考指标。因此,图像的信噪比仍然是一个需讨论的问题。

10.2.4　峰值信噪比

对于像素大小为 $M\times N$ 的图像来说,峰值信噪比(Peak Signal Noise Ratio,PSNR)可定义为

$$\mathrm{PSNR} = 10\lg \frac{(2^k-1)\times M\times N}{\sum_{i=1}^{M}\sum_{j=1}^{N}[f(i,j)-\hat{f}(i,j)]^2} \tag{10-9}$$

其中,k 是每个像素所需要的存储位数。峰值信噪比是有损压缩研究中最为常用的失真度量,但是没有绝对意义。一般情况下,图像的质量比较都可用峰值信噪比来评判。但在一些特殊的情况下,峰值信噪比对图像质量评判的结果可能和主观的评判结果不相符,这是因为峰值信噪比和均方误差是从总体反映重构图像和原始图像的差别的,并不能反映一幅图像中少数像素点有较大的灰度差别或者多数像素点有较小的灰度差别等多种情况。

在高光谱图像压缩的研究中,为了考察相关算法的实际性能,可分别使用上述指标或同时采用多种指标进行综合评价。需要指出的是,由于高光谱图像自身的特点,更为有效的压缩性能评价方法依然是需要研究的课题。

10.3　高光谱无损压缩算法的比较和评价

基于前面对小波算法、预测算法、矢量量化算法和分布式算法等四种算法的研究,本

节将分别对这四种算法进行实验研究，并对实验结果进行总结和分析，其中重点总结了各类算法在时间上的复杂度。各类算法均对 Hyperion、HJ1A 和 Cup95eff 等三类数据进行了研究。

10.3.1　小波算法的实验结果

下面采用小波算法对高光谱图像数据进行压缩。本小节的实验以中国环境与灾害监测小卫星星座 A 和美国 EO-1 卫星上搭载的光谱成像仪的高光谱数据以及 ENVI 自带的 Cup95eff 高光谱数据为例。

由于无损压缩方式可以保证编码后的数据完全还原而没有损失，因此这里没有进行图像的峰值信噪比等指标的比较。为了更好地比较各算法的时间效率，这里提出了一种衡量无损压缩效率的指标。10.3 节重点研究基于二维的小波变换压缩编码算法、双向递归预测算法及其改进、LBG 矢量量化算法及其简化以及分布式选择压缩算法等高光谱图像无损压缩算法。表 10.1 是利用小波变换编码技术前后的压缩指标比较。

表 10.1　数据压缩处理前后的压缩指标对比-a

数据类别 压缩指标	HJ1A	Hyperion	Cup95eff
压缩前的数据量/B	11 927 552	4 194 304	6 553 600
压缩后的数据量/B	7 604 467	2 019 519	2 371 895
压缩比(CR)	1.568	2.077	2.763
压缩时间/ms	72 799.858	19 466.403	25 015.030
解压时间/ms	58 668.292	18 499.956	23 510.481

本实验的压缩时间是基于 Windows 7 系统下的 MATLAB R2011b 执行的结果，硬件设备为 Intel Core i6-2430M 处理器，2 GB 内存。由于硬件设备和软件系统的不同，这里的压缩时间和解压时间仅供参考。如果采用专用硬件，执行效率至少将提升 1～2 个数量级。

从表 10.1 还可以看出，利用 Daubechies5/3 小波变换与 SPIHT 编码可以获得很好的空间去相关效果。下面分别取 HJ1A 数据中的谱段 23 图像和 Hyperion 数据中的谱段 133 图像(已对原始图像的灰度值进行拉伸)进行观察，如图 10.1 中(a)和(b)所示。可以看出，两幅图像的空间特性略有区别，HJ1A 的高光谱图像空间分辨率较低，图像纹理较复杂，可以看出有若干条南北方向的河流。Hyperion 的高光谱图像空间分辨率较高，图像比较纯净，可以看到大片的陆地和水域。综合分析两幅图像可以看出：相对于 Hyperion 的数据而言，HJ1A 的数据信息熵更高，图像空间相关性更低，因此 HJ1A 数据的压缩比应该小于 Hyperion 数据的压缩比。通过实际计算也可以验证这一点。

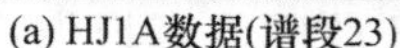
(a) HJ1A数据(谱段23)

(b) Hyperion数据(谱段133)

图 10.1　数据单谱段图像

10.3.2　双向递归预测算法的实验结果

对 HJ1A、Hyperion 和 Cup95eff 数据进行双向递归预测前后的各项压缩指标对比如表 10.2 所示。

表 10.2　数据压缩处理前后的压缩指标对比-b

数据类别 压缩指标	HJ1A	Hyperion	Cup95eff
压缩前的数据量①/B	11 403 264	3 538 944	6 291 456
压缩后的数据量/B	6 290 702	1 747 791	1 738 202
压缩比(CR)	1.813	2.025	3.619
压缩时间②/ms	2 164.481	773.033	409.562
解压时间/ms	772.505	243.826	139.448

注:① HJ1A 的压缩数据为谱段 23 到谱段 131,这里计算的是除去谱段 23 和谱段 27 之后余下的部分;Hyperion 的压缩数据为谱段 133 到谱段 161,这里计算的是除去谱段 133 和谱段 137 之后余下的部分;Cup95eff 的压缩数据为谱段 1 到谱段 49,这里计算的是除去谱段 1 和谱段 5 之后余下的部分。

② 这里的压缩时间和解压缩时间不包括 LZW 的编码时间。

10.3.3　LBG 算法的实验结果

下面以前面介绍的三种数据为例,利用前面提到的 LBG 算法进行处理,其相应的压缩指标对比如表 10.3 所示。

表 10.3　数据压缩处理前后的压缩指标对比-c

数据类别 压缩指标		HJ1A	Hyperion	Cup95eff
取训练矢量个数的1/4 作为码书	压缩前的数据量/B	11 927 552	4 194 304	6 553 600
	压缩后的数据量/B	9 317 908	3 015 300	3 374 208
	压缩比(CR)	1.280	1.391	1.942
	压缩时间/ms	13 643.146	2 015.161	4 253.720
	解压时间/ms	62.073	22.864	34.265
取训练矢量个数的1/8 作为码书	压缩前的数据量/B	11 927 552	4 194 304	6 553 600
	压缩后的数据量/B	6 065 218	2 635 938	2 778 068
	压缩比(CR)	1.967	1 591	2.359
	压缩时间/ms	7 682.442	2 621.587	4 197.731
	解压时间/ms	63.283	30.363	39.355
取训练矢量个数的1/16 作为码书	压缩前的数据量/B	11 927 552	4 194 304	6 553 600
	压缩后的数据量/B	4 275 458	2 448 236	2 604 014
	压缩比(CR)	2.790	1.713	2.517
	压缩时间/ms	6 500.972	995.618	2 217.116
	解压时间/ms	67.187	22.601	42.579

10.3.4　分布式选择压缩算法的实验结果

对高光谱图像的各类数据进行压缩，其中 HJ1A 数据传输低 7 bit 信息，其余传输低 6 bit 信息。HJ1A 和 Hyperion 数据经过二阶预测处理后再进行分布式选择压缩。表 10.4 列出了采用分布式选择压缩算法的各项压缩指标。

表 10.4　数据压缩处理前后的压缩指标对比-d

数据类别 压缩指标	HJ1A	Hyperion	Cup95eff
压缩前的数据量/B	11 927 552	4 194 304	6 553 600
压缩后的数据量/B	7 736 079	2 015 480	2 949 748
压缩比(CR)	1.542	2.081	2.222
压缩时间/ms	980.462	326.541	184.802
解压时间/ms	10 785.528	892.222	864.089

对于前面所述的由 X_L' 构成的数据矩阵，仍然有进一步压缩的空间，利用一定的算法可以进一步去除其空间相关性。

10.3.5　四种算法的压缩时间对比

表 10.5 是 Daubechies5/3 小波和 SPIHT、双向递归预测和 LZW 编码、矢量量化和

LZW(最佳)、基于陪集码的分布式编码等四种无损压缩算法的压缩效果对比，从表 10.5 中可以看出，基于陪集码的分布式编码算法的压缩速度是各种压缩算法中最快的，十分适合星上数据的压缩。

表 10.5　各类算法压缩效果对比

	数据类别 压缩指标	HJ1A	Hyperion	Cup95eff
Daubechies5/3 小波和 SPIHT	压缩比(CR)	1.568	2.077	2.763
	压缩时间/ms	72 799.858	19 466.403	25 015.030
	解压时间/ms	58 668.292	18 499.956	23 510.481
双向递归预测和 LZW 编码	压缩比(CR)	1.813	2.025	3.619
	压缩时间/ms	2 164.481	773.033	409.562
	解压时间/ms	772.505	243.826	139.448
矢量量化和 LZW(最佳)	压缩比(CR)	2.790	1.713	2.517
	压缩时间/ms	6 500.972	995.618	2 217.116
	解压时间/ms	67.187	22.601	42.579
基于陪集码的分布式编码	压缩比(CR)	1.542	2.081	2.222
	压缩时间/ms	980.462	326.541	184.802
	解压时间/ms	10 785.528	892.222	864.089

为了更直观地比较各类算法的压缩性能，我们提出压缩效率这一指标，该指标定义为

$$r \propto \frac{\mathrm{CR}}{\sqrt{t}} \tag{10-10}$$

其中，CR 为压缩比，t 为压缩时间，单位为 s。通过该指标可以判断一类算法压缩的效率高低。压缩比越高，压缩时间越短，效率越高。

对于本书中提到的三组不同的高光谱图像，分别计算其效率，并将各种算法的压缩效率、解压缩效率绘制成直方图，如图 10.2 和图 10.3 所示。

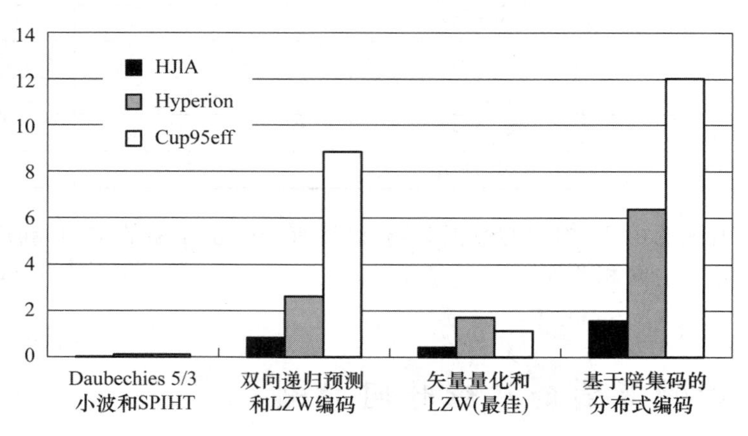

图 10.2　各种算法压缩效率直方图

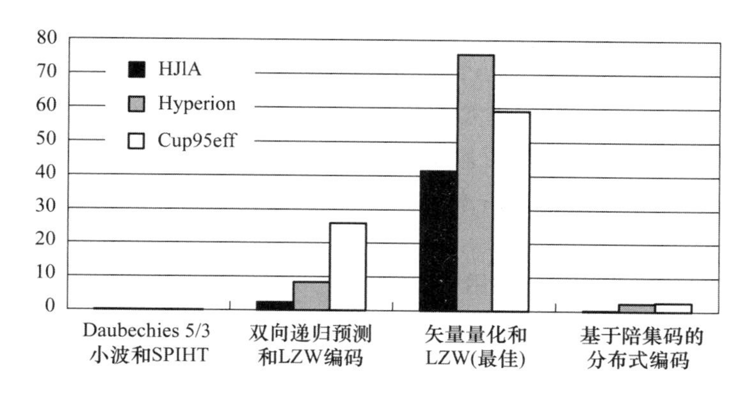

图 10.3　各种算法解压缩效率直方图

从图 10.2 和 10.3 可以看出，对于小波压缩算法而言，无论压缩还是解压缩，效率都比较低，这主要是因为该算法复杂度较高。对于双向递归预测算法而言，其压缩和解压缩效率都较高，这说明该算法时间较快，压缩效果较好。对于 LBG 矢量量化算法而言，其压缩效率较低，解压缩效率较高，这种特性特别适合需要实时解码的情况。对于分布式选择压缩算法而言，其压缩效率较高，解压缩效率较低，正好与 LBG 矢量量化算法相反。这种特性特别适合需要实时压缩的场合，如星上编码。

本小节创新性地提出了压缩效率这个新指标，并用它去评价不同压缩算法的时间效率。经过比较发现，分布式编码算法的压缩效率明显高于其他算法，并且适合星上编码环境的需要，这也是我们推荐使用的星上压缩算法。

10.4　高光谱有损压缩算法的比较和评价

本节将对预测算法、3D-SPIHT 算法、PCA＋小波算法和改进的 LBG 算法进行比较，分别从以下几个评价指标进行压缩优劣的评价。

（1）表 10.6 为四种算法在压缩时间和压缩比方面的对比。

表 10.6　四种算法压缩性能对比

	HJ1A		Hyperion	
	压缩比(CR)	压缩时间/s	压缩比(CR)	压缩时间/s
预测算法	12.180 7	8	11.88	2.43
3D-SPIHT 算法	3.832 0	515	9.167 7	103
PCA＋小波算法	9.019 9	11	17.873 6	2
改进的 LBG 算法	12.5	363	—	—

注：对 HJ1A 数据，3D-SPIHT 算法采用 16 波段分组压缩，PCA＋小波算法保留 20 波段，改进的 LBG 算法码书大小为 256；对 Hyperion 实验数据，3D-SPIHT 算法采用 16 波段分组压缩，PCA＋小波算法保留 10 波段。

从表 10.6 可以看出，3D-SPIHT 算法的压缩时间最长，且压缩比低，在四种算法中压缩性能最差，因此并不是一种好的有损压缩算法。在其他三种算法中，改进的 LBG 算法的压缩比最高，且高于其他的两种算法，但其压缩时间也是最长的，而且同样远长于其他两种算法，对于该算法的选择，还需要考虑实际需要。另外，对比该算法对于 HJ1A 和 Hyperion 两种数据的压缩结果可以看出，改进的 LBG 算法对多谱段图像的压缩效果要更好一些。对于预测算法和 PCA＋小波算法，从压缩比和压缩时间上看，两者压缩效果不相上下。

(2) 四种算法的峰值信噪比如图 10.4、图 10.5 所示。

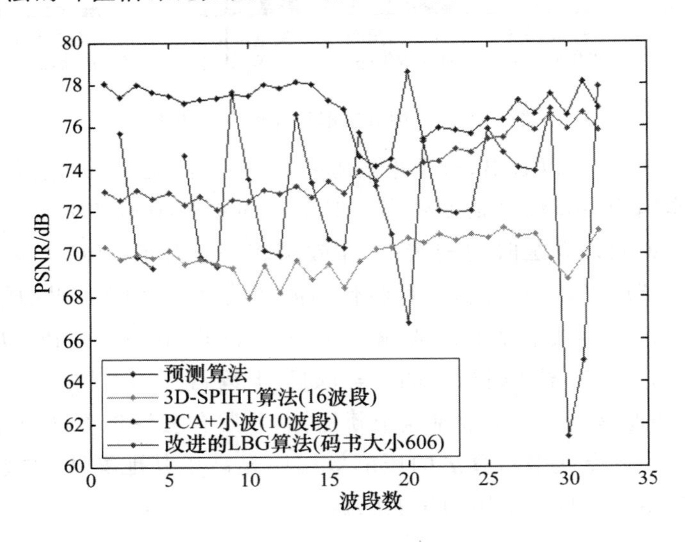

图 10.4　Hyperion 数据的四种算法峰值信噪比示意图

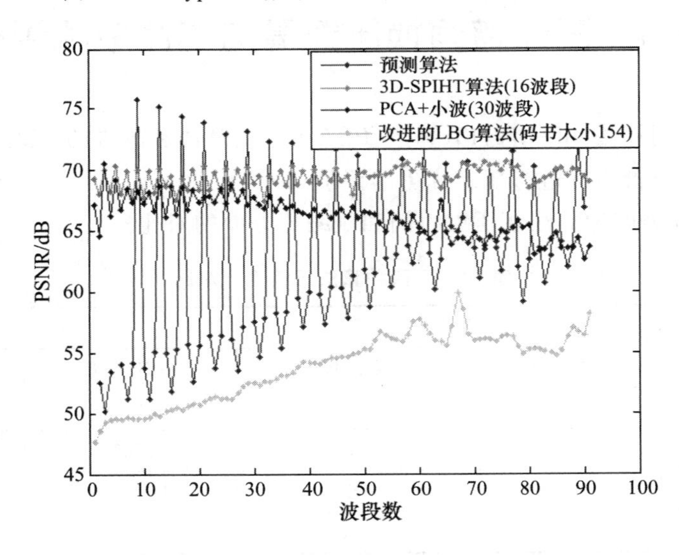

图 10.5　HJ1A 数据的四种算法峰值信噪比示意图

从图 10.4 可以看出，增大循环次数可以使 3D-SPIHT 算法的峰值信噪比明显提高。预测算法除了主干波段峰值信噪比较高之外，其他波段峰值信噪比都较低，而且低于

PCA＋小波算法，而矢量量化算法明显是峰值信噪比最低的。从图 10.5 同样可以看出，PCA＋小波算法在保留 10 波段的条件下，呈现出了最高的峰值信噪比趋势。改进的矢量量化算法由于保存的码书增大，因此也表现出较高的峰值信噪比，而且这两种算法的峰值信噪比曲线走势稳定，优于预测算法。3D-SPIHT 算法表现稍差一些，这是因为对于 Hyperion 数据，该算法设置的最大循环次数相对较低，提升最大循环次数就可以提高该算法的峰值信噪比结果。

（3）不同算法的数据误差分布如图 10.6～图 10.7 所示。

从图 10.6 和图 10.7 可以看出，3D-SPIHT 算法和 PCA＋小波算法稳定性好，数据残差分布区间小且坏点少，图像的保真度比较高。预测算法虽然也表现出一定的稳定性，但是和前两种算法相比，其残差分布区间较大，数据保真度差，且在一定程度上存在坏点。矢量量化算法则表现出极大的不稳定性，对 Hyperion 数据，残差分布区间小且稳定性好，数据保真度高，而对于 HJ1A 数据则相反，残差分布区间大且存在大量坏点，数据存在较高的失真度。

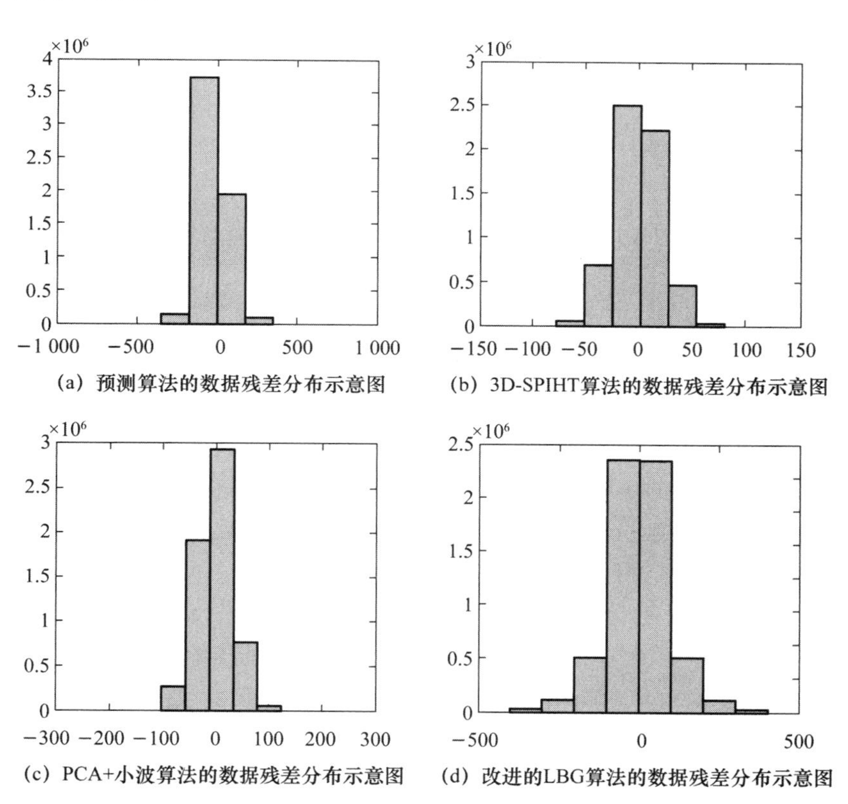

图 10.6　HJ1A 数据经过四种算法得到的数据误差分布示意图

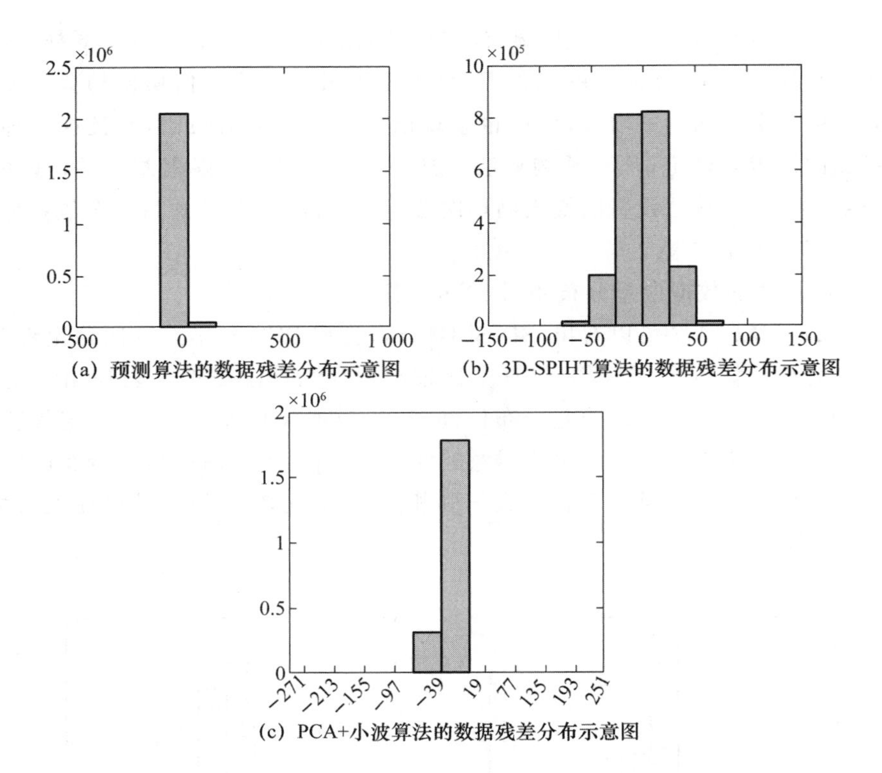

图 10.7　Hyperion 数据经过三种算法得到的数据误差分布示意图

10.5　有损压缩算法对矿产信息波谱的影响分析

高光谱图像在地质矿产探测、海洋研究、军事侦察以及农业发展等领域有着广泛的应用。对于高光谱图像的压缩而言，我们不单要关心恢复图像的质量，还需考虑由压缩引起的数据量损失对后续分析及应用产生的影响，其中包括能否成功保持重要光谱信息，在此基础上，才能确定图像压缩算法的可用性。

下面以矿产探测为例，分析有损压缩算法对图像以及从图像中提取矿产信息波谱的影响，从而找出在矿产探测应用方面比较适用且性能优异的压缩算法。

图 10.8 是在美国内华达州拍摄的高光谱遥感图像的第 20 波段的平面图像，该区域富含丰富的明矾石矿。

用光谱角制图(SAM)算法对该区域的高光谱图像进行检测，可以探测出该区域明矾石矿的存在及分布情况。该高光谱图像有 50 个波段，分布在波长为 2.0～2.5 μm 的近红外光区间。已知明矾石矿在 2.0～2.5 μm 区间的波谱曲线如图 10.9 所示，用光谱角制图算法探测该区域的明矾石矿的分布如图 10.10 所示。

为了检验有损压缩算法在矿物信息提取中的可用性，分别应用预测算法、PCA＋小波算法以及改进的矢量量化算法对图 10.8 中的高光谱图像进行压缩还原，然后对还原后的图像再次进行明矾石矿的检测，最后对比检测前后的效果图。

图 10.8　高光谱遥感图像的第 20 波段的平面图像

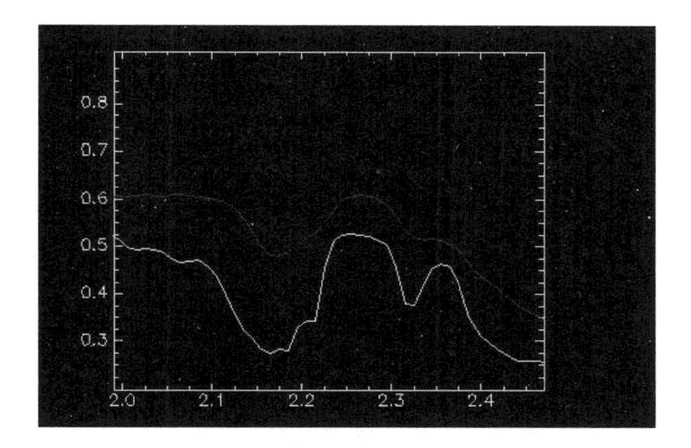

图 10.9　Envi 波谱库中明矾石的波谱曲线图

图 10.10　SAM 算法探测出的明矾石矿分布图

图 10.11 为从原图像中提取出的矿物波谱曲线，图 10.12 为使用 PCA＋小波算法后从图像中提取出的矿物波谱曲线，图 10.13 为使用改进的矢量量化算法后从图像中提取出的矿物波谱曲线，图 10.14 为使用预测算法后从图像中提取出的矿物波谱曲线。图 10.15 是从原图像及三种算法压缩并还原后的图像中提取的矿物波谱曲线对比图。

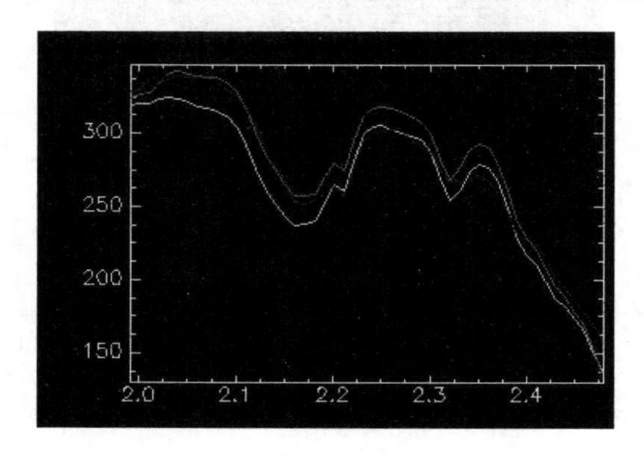

图 10.11　原图像中提取出的矿物波谱曲线

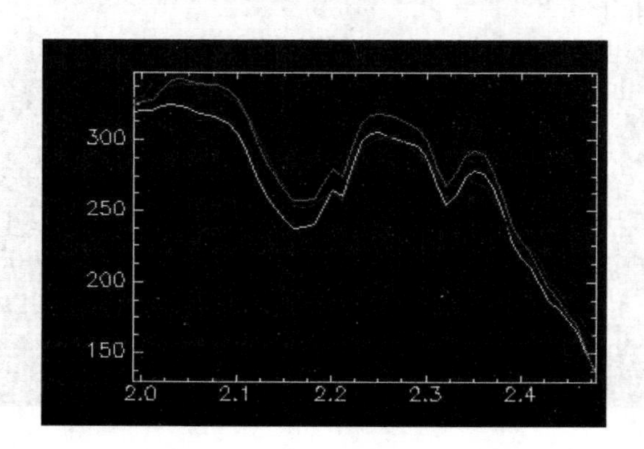

图 10.12　PCA＋小波算法还原后的图像中提取的矿物曲线

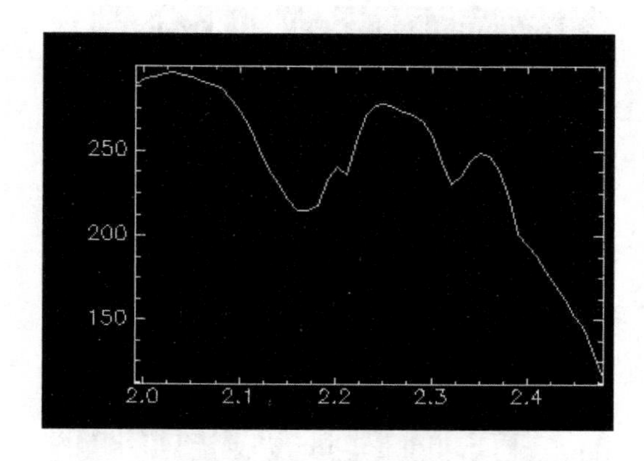

图 10.13　改进的矢量量化算法还原后的图像中提取的矿物曲线

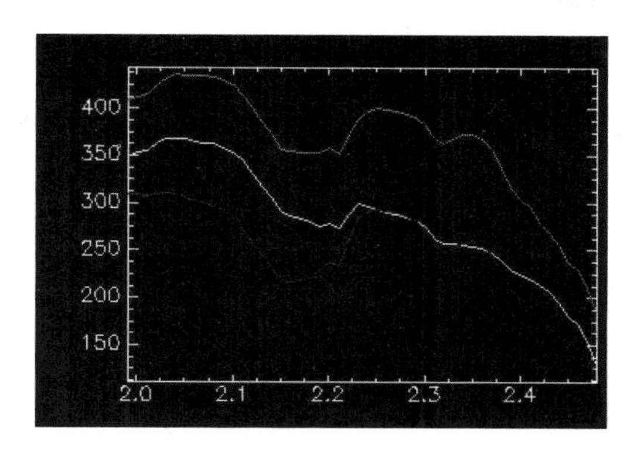

图 10.14　基于预测算法还原后的图像中提取的矿物曲线

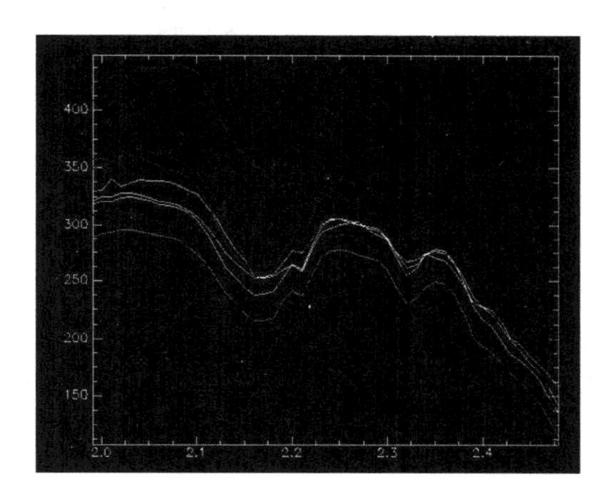

图 10.15　原图像和三种算法压缩并还原后的图像中提取的矿物波谱曲线对比图

图 10.16 为原图像与 PCA＋小波算法压缩并还原后图像的矿物分布对比图，图 10.17为原图像与改进的矢量量化算法压缩并还原后图像的矿物分布对比图，图 10.18为原图像与基于预测算法压缩并还原后图像的矿物分布对比图。

图 10.16　原图像(左)与 PCA＋小波算法压缩并还原图像(右)的矿物分布对比图

图 10.17　原图像(左)与改进的矢量量化算法压缩并还原图像(右)的矿物分布对比图

图 10.18　原图像(左)与基于预测算法压缩并还原图像(右)的矿物分布对比图

通过对比可以发现:从三种算法压缩并还原的图像中都能提取出矿物存在的特征曲线。在满足待测物质波谱与参考波谱在短波红外区间的特征匹配率达到 80%以上的条件下,从 PCA＋小波算法还原后的图像中,能识别出三条曲线与矿物特征曲线相吻合;从改进的矢量量化算法还原后的图像中,仅能识别出一条曲线与矿物特征曲线相吻合;从基于预测的算法还原后的图像中能够检测出两条曲线与矿物特征曲线相吻合。而从图 10.16～图 10.18 的矿物分布对比图来看,从 PCA＋小波算法和改进的矢量量化算法还原后的图像中探测出的矿产分布区域与从原始图像探测出的分布区域吻合度较高,具有较高的可信度。从基于预测的算法还原后的图像中探测的矿产分布区域要大于从原始图像中探测出的矿产分布区域,可信度降低。由此可以看出, PCA＋小波算法和改进的矢量量化算法具有较高的可信度,在矿产探测应用方面是比较适用的算法。

第3篇

遥感高光谱图像融合技术

高光谱图像融合技术是指将同一地物的高光谱图像去除冗余、合并互补信息到一幅图像,以利于人工解译以及后续处理的过程。高光谱图像融合可以分为三个层次,即像素级融合、特征级融合和决策级融合。像素级融合直接在原始图像的数据层上对像素点进行信息综合处理和分析,其准确性高,冗余也高,实时性差。特征级融合首先要从原始图像中提取特征信息,再对特征信息进行综合的分析及处理,有效地实现了信息压缩,便于实时处理。决策级融合要对源图像特征信息进行识别、分类等处理,处理的数据量较少,对传感器依赖性低,但是数据损失量大。

要实现高光谱数据的融合,首先要获取图像数据。然后对图像数据进行预处理,其中包括图像去除条纹以及大气和辐射校正等。再下一步就是图像配准和尺度变换。最后才能进行图像的融合处理。

第11章 高光谱图像融合数据预处理

11.1 HSI数据的预处理

数据预处理(Data Preprocessing)是指在主要的处理以前对数据进行的一些处理。如对大部分地球物理面积性观测数据进行转换或增强处理之前,首先将不规则分布的测网经过插值转换为规则网。在图像融合中,需要进行图像格式转换、自定义坐标系以及图像几何校正等数据预处理工作。

下述研究实验以ENVI/IDL作为软件平台,针对HJ-1A/1B卫星图像数据处理中的几个关键过程进行了探讨,其中包括数据的读取、大气校正两个方面。为验证ENVI/IDL对HJ-1A/1B数据格式是否支持,获得多种大气校正方法以得到较好的校正结果,进而为后续研究的图像自动配准及融合提供良好的输入数据。

HJ-1A星搭载了我国自主研制的空间调制型干涉高光谱成像仪(HSI)。HSI对地成像幅宽为50 km,地面空间分辨率为100 m×100 m,它共有115个波段,工作谱段为459～956 nm。它的波段连续性强,能够获得地物在一定范围内连续且精细的光谱曲线。

11.1.1 HSI数据的读取

目前网上获取的HSI数据二级产品的格式为HDF5,这种格式是层次式文件格式的最新版本,HDF5图像文件可用于绝大多数的科学研究。

作为数据的存储格式,它具有自我描述性、可扩展性以及自我组织性等优点。HDF5可以支持大于2G的文件个体存储,并且支持并行输入输出。

具体数据读取借助ENVI中的拓展工具,可将HDF5格式的文件读取到ENVI中,并通过该拓展工具实现对HDF5格式文件的转换,将其转成ENVI可直接读取的文件类型,从而方便文件向其他格式的转换,如Geo tiff格式(该文件类型支持Matlab、C#中GDAL库的调用)。

将 HDF5 文件转换成 ENVI 格式的拓展工具的界面如图 11.1 所示。

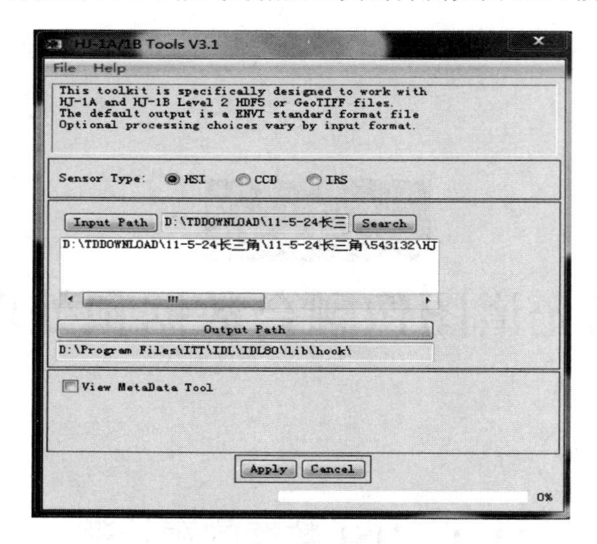

图 11.1　ENVI 拓展工具界面

11.1.2　HSI 数据的条纹去除

HSI 数据的二级产品中存在着像元灰度值和与其相邻列灰度值差距较大的像元列，我们称之为条纹。因为条纹的存在严重影响图像的质量，所以用数据不能很好地解决实际问题，因此需要将其去除。通过主观观察发现：在波长较短的波段中，条纹宽度较宽，随着波长的变长，条纹的宽度变窄，数量随之增多。HSI 数据是经几何粗校正后的数据，图像条纹的方向不与水平方向垂直。针对这种情况，我们通常采用"全局去条纹"的方法，先将图像中的条纹旋转成与水平方向垂直，然后去条纹，最后再将图像旋转回去。

1. 图像旋转

准确地确定图像旋转角度决定着全局去条纹方法的效果和图像的处理效率，因此通过图片的点坐标来确定旋转角度至关重要。首先选取图像中的坐标对，如图 11.2 所示。

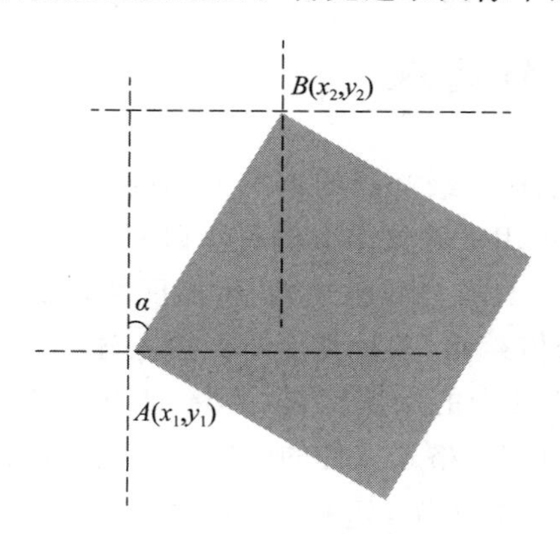

图 11.2　图像选取的坐标对

图像旋转角度 α 的计算公式为

$$\alpha = \arctan\left[\frac{(x_2 - x_1)}{(y_2 - y_1 - 1)}\right] \tag{11-1}$$

然后利用 ENVI 中 Basic Tools 菜单中的旋转图像功能将图像旋转，旋转后图像中的条纹方向与水平方向平行。

2. 垂直条纹的去除

采用全局去条纹法去除垂直条纹，通常涉及计算像元的列平均值、标准差和波段平均值。标准差之间的差异决定了要对像元进行分波段线性化修正以及垂直条纹的消除，即

$$DN'_{i,j,k} = g_{i,k} \cdot DN_{i,j,k} + b_{i,k} \tag{11-2}$$

其中，$DN_{i,j,k}$ 和 $DN'_{i,j,k}$ 分别为原始像元值和消除垂直条纹影响后的像元值。去除条纹前后图像的对比效果如图 11.3 所示。

图 11.3　去除条纹前后图像对比图

11.2　HSI 数据的大气校正

大气校正是预处理技术中的必要内容。为了消除空气和阳光等因素对地物辐射的干扰，必须要进行大气校正。大气校正能使空气和气溶胶的干扰几乎不存在，大气校正后反映的是地物的真实反射水平。

通常采用 Flaash 方法进行大气校正，在应用 Flaash 算法的过程中，假设地表非均匀，地面可满足朗伯体的情况，则大气辐射传输方程可表示如下：

$$L = \left(\frac{A\rho}{1-\rho_e S}\right) + \left(\frac{B\rho}{1-\rho_e S}\right) + L_A \tag{11-3}$$

其中，L 为遥感装置入瞳辐亮度值，ρ 为对应像元的地表反射率，ρ_e 为对应像元与其邻近像元的混合平均反射率，S 为大气底层半球反射率，L_A 为大气程辐射。

Flaash 方法采用 MODTRAN4 中新的“k 相关”辐射传输算法，它可校正由漫反射引

起的带效应,亦可提高处理散射路径上分子吸收的计算精度。提高散射路径的分子吸收处理的计算精度,列水蒸气和氧气的浓度得到的数据比早先计算地物光谱辐射的方法更加精确。

通过数据分析发现:数据的大气校正对数据源的影响非常大,尤其是在大气对地物光谱中各个波段干扰程度不同的情况下。试验结果表明:大气对光谱的干扰在蓝绿光部分和红光部分刚好相反。

大气校正的结果:校正后波长较短的蓝绿光反射率有上升趋势,而波长较长的红光波段有下降趋势。这些数据说明:大气会使蓝绿光的辐射量增加,而使红光的辐射量减小。

采用 ENVI 中自带的 Flaash 大气校正模块对 HIS 数据进行大气校正。由于软件中没有相应的 HSI 传感器,所以一些参数需要进行设定,而大气模型(Atmospheric Model)要根据经纬度和日期来定。

六种标准的大气模型如表 11.1 所示,水气反演设置 Water Retrieval 值为 yes。使用水气去除模型,数据必须要具有 15 nm 以上的波谱分辨率,因此校正中选择的是波谱分辨率为 820 nm 的 HIS 数据。由于实验图片所在地在农村,所以环境选择 Rural。除了需要选择图像地理属性外,还需要添加大气参数、大气模型以及拍摄图像时的能见度。这里的数据没有短波红外,所以在实验中选择 None。

表 11.1　六种标准的大气模型

Latitude(°N)	January	March	May	July	September	November
80	SAW	SAW	SAW	MLW	MLW	SAW
70	SAW	SAW	MLW	MLW	MLW	SAW
60	MLW	MLW	MLW	SAS	SAS	MLW
50	MLW	MLW	SAS	SAS	SAS	SAS
40	SAS	SAS	SAS	MLS	MLS	SAS
30	MLS	MLS	MLS	T	T	MLS
20	T	T	T	T	T	T
10	T	T	T	T	T	T
0	T	T	T	T	T	T
−10	T	T	T	T	T	T
−20	T	T	T	MLS	MLS	T
−30	MLS	MLS	MLS	MLS	MLS	MLS
−40	SAS	SAS	SAS	SAS	SAS	SAS
−50	SAS	SAS	SAS	MLW	MLW	SAS
−60	MLW	MLW	MLW	MLW	MLW	MLW
−70	MLW	MLW	MLW	MLW	MLW	MLW
−80	MLW	MLW	MLW	SAW	MLW	MLW

能见度大约参考值：晴朗(40～100 km)；中等雾、阴霾(20～30 km)；厚雾、阴霾(15 km 或者更少)。具体参数设定如图 11.4 所示。

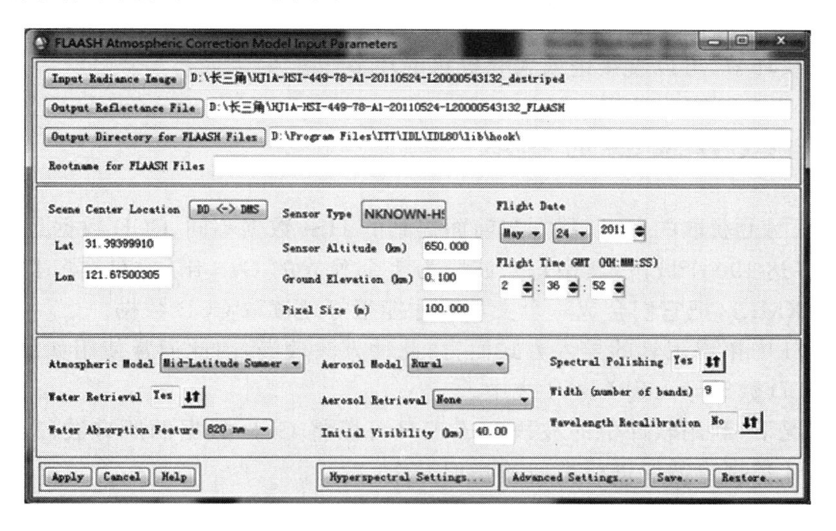

图 11.4　具体参数设定

实验结果选取的农田的光谱曲线如图 11.5 所示，从经过大气校正后的地表反射率光谱曲线中已经看不出明显的大气吸收特征，这说明大气校正后的光谱曲线能够很好地表达出地物真实的光谱特征。

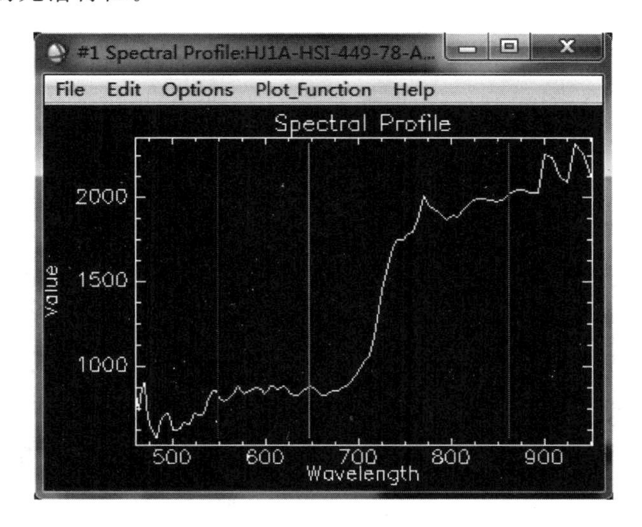

图 11.5　农田的光谱曲线

11.3　CCD 数据的预处理

CCD 数据与 HSI 数据来自同一卫星，它们是在同一时间同一地区拍摄的图像，其天气状况、气溶胶状况以及地物信息基本一致。不同的是 CCD 图像只有四个波段，30 m 的空间分辨率；而 HSI 图像有 115 个波段，100 m 的空间分辨率。

CCD 数据的预处理工作与 HSI 数据相似，但由于 CCD 数据没有条纹，因此省去了相应的去条纹环节，可以直接进入大气校正的环节。

11.3.1　CCD 数据的读取

目前，从网上获取的 CCD 数据与前面提到的 HSI 数据不同，CCD 数据是 Geo tiff 格式的文件，多达 190 个波段，其中每个波段为 1 个独立的 Geo tiff 文件，同时伴有 1 个元数据说明(.XML)，把它们合成一个文件后才能很好地读取 CCD 数据。

就 ENVI 中拓展工具的导入方式而言，此种方法较慢，因此通常使用如图 11.2 所示的方法将 CCD 数据导入到 ENVI 之中。

通常情况下，利用软件中的波段合成工具可以将 CCD 数据的所有波段合成一个文件，同理，HSI 数据也需要进行类似的整理操作。

11.3.2　CCD 数据的大气校正

CCD 数据的大气校正依然采用 Flaash 大气校正模块，但具体参数设定和实验步骤与 HSI 数据大气校正的过程还有一定的差别。与 HSI 数据大气校正不同的是，CCD 数据的大气校正需要获得相应传感器的波谱响应函数，这也是 CCD 数据利用 Flaash 大气校正模块进行校正的关键。

在 ENVI 中，CCD 波谱响应函数曲线如图 11.6 所示，即以波长作为 x 轴，波谱响应值作为 y 轴，存储格式为 ENVI 波谱库文件的“.sli”格式。

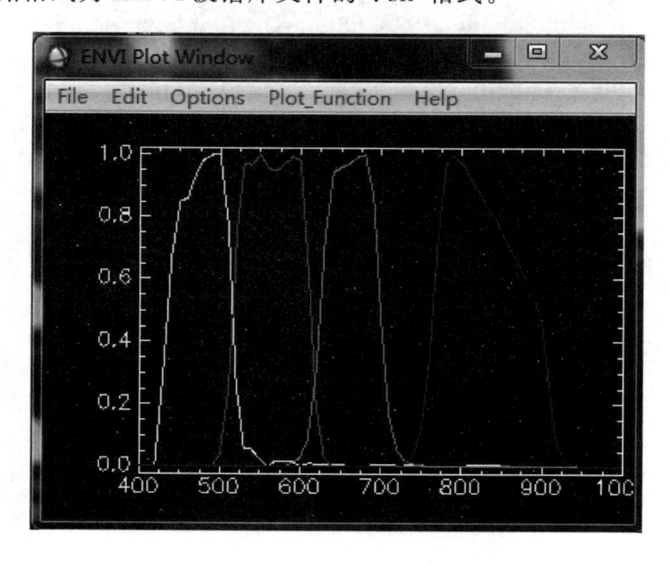

图 11.6　CCD 波谱响应函数曲线

启动 Flaash 模块，将准备好的数据输入，注意定标后的单位是 W/(m^2 · nm · sr)，与 Flaash 要求的单位 μW/(cm^2 · nm · sr) 相差了 10 倍，因此在 Radiance Scale Factors 中输入“10”来缩放系数。CCD 数据大气校正的相应参数确定如图 11.7 所示。大气校正的结果对比如图 11.8 所示，其中左侧为校正前的数据，右侧为校正后的数据。由图 11.8 可知，实验证明了大气校正的有效性。

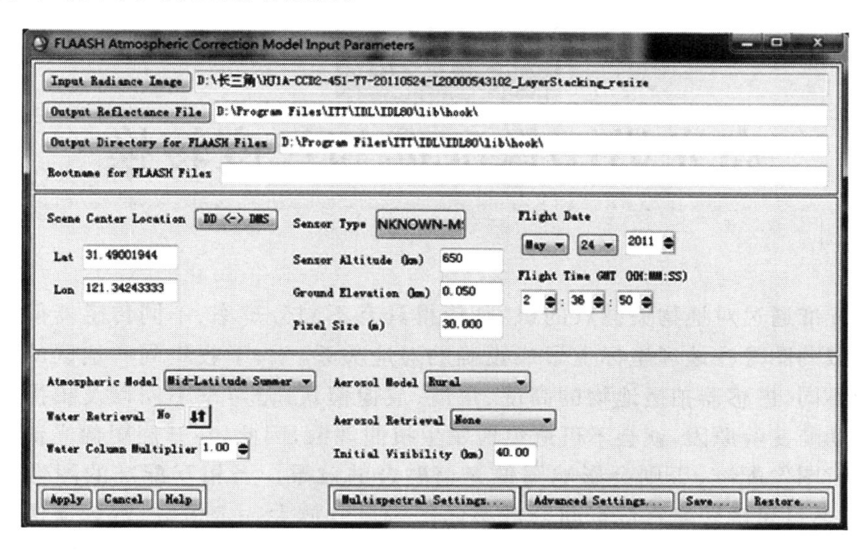

图 11.7　CCD 数据大气校正的相应参数确定

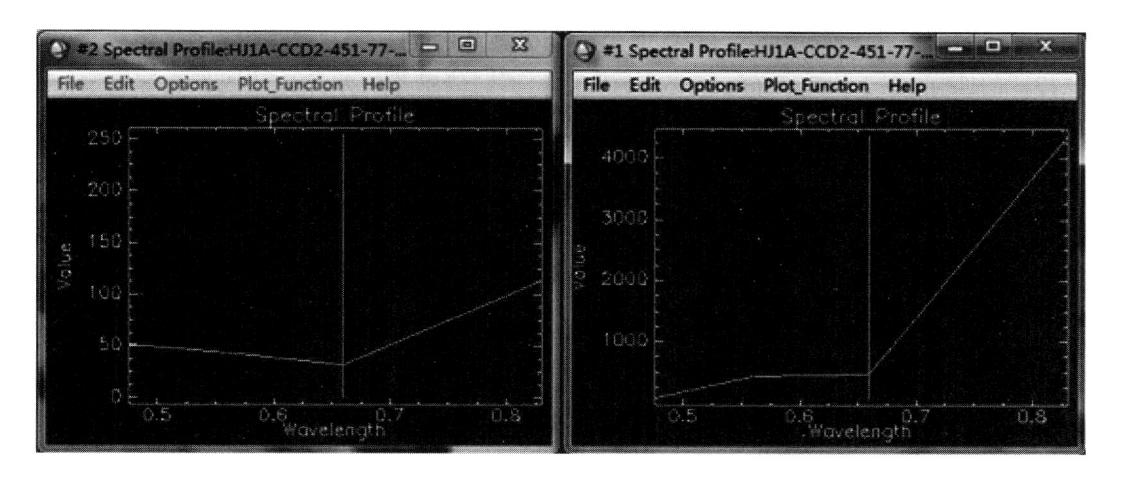

图 11.8　大气校正效果前后对比

第12章

高光谱图像配准与尺度转换

图像配准通过对地物关键点的识别，使得具有不同分辨率、不同传感器但表示同一地点或区域的图像在地理坐标上形成正确的对应关系。由于收集同一地区的光谱数据的传感器不同，遥感器拍摄地物的高度、角度、成像模式、分辨率不同以及拍摄过程中存在仪器抖动畸变等原因，就会不可避免地发生扭曲现象，因此，在开展图像光谱融合之前必须要进行图像配准，否则会影响图像光谱融合的效果。当相互配准的图像尺度不同时，还需要通过尺度转换将低空间分辨率的图像尺寸放大一定倍数，然后完成与高空间分辨率的图像配准。图像进行融合前的配准是一个非常复杂的问题，它涉及计算机、感应器、算法等多个方面。

实现图像配准的算法非常多，典型的算法可以分成三大类：基于区域相关的匹配、基于特征的匹配、基于快速 Fourier 变换的匹配。不同传感器的差异导致图像在亮度、比例尺等方面存在差异，因此，尽管各种方法都能实现图像配准，但是基于特征的匹配方法更加有效，而且该方法计算量相对较小，效果也能满足在实际应用领域中的要求，故而被广泛地使用。

基于空间尺度不变性的特征匹配法通过归一化描述算子来实现图像的匹配。使用 SIFT 描述子归一化算法进行预处理，能缩小不同光学数据色调间的差异，并通过最小二乘法和随机抽样法对匹配点的精确度进行拟合，从而删去错误匹配点，并通过双线性内插法实现图像尺度转换，最终实现图像配准。

基于空间尺度不变性的特征匹配法，SIFT 算法对不同传感器的数据进行配准，利用归一化 SIFT 算法，基于最小二乘法计算出待配准的点，然后利用 RANSAC 算法对待配准的点进行筛选，通过设定相应的迭代次数来得出精确的匹配点，最后利用仿射变换矩阵、最邻近内插法完成数据的配准和尺度转换。由于遥感图像质量不同，所以配准过程中的一些阈值需要人工来设定，但具体阈值的变化范围不大，因此在今后的研究中，可以通过预先设定范围来进行迭代计算，从而达到完全无人工参与的自动配准。

12.1　SIFT 配准算法

因为传感器、拍摄模式、角度以及分辨率不同，所以图像的配准工作非常不易。

近几年来，各类用于图像自动配准的方法被广大图像研究者研究，基本上可以分为两大类：基于区域像素灰度特征的匹配法；基于图像光谱特征的匹配法。基于区域像素灰度特征的匹配法，以灰度值作为标准，比较执着于图像灰度的统计特性，更多的是用于同一传感器的不同图像之间的匹配，而不能应用到多源遥感图像领域里的配准。基于图像光谱特征的自动配准法要求有非常明显的特征信息，且对配准图像在角度、尺度、色调等方面的差异具有抗干扰性和特征选取的不变性。

12.1.1　SIFT 算法概述

SIFT 是尺度不变特征变换匹配算法的英文缩写，是在 1999 年由英国哥伦比亚大学的劳伊教授提出，并在 2004 年逐渐完善的。

SIFT 表现的是高光谱图像的局部特征，具有较强的鲁棒性。它对图像的角度变化等因素不敏感，所以在图像配准时，不会因为一些边缘因素而导致错误，从而使得配准算法比较有效。SIFT 算法稳定、速度快、效率高，所以非常适合在大量的数据中寻求匹配目标图像，而且正确匹配的概率非常高。SIFT 具有多量性，这对目标识别非常重要，很少的目标也能生成很多 SIFT 特征向量。SIFT 算子的运算速度非常快，进行简单地改进和调整后，很容易就能满足实时运算的要求，具有可扩展性。

因为 SIFT 算法一般仅用于同一传感器的遥感图像的图像配准，所以其拍摄背景条件类似，其拍摄角度和大气干扰对配准影响相对较小。要实现 SIFT 算子对不同传感器的图像的配准，可以对 SIFT 算子进行归一化处理，这样由光照强度不同、大气干扰以及拍摄角度引起的误差就会降到最低。即便是同一传感器的不同图像，归一化算子描述的配准方法也是比较有效的。

SIFT 算子特征对尺度和角度上的偏差不敏感，因此 SIFT 描述的特征是一种相似不变量。SIFT 描述子由三方面组成：位置、主方向、尺度大小。归一化 SIFT 描述子提取的步骤主要包括：

(1) 尺度空间和降采样图像的形成；

(2) 特征点的检测；

(3) 特征点的精确定位；

(4) 特征点主方向的提取；

(5) 归一化 SIFT 描述子的生成。

12.1.2　尺度空间和降采样图像的形成

用高斯金字塔表示尺度空间，它具有检测稳定的关键点。托尼林德伯格的研究结果表明：归一化的 LoG 算子具有非常好的尺度不变性，使用归一化的 LoG 算子进行图像配准效果会更好。

1. 尺度空间理论

尺度空间（Scale Space）想法是被饭岛爱于 1962 年前后研究出来的。经过美国学者威肯和沃恩德日内可等人的改进，很多研究图像的人开始关注。此后，尺度空间理论在计算机图像配准实际应用方面得到了广泛应用。

尺度空间理论的基本思想是：把一个被称为尺度的变量放到图像处理模块中，控制尺度参数的变化过程，通过变化过程中产生的序列，来表示其连续性。从理论上讲，图像的轮廓可以用相应的向量来表示，并可以通过序列计算出来。这样形成的主轮廓同时也可以应用于图像的角点检测和提取不同分辨率的图像特征。

参照实际景物映射到人的眼睛的过程。当人距离景物越来越近时，实际景物由远及近地映射到人的眼睛里面。这也就类似于尺度空间的变换原理，当修改图像的参数时，就能模拟出实际景物在人眼睛上映射的变化过程，从而获取景物的本质特征属性，忽视因大小远近等因素引起的变化，实现图像的精确匹配。

尺度空间满足视觉不变性。当人或动物观测景物时，因为视觉角度、光照强度以及大气干扰等因素的影响，眼睛感知到的图像的各个属性也相应发生变化，比如亮度和对比度，这是从日常经验而来的，这些因素对图像的配准是不利的。同样，图像的配准也要求通过尺度空间算子来满足灰度不变性和对比度不变性。

另一方面，由于人们观测目标时，可能发生位置的移动和角度的变化，所以这些因素都将会导致观测到的图像细节发生变化，影响配准的准确度，因而尺度空间算子要能满足这种尺度不变性，即平移不变性、尺度不变性、欧几里得不变性以及仿射不变性。

2. 尺度空间的表示

将遥感图像的尺度空间 $L(x,y,\sigma)$ 定义为变化尺度的高斯函数 $G(x,y,\sigma)$ 与原图像 $I(x,y)$ 的卷积，具体表示如下：

$$L(x,y,\sigma)=G(x,y,\sigma) * I(x,y) \tag{12-1}$$

其中，高斯函数表达式为

$$G(x,y,\sigma)=\frac{1}{2\pi\sigma^2}e^{-\frac{(x-\frac{m}{2})^2+(y-\frac{n}{2})^2}{2\sigma^2}} \tag{12-2}$$

其中，m、n 表示高斯模板的维度，它由 $(6\sigma+1)(6\sigma+1)$ 确定；(x,y) 代表图像的像素位置；σ 表示的是尺度空间因子，它的值越小，相应的尺度也就越小，其图像被平滑的也就越少。图像的大尺度和小尺度分别对应概貌特征和细节特征。

3. 高斯金字塔的建立

图像的尺度空间转换表示有多种方法，其中一种方法就是用高斯金字塔来表示，它是很形象的一种表示方法，具体步骤如下。

（1）对图像数据作不同尺度的高斯模糊运算。

（2）对图像数据作降采样(隔点采样)运算。

（3）对图像进行 n 次降采样，每个金字塔共 n 层。层数由图像的原始大小以及塔顶图像的大小共同决定，计算公式为

$$n=\log_2(\min\{M,N\})-t,\quad t\in[0,\log_2(\min\{M,N\}))\tag{12-3}$$

其中，M、N 为原图像的大小，t 为塔顶图像的最小维数的对数值。如对于大小为 512×512 的图像，当塔顶图像大小为 4×4 时，$n=7$；当塔顶图像大小为 2×2 时，$n=8$。

为了保持空间尺度的连续性，在简单降采样的基础上，高斯金字塔还进行了高斯滤波。如图 12.1 所示，使用不同参数的 σ 对图像金字塔每层的一张图像做高斯模糊，这样每层都含有很多张高斯模糊图像，这些图像合称为一个部分。这样金字塔每个部分对应一层，它们的数目是一致的，用式(12-3)计算其数目，每一个部分含有多个图像。

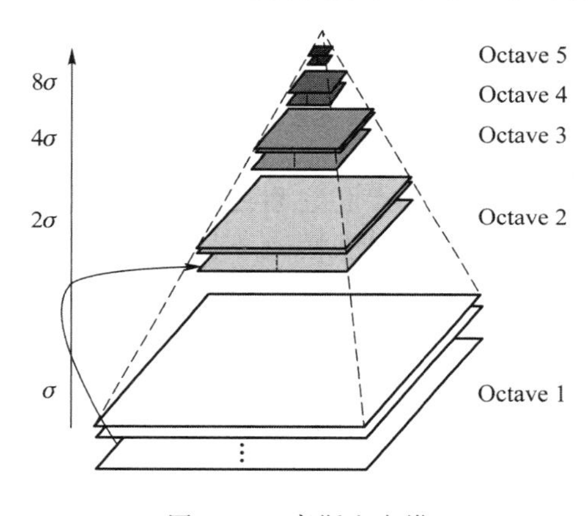

图 12.1　高斯金字塔

4. 高斯差分金字塔

高斯金字塔是米科瓦伊奇克在 21 世纪初的科学研究中发现的一个规律。尺度归一化的高斯拉普拉斯函数 $\sigma^2\nabla^2 G$ 的极大值和极小值同其他特征提取函数比较，能够产生最稳定的图像特征，如梯度、Hessian 或 Harris 角特征。

林德伯格在 20 世纪末的研究表明：高斯差分函数（Difference of Gaussian，简称 DOG 算子）与尺度归一化的高斯拉普拉斯函数 $\sigma^2\nabla^2 G$ 非常近似。并且 $D(x,y,\sigma)$ 和 $\sigma^2\nabla^2 G$ 的关系可以由式(12-4)推导得到：

$$\frac{\partial G}{\partial\sigma}=\sigma\nabla^2 G\tag{12-4}$$

因此有

$$G(x,y,k\sigma)-G(x,y,\sigma)\approx(k-1)\sigma^2\nabla^2 G\tag{12-5}$$

图 12.2 为 DOG 曲线与 Laplacian 曲线。拉普拉斯算子被 Lowe 用来替代高斯差分算子，进行极值检测的实际计算时，其效果更好。在高斯金字塔每组相邻的图像中，用上面的图像减去下面的图像，这样就能得到高斯差分图像，接下来就可以做极值检测了。

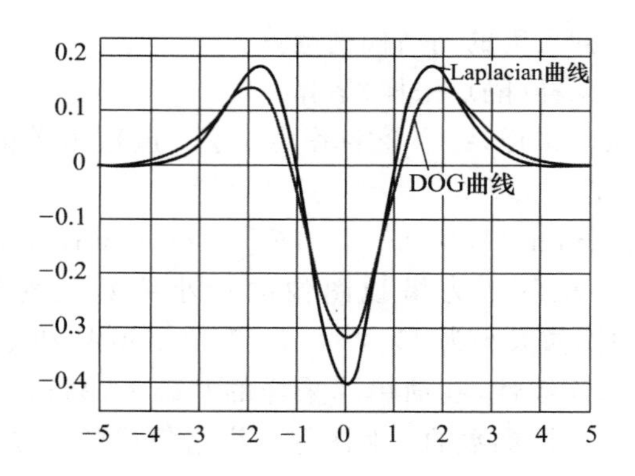

图 12.2　DOG 曲线与 Laplacian 曲线

12.1.3　特征点的检测

DOG 空间的区域极值点构建了关键点。关键点的第一次检测需要通过同组内的两张图像比较计算得出。将每一个像素点和它附近的点进行对比，就能发现 DOG 的极值点。某一点和它同层面的 8 个附近点以及附近不同层面的对应 18 个点相比，这样就能保证极值点在不同的组都能被检测到。如图 12.3 所示。

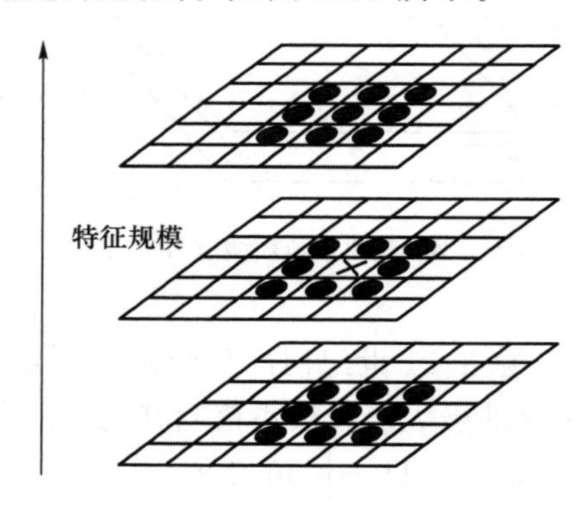

图 12.3　极值检测

12.1.4　特征点的精确定位

通过上述技术手段，能探查到离散空间的顶点，于是噪音能减小，稳定性也能得到增强。

将每一个像素点和它附近的点对比，就能发现 DOG 的极值点。因为 DOG 会生成很大的边缘效果，所以删掉不确定的边缘响应点是必要的工作。对一个大小为 4×4 的方形矩阵进行运算，能求得 Hessian 的主曲率，从而求出特征点处的 Hessian 矩阵为

$$\boldsymbol{H}=\begin{pmatrix} D_{xx} & D_{xy} \\ D_{xy} & D_{yy} \end{pmatrix} \tag{12-6}$$

$\boldsymbol{H}$ 的特征值 α 和 β 代表 x 和 y 方向的梯度，则有

$$\mathrm{Tr}(\boldsymbol{H})=D_{xx}+D_{yy}=\alpha+\beta \tag{12-7}$$

$$\mathrm{Det}(\boldsymbol{H})=D_{xx}D_{yy}-(D_{xy})^2=\alpha\beta \tag{12-8}$$

$\mathrm{Tr}(\boldsymbol{H})$表示矩阵的对角线几个元素的和，$\mathrm{Det}(\boldsymbol{H})$表示矩阵的行列式。

如果 α 是较大的特征值，而 β 是较小的特征值，令 $\alpha=\gamma\beta$，则有

$$\frac{\mathrm{Tr}(\boldsymbol{H})^2}{\mathrm{Det}(\boldsymbol{H})}=\frac{(\alpha+\beta)^2}{\alpha\beta}=\frac{(\gamma\beta+\beta)^2}{\gamma\beta^2}=\frac{(\gamma+1)^2}{\gamma} \tag{12-9}$$

如果取 α 为最大特征值，取 β 为最小特征值，那么$(\gamma+1)^2/\gamma$ 的值在两个特征值相等时，会随着 γ 的减小而减小。$\boldsymbol{H}$ 的特征值与主曲率成正比，结果越小，其比值也就越小。边缘往往会是如此状况：如果某一个方向的梯度值变小，那么另一个方向的梯度值就会变大。$\boldsymbol{H}$ 与 D 的比值大于某一阈值时，是不能删掉边缘响应点的。所以，要保证主曲率一定小于域值 γ，仅需要满足

$$\frac{\mathrm{Tr}(\boldsymbol{H})^2}{\mathrm{Det}(\boldsymbol{H})}<\frac{(\gamma+1)^2}{\gamma} \tag{12-10}$$

其中，$\gamma=10$。

12.1.5　特征点主方向的提取

利用图像的局部特征给每一个关键点分配一个基准方向。结果越小，其比值也就越小，边缘往往会是如此状况：如果某一个方向的梯度值变小，那么另一个方向的梯度值就会变大。采集 DOG 金字塔中探查到的关键点，研究其像素的梯度和方向分布特征，发现其分布在高斯金字塔图像 3σ 领域窗口内。

梯度的模值和方向的计算式为

$$m(x,y)=\sqrt{[L(x+1,y)-L(x-1,y)]^2+[L(x,y+1)-L(x,y-1)]^2} \tag{12-11}$$

$$\theta(x,y)=\arctan\left[\frac{L(x,y+1)-L(x,y-1)}{L(x+1,y)-L(x-1,y)}\right] \tag{12-12}$$

其中，L 为关键点所在的尺度空间值。

梯度的模值 $m(x,y)$按 $\sigma=1.5\sigma\_oct$ 的高斯分布计算，区间大小为 $3\times1.5\sigma\_oct$，一般采用的大小为 3σ 的范围标准。运算关键点的梯度，在直方图内选取梯度和像素。直方图将圆周平均分成三十六个等份，每等份为 10°。如图 12.4 所示，关键点的峰值由直方图的最值表示。

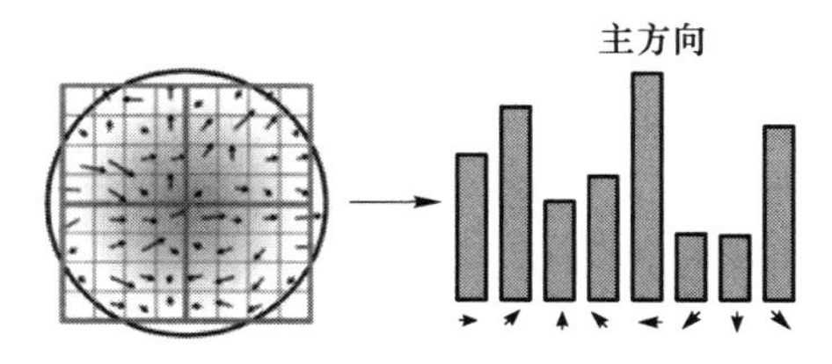

图 12.4　直方图

12.1.6　关键点特征描述及归一化 SIFT 描述子的生成

以上研究表明，直方图由位置、尺度以及方向等三个关键部分构成。要充分描述每一个关键点，充分表达其不受光照影响、视觉角度影响的特性时，我们可以使用向量组。

归一化描述子包含了配准过程中要求的关键点以及可能对配准有影响的像素点。归一化 SIFT 描述子是在 SIFT 算子基础上的改进，它极大地提高了图像配准的精度。

1. 关键点特征描述

特征点和特征描述子的尺度有一定的相关性，可以通过高斯图像求取对应的特征点梯度。

将归一化描述子要求的关键点的附近邻域分成四个小块，每个小块单独做成一个种子点，这样就会有很多种子点，求出每个种子点的特征向量。双线性插值在现实操作中广泛使用，一般正方形的边长为 $3\sigma\_oct\times(d+1)$。兼顾现实情况中的旋转因素，旋转与半径变化如图 12.5 所示，实际研究所需的数据图像半径要求为

$$r=\frac{3\sigma\_oct\times\sqrt{2}\times(d+1)}{2} \tag{12-13}$$

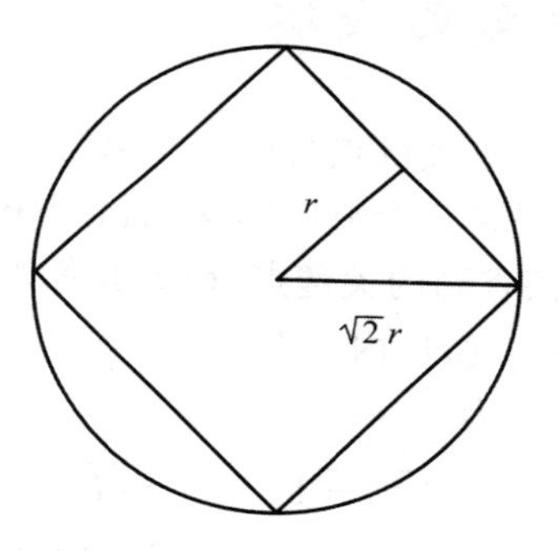

图 12.5　旋转与半径变化

利用旋转的方法，使坐标指向关键点的方向，如图 12.6 所示。

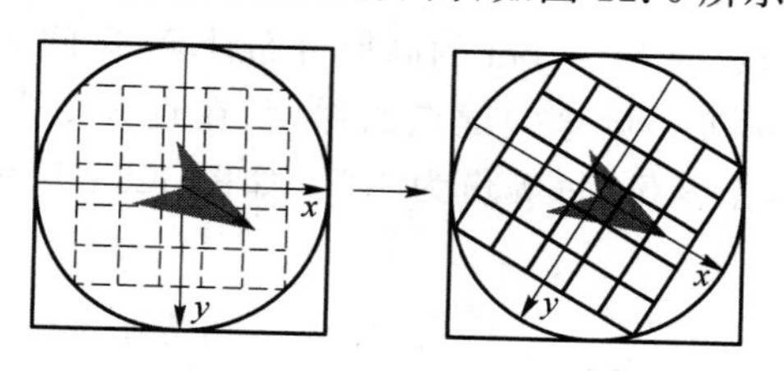

图 12.6　转到旋转不变方向

旋转后的新坐标为

$$\begin{pmatrix}x'\\y'\end{pmatrix}=\begin{pmatrix}\cos\theta & -\sin\theta\\ \sin\theta & \cos\theta\end{pmatrix}\begin{pmatrix}x\\y\end{pmatrix} \tag{12-14}$$

用八个方向来表示子域的梯度值，使子域内平均分配邻域的采样点，并且求出它们的权值。旋转后的采样点坐标在半径为 r 的圆内被分配到 $d\times d$ 的子区域，计算影响子

区域的采样点的梯度和方向，分配到八个方向上。

求出旋转以后的采样点坐标是(x',y')，而落在相应子区域的坐标为

$$\begin{pmatrix} x'' \\ y'' \end{pmatrix}=\frac{1}{3\sigma\_\mathrm{oct}}\begin{pmatrix} x' \\ y' \end{pmatrix}+\frac{d}{2} \tag{12-15}$$

建议按 $\sigma=0.5d$ 的高斯加权计算子区域的像素梯度大小，表达式为

$$w=m(a+x,b+y)\mathrm{e}^{\frac{(x')^2+(y')^2}{2(0.5d)^2}} \tag{12-16}$$

关键点在高斯金字塔图像中的位置分别用 a、b 标记。各个点的方向分别用插值来计算，一共八个梯度。具体如图 12.7 所示。各个方向梯度大小累计的最终结果为

$$\mathrm{Weight}=w\times(\mathrm{dr})^k\times(1-\mathrm{dr})^{1-k}\times(\mathrm{dc})^m\times(1-\mathrm{dc})^{1-m}\times(\mathrm{do})^n\times(1-\mathrm{do})^{1-m} \tag{12-17}$$

其中，k、m、n 为 0 或 1。

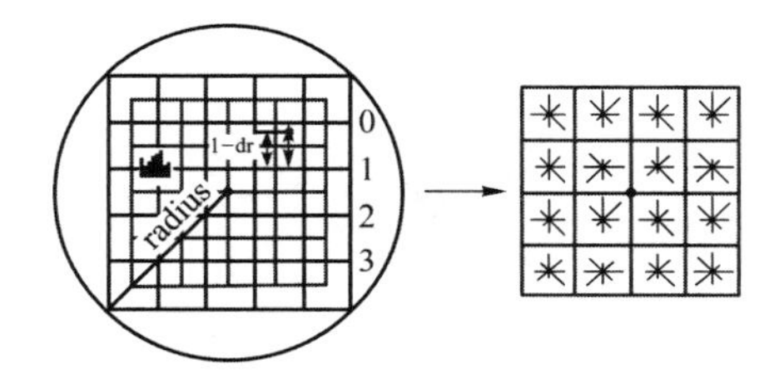

图 12.7　用插值的方法求出八个方向的梯度

2. 归一化 SIFT 描述子的生成

由于传感器不同，图像的色调也存在相应的差别。归一化梯度方向的长度是为了消除因图像灰度不同而带来的干扰，最后生成归一化 SIFT 描述子。

关键点的特征向量用 128 个梯度信息表示。对特征向量进行归一化运算能消除光照带来的影响，通过对图像相减，消除整幅图像灰度值的偏移。

其中，描述子的向量可表示为 $\boldsymbol{H}=(h_1,h_2,\cdots,h_{128})$

用 $\boldsymbol{L}=(l_1,l_2,\cdots,l_{128})$表示归一化的特征向量，则有

$$l_i=\frac{h_i}{\sqrt{\sum_{j=1}^{128}h_j}} \tag{12-18}$$

12.2　基于归一化 SIFT 算法的不同光学图像的自动配准

12.2.1　基于归一化 SIFT 算法的匹配

特征向量之间的欧氏距离用归一化 SIFT 算法确定，用来表述两幅图像的相似性标准，表达式为

$$D_{i,j}=\sqrt{\sum_{k=0}^{128}(X_i-X_j)^2} \tag{12-19}$$

基准图像中的第 i 个归一化 SIFT 描述子的特征向量用 $\boldsymbol{X}_i$ 表示；基准图像中第 i 个归一化 SIFT 描述子的待配准图像用 $D_{i,j}$ 表示；特征向量的序号用 k 表示；待配准图像中的第 j 个归一化 SIFT 描述子的特征向量 $\boldsymbol{X}_j$ 表示共有 128 维特征向量。

为了提高运算速度，选取长三角地区尺寸为 400×400 的 CCD 图像的第 4 个波段（该波段为红外波段，由于其波长较长，获取的信息比其他波段多）与尺寸为 128×128 的 HSI 图像的第 100 波段（该波段也为红外波段）进行配准。当阈值为 0.7 时，对图像进行配准，算法配准结果如图 12.8 所示，其中有 52 个匹配点。从图 12.8 中可以明显地观察到：有很多错误的匹配点，且存在一点对应多点的情况，因此仅仅依赖归一化 SIFT 算法无法完成图像的配准。在这些匹配点中，存在正确的匹配点，同时也存在错误的匹配点，选取合适的方法将错误匹配点删除，精确匹配点保留，将会成为接下来研究的关键。考虑首先将那些一点对应多点的匹配点删除，然后再通过 RANSAC 算法选出最优配准点。

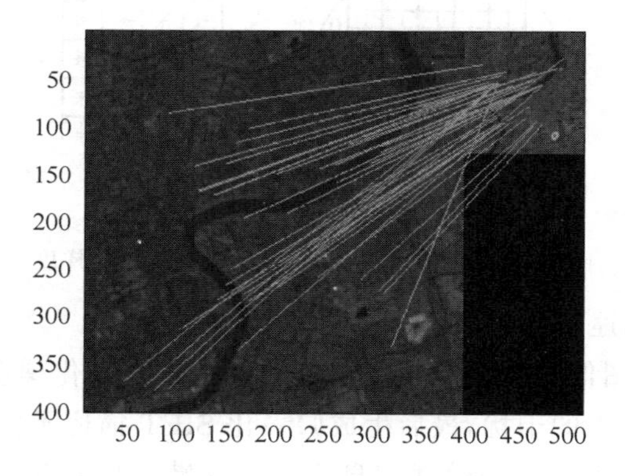

图 12.8　基于归一化 SIFT 算法的配准结果

12.2.2　RANSAC 的基本矩阵估计

通过 4 次迭代 RANSAC 算法解算出 10 个精确匹配点，如图 12.9 所示。

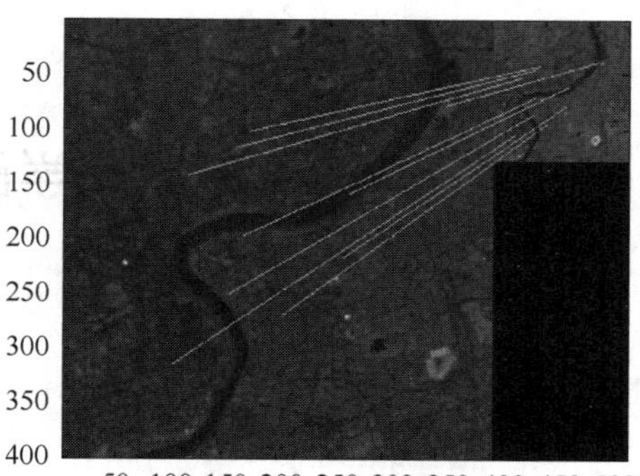

图 12.9　精确匹配的 10 个点

12.3　配准模型解算及尺度转换算法选取

12.3.1　配准模型解算

两幅配准图像之间需要进行变换，它们的模型为

$$\begin{pmatrix} x' \\ y' \\ 1 \end{pmatrix}^{\mathrm{T}} = \begin{pmatrix} x \\ y \\ 1 \end{pmatrix}^{\mathrm{T}} \begin{pmatrix} \lambda\cos\theta & \lambda\sin\theta & 0 \\ -\lambda\sin\theta & \lambda\cos\theta & 0 \\ x_d & y_d & 1 \end{pmatrix} \tag{12-20}$$

其中，λ 表示尺度缩放系数；两幅配准图像之间的角度偏差用 θ 表示；x_d、y_d 是平移参数；(x',y')是配准后的坐标；(x,y)是待配准的坐标。

一般状况下，求出变换模型至少需要用三对匹配点。为优化算法模型，先删除一点对应多点的错误匹配点，然后利用 RANSAC 对匹配点进行拟合，并用 RANSAC 算法拟合得到精确匹配点方程式。参数求解是图像配准的关键，用式(12-21)和式(12-22)可以得到变换模型的参数：

$$\begin{pmatrix} x_1' & y_1' & 1 \\ x_2' & y_2' & 1 \\ \vdots & \vdots & \vdots \\ x_n' & y_n' & 1 \end{pmatrix} = \begin{pmatrix} x_1 & y_1 & 1 \\ x_2 & y_2 & 1 \\ \vdots & \vdots & \vdots \\ x_n & y_n & 1 \end{pmatrix} \begin{pmatrix} \lambda\cos\theta & \lambda\sin\theta & 0 \\ -\lambda\sin\theta & \lambda\cos\theta & 0 \\ x_d & y_d & 1 \end{pmatrix} \tag{12-21}$$

其中，$n \geqslant 3$，可以设 $\begin{pmatrix} x_1' & y_1' & 1 \\ x_2' & y_2' & 1 \\ \vdots & \vdots & \vdots \\ x_n' & y_n' & 1 \end{pmatrix} = \boldsymbol{P}'$，$\begin{pmatrix} x_1 & y_1 & 1 \\ x_2 & y_2 & 1 \\ \vdots & \vdots & \vdots \\ x_n & y_n & 1 \end{pmatrix} = \boldsymbol{P}$，$\begin{pmatrix} \lambda\cos\theta & \lambda\sin\theta & 0 \\ -\lambda\sin\theta & \lambda\cos\theta & 0 \\ x_d & y_d & 1 \end{pmatrix} = \boldsymbol{H}$，且矩阵 $\boldsymbol{P}'$ 和 $\boldsymbol{P}$ 的秩大于 3，$\boldsymbol{H}$ 与 $\boldsymbol{P}$ 关系为

$$\boldsymbol{H} = (\boldsymbol{P}^{\mathrm{T}}\boldsymbol{P})\boldsymbol{P}^{\mathrm{T}}\boldsymbol{P}' \tag{12-22}$$

12.3.2　尺度转换算法的选取

将某一幅图像从一个尺度空间转到另一个尺度空间的过程称为尺度转换。本小节主要讨论尺度扩展技术，尺度收缩往往需要借助融合的手段。

从大尺度图像空间变换到小尺度图像空间的过程称为压缩，从小尺度图像变换到大尺度图像的过程称为扩展。式(12-20)、式(12-21)中的 λ 用于计算表示尺度转换程度的转换系数。

常见的尺度转换算法有三种。

(1) 最邻近法

最邻近法原理很简单,因而其插值后的图像质量并不十分理想。实验结果如图 12.10 所示。

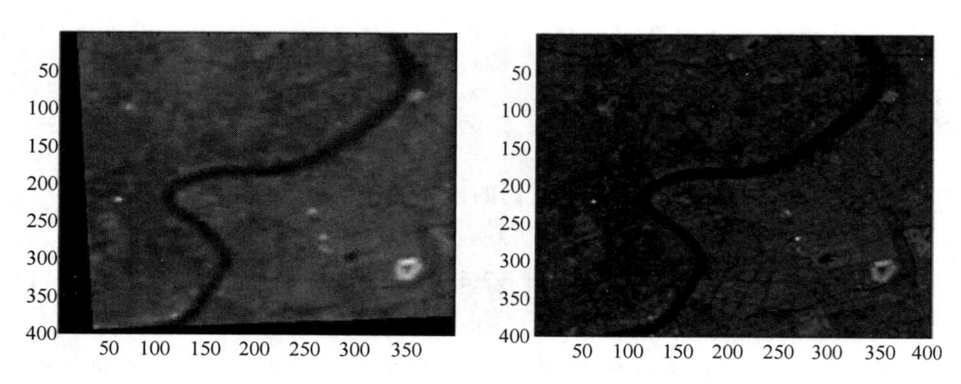

图 12.10　最邻近法

(2) 双线性内插值法

对于具体的像素而言,假设浮点坐标为$(i+u,j+v)$,其中 i、j 为大于零的整数,u、v 为大于 0 小于 1 的数,设置坐标可以通过反向变换得到。

通过基准图像中的(i,j)、$(i+1,j)$、$(i,j+1)$、$(i+1,j+1)$所对应的周围四个像素的值,可以求得像素的值 $f(i+u,j+v)$,即

$$f(i+u,j+v)=(1-u)(1-v)f(i,j)+(1-u)vf(i,j+1)+u(1-v)f(i+1,j)+uvf(i+1,j+1) \tag{12-23}$$

其中,$f(i,j)$表示的是源图像素点(i,j)处的值,同样地,每个点的求法都是如此。运算量比较大是这种方法的缺点。

因为计算量大,信息保留相对较好,所以这种方法的图像质量也比较好,同时视野连续。但此方法某种程度上丢失了高频分量,具有低通滤波功能,因此图像的某些细节可能会丢失。图 12.11 为双线性内插值法前后的图像对比,从图 12.11 可以看出图像变得模糊,这是因为此方法会在某种程度上丢失一些细节。

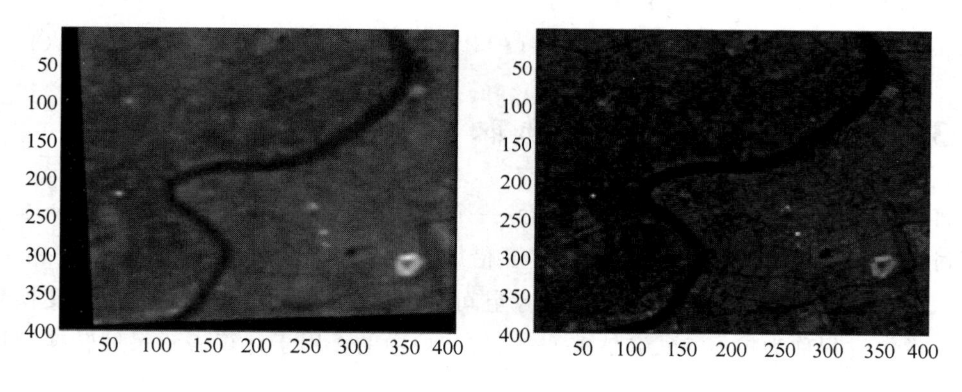

图 12.11　双线性内插值法

(3) 三次卷积法

为了弥补上面两种算法的缺点，减小计算量并提高精度，可以采取对 16 个邻点进行估算的方法，并以 $(i+u,j+v)$ 为中心。目的像素值 $f(i+u,j+v)$ 的计算公式为

$$f(i+u,j+v)=\boldsymbol{ABC} \tag{12-24}$$

其中，$\boldsymbol{A}=(S(u+1)\quad S(u)\quad S(u-1)\quad S(u-2))$，

$$\boldsymbol{B}=\begin{pmatrix} f(i-1,j-1) & f(i-1,j+0) & f(i-1,j+1) & f(i-1,j+2) \\ f(i+0,j-1) & f(i+0,j+0) & f(i+0,j+1) & f(i+0,j+2) \\ f(i+1,j-1) & f(i+1,j+0) & f(i+1,j+1) & f(i+1,j+2) \\ f(i+2,j-1) & f(i+2,j+0) & f(i+2,j+1) & f(i+2,j+2) \end{pmatrix},$$

$$\boldsymbol{C}=\begin{pmatrix} S(v+1) \\ S(v) \\ S(v-1) \\ S(v-2) \end{pmatrix},$$

$$S(x)=\begin{cases} 1-2[\mathrm{Abs}(x)]^2+[\mathrm{Abs}(x)]^3, & 0\leqslant \mathrm{Abs}(x)<1, \\ 4-8\mathrm{Abs}(x)+5[\mathrm{Abs}(x)]^2-[\mathrm{Abs}(x)]^3, & 1\leqslant \mathrm{Abs}(x)<2, \\ 0, & \mathrm{Abs}(x)\geqslant 2 \end{cases}$$

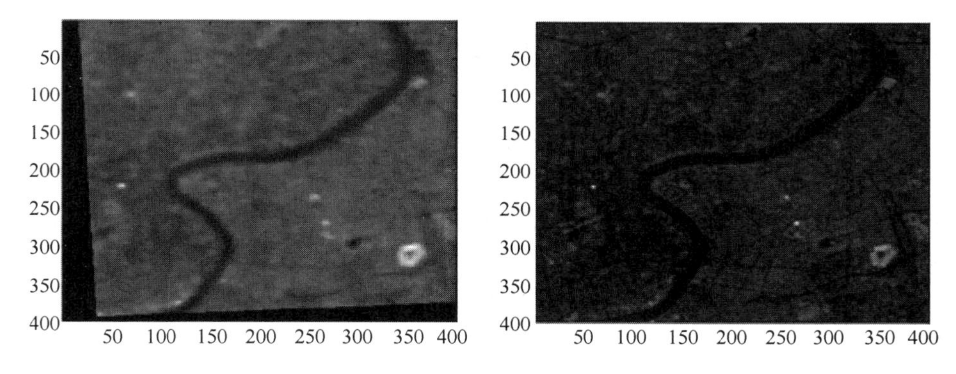

图 12.12　三次卷积法

要想顺利实现尺度转换，首先要能够非常好地反映地物是如何分布的，其次是尽可能选择小的图像分辨率。

通过对图像配准、尺度变换等预处理算法进行研究以及实验尝试，可以知道的是，预处理是图像进行融合的前提条件，同时为下一步进行图像的融合处理研究奠定了基础。

第 13 章

高光谱数据融合的基本方法

13.1 基于 IHS 变换的高光谱图像融合算法

13.1.1 基于 IHS 变换的高光谱图像融合算法原理

IHS 变换是应用于多光谱和高空间分辨率遥感图像融合最经典的方法之一。IHS 是一种色彩空间变换模型，它将 RGB 空间的彩色图像变换至 IHS 的空间彩色图像。IHS 变换将 RGB 空间的颜色变换为强度(I)、色调(H)和饱和度(S)坐标系统，更符合人眼对颜色的视觉，且其三个分量具有独立性。目前业界普遍采用的 IHS 变换模型主要有三角变换、球体变换、圆柱体变换以及单六棱锥变换等。

应用 IHS 变换进行融合时，首先通过 IHS 正变换将高光图图像从 RGB 空间转换至 IHS 空间，分离出强度分量 I、色度分量 H 和饱和度分量 S；然后将单波段高空间分辨率全色图像进行灰度拉伸，使其灰度均值与方差和强度分量 I 相同；最后用拉伸后的高空间分辨率图像作为强度分量 I 的替代，经过逆变换还原至原始空间。所以最终得到的融合图像既有原图像的色度和饱和度，又有全色图像的空间分辨率。IHS 变换流程图如图 13.1 所示。

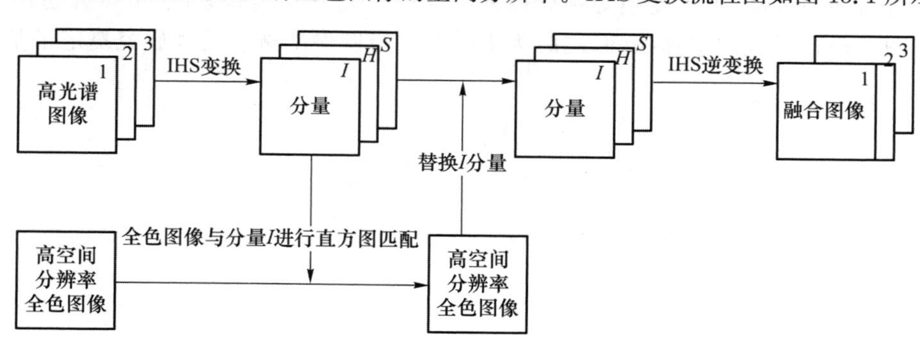

图 13.1 IHS 变换流程图

IHS变换是遥感高光谱图像融合最基本的方法之一，该算法简单快捷，能够有效提高高光谱图像的空间分辨率。然而，从图13.1中可知，IHS变换只能进行三个波段的变换，融合过程中参与运算的波段选择对融合效果的影响很大。因此它具有一定的局限性，该算法的缺陷在于存在光谱失真和扭曲现象，不利于后期高光谱图像进一步的分类识别。

13.1.2　基于IHS变换的融合算法的实验效果

图13.2中所示(a)图为CCD图像，(b)图为相应地区经过配准与尺度转换的HSI图像，(c)图为利用IHS方法进行融合得到的图像。

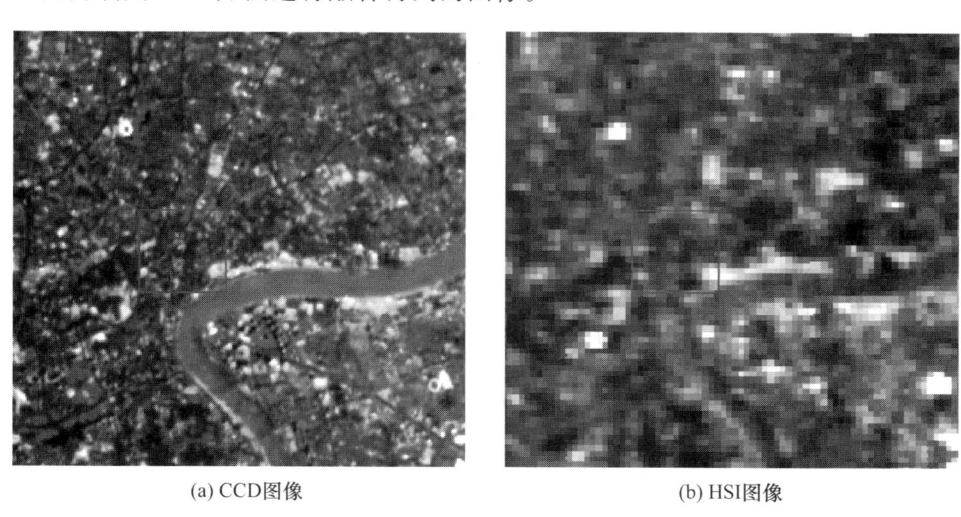

(a) CCD图像　　(b) HSI图像

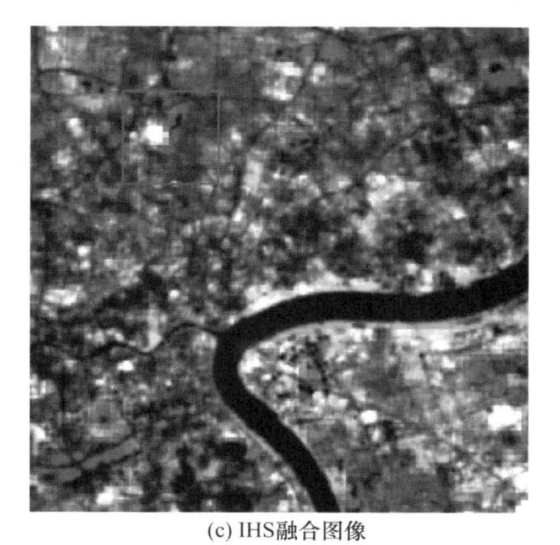

(c) IHS融合图像

图13.2　不同图像的实验效果图

13.2　基于 PCA 变换的高光谱融合算法

13.2.1　基于 PCA 变换的高光谱融合算法原理

PCA 变换，即主成分分析(Principal Component Analysis，PCA)法，是基于 K-L 变换实现的多维正交线性变换。它能较为彻底地去除波段数量较大的图像之间的相关性，减少图像噪声信息。经过 PCA 变换之后，图像的有效信息被集中在前几个互不相关的特征分量上。PCA 变换已经全面应用在高光谱数据压缩、图像融合等方面。

应用 PCA 变换进行高空间分辨率图像和高光谱图像融合时，首先将 N 个波段的低分辨率高光谱图像进行 PCA 变换，得到互不相关的主成分图像，将全色图像经过灰度拉伸，使其灰度均值与方差和高光谱图像 PCA 运算结果的第一主成分图像相同；然后以灰度拉伸的高分辨率全色图像替换第一主成分图像，再经过 PCA 逆变换还原高光谱图像至原始图像空间。PCA 变换的融合流程图如图 13.3 所示。

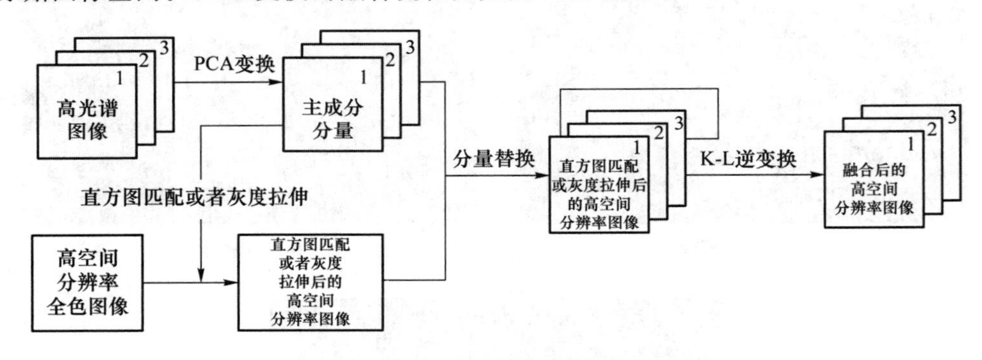

图 13.3　PCA 变换的融合流程图

经过 PCA 变换融合后的图像保留了高空间分辨率图像大多数的细节信息，融合图像有较为清晰的目视效果，同时光谱特征信息的保持性也较为出色。与 IHS 变换融合相较，PCA 变换融合能够更多地保留高光谱图像的光谱信息，同时它能使得全波段参与运算。但 PCA 变换融合算法也具有缺陷性，具体如下：

(1) 高光谱图像在进行 PCA 主成分变换时，第一分量是原波段信息的重叠部分，其与全色图像表征的含义略有不同，虽然高分辨率图像拉伸后与第一分量具有很高的相似性，但融合结果图像在空间分辨率和光谱分辨率上都会有所变化；

(2) 光谱信息的光谱畸变仍然存在，从而使得融合图像不利于地物识别。

13.2.2　PCA 融合算法的实验效果

图 13.4 中所示(a)图为 CCD 图像，(b)图为相应地区经过配准与尺度转换的 HSI 图

像,(c)图为利用 PCA 融合算法得到的图像。

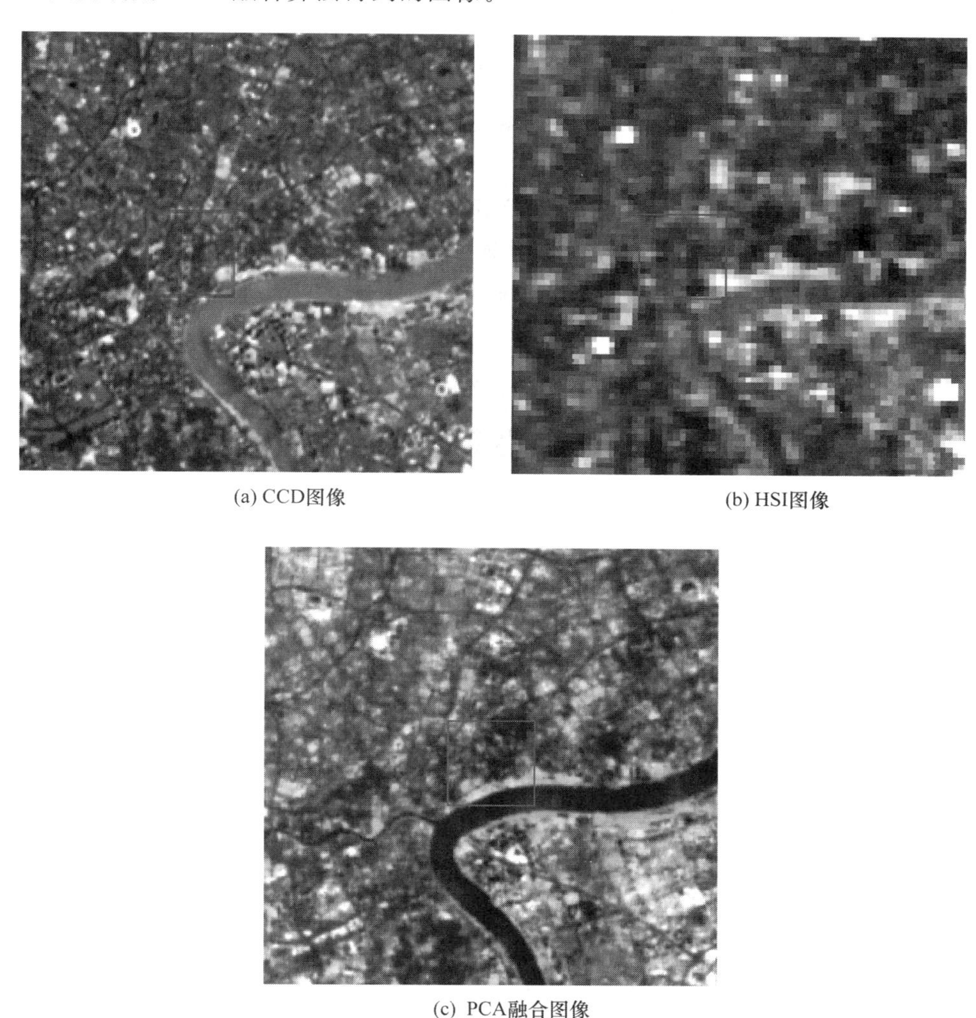

图 13.4　不同图像的实验效果图

13.3　基于高通滤波的高光谱融合算法

一般而言,遥感图像的高频分量代表图像的细节几何信息,低频分量代表图像的光谱特征信息。在高通滤波变换融合方法中,采用高通滤波器对高空间分辨率全色图像进行滤波变换,提取出它的高频分量,然后再把逐个像元和高光谱的各个波段信息与前一步得到的高频分量相加,因而得到细节信息增强的高光谱图像。

高通滤波(High Pass Filter,HPF)处理过程定义如下。

设高光谱图像为 L,高分辨率图像为 H,融合后的图像为 F,两幅图像的大小均为

$M\times N$，高通滤波方法的实现如下：

$$F(i,j)=L(i,j)+K_{ij}\cdot \mathrm{HP}(H(i,j)),\quad i=1,2,\cdots,m;j=1,2,\cdots,n \tag{13-1}$$

其中，$F(i,j)$表示(i,j)位置上的融合值，$L(i,j)$表示低分辨率高光谱图像在(i,j)位置上的像素值，$H(i,j)$表示全色图像在(i,j)位置上的像素值，K_{ij}表示加权参数，HP()表示设定的高通滤波器。

HPF融合方法不仅可以充分获取高光谱丰富的高光谱信息，还能使图像分辨率大大提高，另外，此种方法也可全波段参与运算。然而由于不同的图像、不同尺寸的滤波器所获取的图像细节信息各有不同，因此选择合适大小的滤波器对于此算法来说至关重要。

13.4 基于Brovey变换的高光谱融合算法

13.4.1 基于Brovey变换的高光谱融合算法原理

Brovey变换本质上是一种比值运算融合方法，其特点是简单快速。该变换方法的实现过程：首先将高光谱图像各波段进行归一化处理，然后将高分辨率图像与第一步的处理结果相乘，从而得到融合结果。其融合表达式为

$$I_j = \mathrm{pan}\cdot\frac{\mathrm{HS}_j}{\sum_{j=1}^{3}\mathrm{HS}_j} \tag{13-2}$$

其中，$\mathrm{HS}_j(j=1,2,3)$表示高光谱图像参与运算的各个波段，pan表示高空间分辨率全色图像，I_j为各个波段的融合结果。

Brovey方法只能进行三个波段的运算，该方法能够在增强图像空间信息的同时，不丢失原始图像的光谱信息。但是也存在一定的光谱扭曲，同时没有解决波谱范围不一致时全色图像与高光谱图像融合的问题。

13.4.2 Brovey融合算法的实验效果

图13.5中所示(a)图为CCD图像，(b)图为相应地区经过配准与尺度转换的HSI图像，(c)图为利用Brovey融合算法得到的图像。

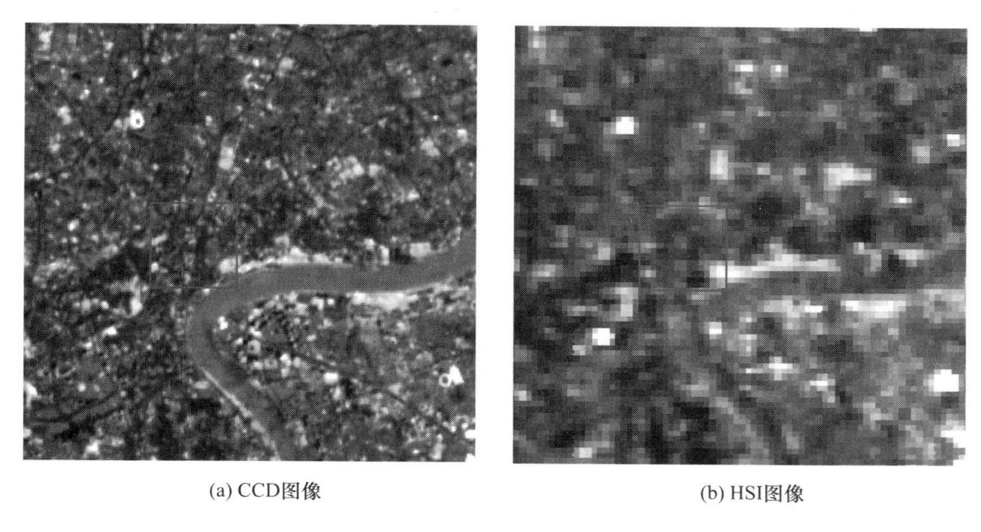

(a) CCD图像　　(b) HSI图像

(c) Brovey融合图像

图 13.5　不同图像的实验效果图

13.5　基于小波变换的高光谱融合算法

在信号与图像处理领域，小波变换是继 Fourier 变换之后又一有效的变换分析方法，它能同时获取时域与频域信息，因而能够对图像以及信号进行细致地分析、处理。小波变换在图像处理领域可覆盖整个频域，通过合适的滤波器可以极大减小不同特征之间的相关性、变焦性。这些优点使得其在融合领域的潜力是巨大的。

在进行融合应用时，将高光谱图像与全色图像分别进行高通滤波变换和低通滤波变换，获取各个尺度下的低频分量、水平分量、垂直分量以及对角分量，将高光谱图像的低频分量作为低频分量，将全色图像与高光谱图像的高频细节分量线性加权之后的结果作为高频分量，由此构建融合图像的小波系数，最后进行小波逆变换得到融合结果。PCA 变换融合流程图如图 13.6 所示。

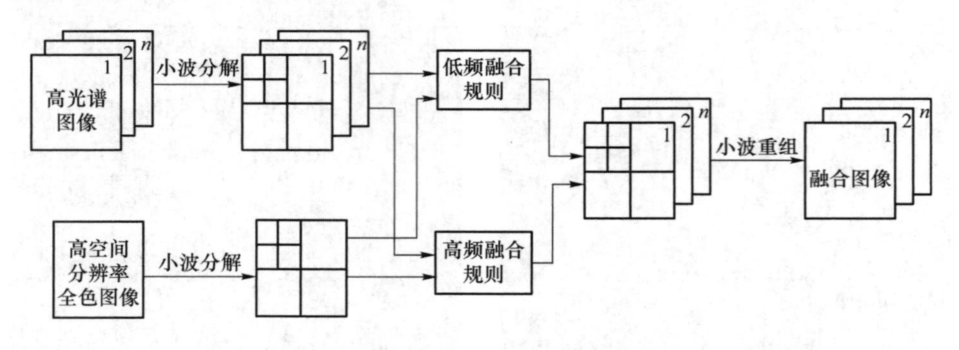

图 13.6　PCA 变换融合流程图

尽管小波变换融合方法较其他融合方法有了较大的进步，并被认为是多光谱融合领域最好的一种融合方法，但是仍然存在一些问题。为了改进小波融合的效果，李万臣提出一种将二代小波变换和耦合神经网络相结合的算法，该算法通过脉冲神经网络，改进了小波系数，提高了融合的精度。此算法的实验结果表明：高光谱数据维能有效减少，同时光谱信息的保持度也是令人满意的。

13.6　高通滤波与 IHS 结合的高光谱图像融合算法

一般意义的 IHS 变换融合图像中包含了高分辨率全色图像的全部空间信息和光谱信息，这给融合后的结果图像带来了干扰。为了提高融合图像的质量，需要尽可能剔除高分辨率图像的低频信息。可以采用高通滤波变换对高分辨率图像 Fourier 变换之后的结果进行分离，同时采用低通滤波对高光谱图像进行分离，分别提取出前者的高频信息和后者的低频信息。

IHS 和高通滤波结合的 IHS 融合方法与变换基本相同，IHS 和高通滤波结合的融合算法流程图如图 13.7 所示。对替换的分量分别进行滤波变换，去除图像融合结果的不利因素。用高通滤波对全色图像进行处理获取其高频分量，对高光谱图像的强度分量进行低通滤波得到低频信息，将此低频信息与全色图像的高频信息叠加并进行 Fourier 逆变换。变换后的分量将作为 I' 强度分量参与 IHS 逆变换。在本优化方法中，两方面的因素直接影响着融合结果。一方面是高通滤波器大小的设计，合适的高通滤波器的大小需要通过大量的实验验证得出；另一方面是高光谱正变换之后的强度分量要与全色图像进行直方图匹配。

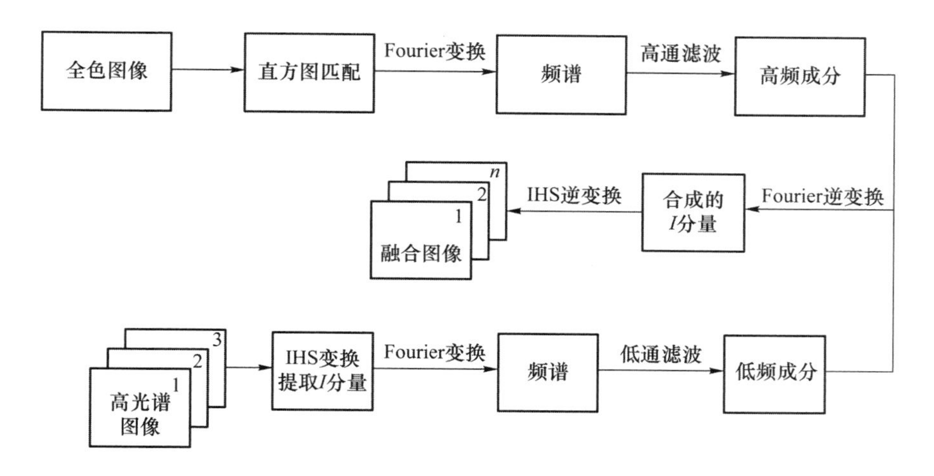

图 13.7　IHS 和高通滤波结合的融合算法流程图

13.7　CRISP 高光谱图像融合算法

13.7.1　CRISP 锐化算法的简介

CRISP 锐化算法是一种效率较高的高光谱图像和多光谱图像的融合方法。CRISP 锐化算法成功地使用多分辨率相对较高的多光谱图像来改善高光谱图像的分辨率。它利用一种理想的数学方法组合高光谱数据和多光谱数据，这种方法的现实依据是高光谱图像和多光谱图像因拍摄的物理场景相同而具有较好的匹配性。多光谱图像具有较高的空间分辨率，而高光谱具有较丰富的频谱细节。CRISP 锐化算法正好结合了两者的优点，使得最终得到的结果具有较高的空间分辨率和较丰富的频谱细节。

13.7.2　CRISP 锐化算法的过程

CRSIP 锐化算法的整个流程如图 13.8 所示，原始的输入数据有两个，一个是原始的高光谱图像 P_{H}，另一个是原始的多光谱图像 P_{M}。原始的多光谱图像通过线性变换近似转化为合成高光谱图像 P'_{H}。在这个转化中，合成高光谱图像相比原来的多光谱图像，其频谱信息并没有增加，只是 P'_{H}具有多光谱图像 P_{M} 的高空间分辨率。最后使用小波变换或 Butterworth 方法对 P'_{H}和 P_{H} 进行融合，从而得到最终的融合光谱图像。这种算法融合不仅能具有多光谱图像的高空间分辨率，还能具备高光谱图像的高频分析能力。

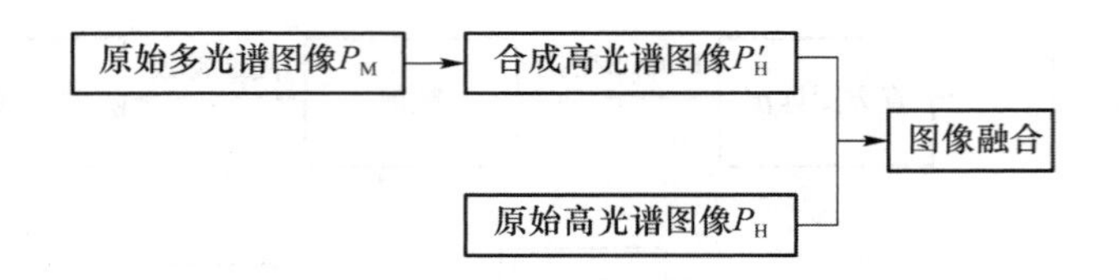

图 13.8　CRSIP 锐化算法流程

（1）输入数据

整个系统的输入数据由一个高光谱图像和一个高分辨率的多光谱图像组成。高光谱图像的频谱由几十甚至上百个连续的波段组成，这些连续波段使得每个图像像元都能够提取一条连续的光谱曲线。多光谱图像的频谱由一系列离散的波段构成。这个算法的输入数据要求多光谱和高光谱的图像背景相同，拍摄时间间隔尽量短。两者拍摄的时间间隔越短，匹配误差就越小。理想的输入数据要求高光谱图像和多光谱图像在同一场景、同一时间拍摄，这样两个图像没有匹配误差，没有任何变化。

（2）多光谱数据线性近似转化为合成高光谱数据的模型

用一系列线性方程把多光谱图像近似转化为高光谱图像的前提是多光谱图像和高光谱图像拍摄的是同一个场景，具有相同的物理特性，因此同一物理场景下的多光谱和高光谱之间具有很强的关联性。用 $\boldsymbol{P}_H$ 表示高光谱图形的频谱矩阵，$\boldsymbol{P}_M$ 表示多光谱矩阵的频谱矩阵，可以用线性方程表示两者之间的关系：

$$\boldsymbol{P}_M=\boldsymbol{F}\boldsymbol{P}'_H+e \tag{13-3}$$

其中，$\boldsymbol{F}$ 表示将高光谱数据变换为多光谱数据的滤波器矩阵，e 表示高斯白噪声。滤波器矩阵 $\boldsymbol{F}$ 用来把高光谱数据转化为多光谱数据。当多光谱图像是一个由高光谱波段简单求和的全色光谱时，$\boldsymbol{F}$ 是单位行向量。式(13-3)描述了多光谱图像和高光谱图像之间最简单的关系，对图像变换没有多大实际的用处。我们真正需要的是上述过程的反变换，即一个能够把多光谱图像转化为高光谱图像的变换矩阵，但这种变换也不能增加多光谱的频谱信息，因为多光谱图像包含的频谱信息本来就比高光谱图像少。

由式(13-3)很容易得到其逆变换方程：

$$\boldsymbol{G}\boldsymbol{P}_M=\boldsymbol{P}'_H+e \tag{13-4}$$

其中，$\boldsymbol{G}$ 表示多光谱近似转化为高光谱的估计矩阵。这个变换过程相当于在多光谱的频域进行插值，即进行升采样。近似转化的效果很大程度上取决于图像中的波段数，高光谱的波段越多，估计的效果越好。另外，近似转化的效果也与波段的质量和位置有关。滤波器 $\boldsymbol{G}$ 的表达式可由最小二乘法近似得出：

$$\boldsymbol{G}\gg(\boldsymbol{P}_M\boldsymbol{P}_M^{\mathrm{T}})^{-1}\boldsymbol{P}_M\boldsymbol{P}_H^{\mathrm{T}} \tag{13-5}$$

（3）图像模型

估计矩阵 $\boldsymbol{G}$ 与多光谱的频谱简单相乘，可以得到高光谱的频谱估计：

$$\boldsymbol{S}_H=\boldsymbol{G}\boldsymbol{S}_M \tag{13-6}$$

其中，$\boldsymbol{S}_H$ 表示高光谱的频谱向量，$\boldsymbol{S}_M$ 表示多光谱的频谱向量。频谱逐个按式(13-6)进行计算，得到最终的合成高光谱图像。需要注意的是，这个高光谱模型并不是原始高光谱图像的完美近似，因为这个模型只是把多光谱图像线性近似转化为高光谱图像，转化后的合成高光谱图像和原始的高光谱图像在频谱上具有相同的秩。尽管这个合成高光谱图像比多光谱图像的波段数多得多，但实际其统计特性和多光谱图像是一样的。这个合成高光谱图像并没有增加更多有用的信息，只是便于图像融合进行下一步操作。

(4) 合成高光谱图像和原始高光谱图像融合的算法描述

当多光谱图像转化为高光谱图像后，就可以进行合成高光谱图像和原始高光谱图像的融合了，具体的算法描述如图 13.9 所示。

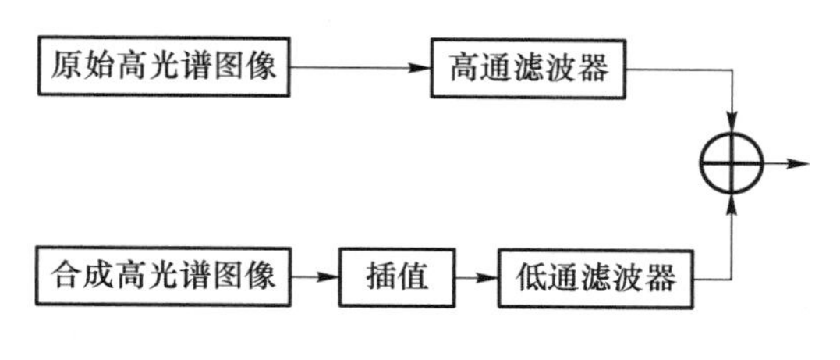

图 13.9　算法描述

用一对滤波器有选择性地选取合成高光谱图像和原始高光谱图像中的数据进行融合。让合成高光谱图像通过一个高通滤波器，选取其高频部分，让原始高光谱图像通过一个低通滤波器，选取其低频部分，然后将两者进行简单相加，相加得到的结果就是最终所要的锐化图像。原始高光谱图像通过滤波器前要进行升采样，这是因为原始高光谱图像的空间分辨率比合成高光谱图像的空间分辨率低，只有进行空间插值(即升采样)才能使两个图像匹配。

当前广泛应用的两种滤波器分别是小波变换滤波器和 Butterworth 滤波器。小波滤波器是一种简单的正交空间滤波器，能够很容易地把图像分解为高频子图像和低频子图像，小波变换的优点是方便快速。当两个图像之间的匹配性好时，这种方法得到的锐化结果就好；反之，当两个图像之间的匹配性较差时，小波变换的效果就很差。这就是说，小波变换滤波器的稳健性不好。

Butterworth 滤波器的数据容量比小波变换滤波器小，但它具有更多的数值特性。它使用离散余弦变换把高分辨率的图像和低分辨率的图像输入到频谱域，然后对两个图像的频谱参数进行加权求和，求和的结果进行反余弦变换就得到锐化图像。Butterworth 滤波器的优点是不管高分辨率图像和低分辨率图像的匹配性如何，最终的锐化结果都不会变换太大，就是说其稳健性比小波变换好。缺点是计算耗内存、速度慢。

13.7.3　CRISP 融合的实验结果

图 13.10 中(a)图为 CCD 图像，(b)图为相应地区经过配准与尺度转换的 HSI 图像，(c)图为 CRISP 方法用 Butterworth 滤波器进行融合得到的图像，(d)图为 CRISP 方法用小波变换进行融合得到的图像。

CRISP 融合方法不仅能实现两幅图像空间信息和光谱信息的全面融合，还实现了多光谱和高光谱的所有波段全部参与计算。融合结果全面，计算量也不大，是目前应用于高光谱图像和多光谱图像融合的有效方法之一。

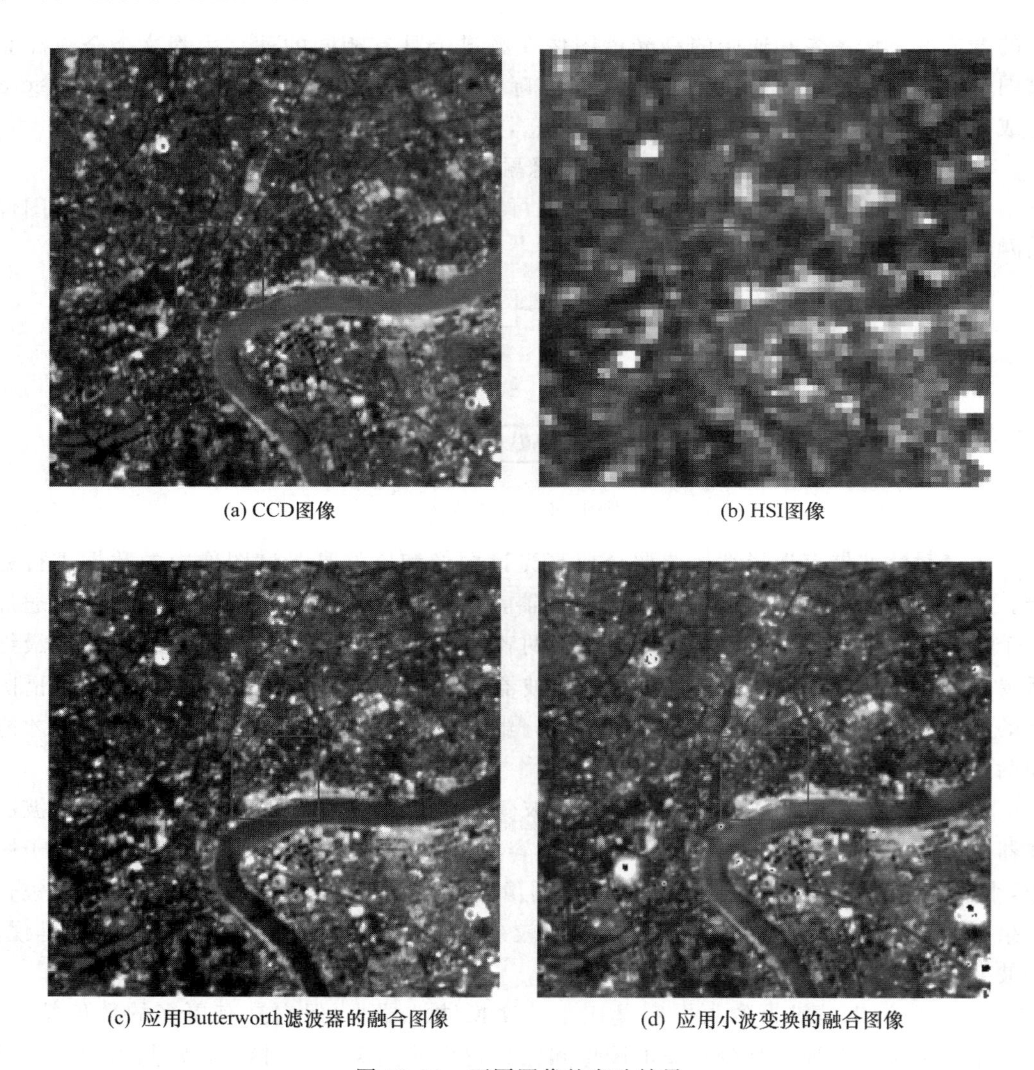

图 13.10　不同图像的实验结果

13.8　几种经典融合算法的比较

高空间分辨率图像与高光谱图像进行信息融合是对高光谱图像信息增强的最有效手段之一，但不同的融合算法有不同的性能表现。由于算法处理过程中融合图像的光谱特征数据和空间几何数据会发生些许变化，因此输出的融合图像质量各有优劣。

IHS 变换融合方法的优点是实现简便、时间复杂度低，空间分辨率的提升效果明显，能同时保留原始高光谱图像的基本色调。但是该算法只能对三个波段进行融合，所以输出图像有比较明显的光谱扭曲。

PCA 变换融合的显著特点是原始图像的全波段参与融合运算，将变换后图像的主要信息集中在前几个主要成分上。然而全色图像与要替换的第一主成分分量的物理意义不尽相同，直接替换将导致全色图像在输出图像光谱信息时扭曲严重。

高通滤波算法的优点在于将高分辨率图像有效的细节信息融合至高光谱图像中，从而高光谱图像光谱信息未发生较大的改变，光谱扭曲较小。然而由于不同细节信息提取所需要的滤波器大小不能唯一确定，从而导致只能获取纹理边缘较为明显的细节信息，输出结果图像的空间分辨率的增强效果较其他方法稍逊一筹。

Brovey算法不存在变换操作，它只是将选取的三个波段的信息按照公式进行计算，最后分配至红绿蓝三个波段形成融合图像。由于融合前后光谱形状未发生改变，所以其光谱保持度较好，但是整体色调较暗。

小波变换算法可以根据不同的应用需求，选择不同的小波基长度和分解层数，在输出的结果图像中，较好地保留了原始图像的空间信息和光谱信息。但是随着小波分解尺度的不断增加，融合结果图像中的方块效应和光谱损失比较明显。

以上的传统经典融合算法对高光谱图像融合都有一定的借鉴作用，我们的目标是寻求能够更适用于高光谱图像融合的方法。CRISP融合方法便能实现两幅图像空间信息和光谱信息的全面融合，而且实现了多光谱和高光谱的所有波段全部参与计算，从而使得融合结果更加全面，同时计算量也不大。另外，如果图像不同部位的光谱信息相差太大，还可以分块局部融合，这种方法在具体的实现过程中应用非常灵活，是目前能应用于高光谱图像和多光谱图像融合较好的方法。表13.1为各类融合算法的优劣分析表。

表13.1　各类融合算法的优劣分析表

融合算法	优点	缺点
HIS变换	简单快捷，空间分辨率提升明显	仅限三个波段的融合，光谱保持性差
PCA主成分变换	简单快捷，去除波段冗余信息，空间信息改善明显，全波段融合	改变了原始波段间的物理意义，存在光谱退化现象
Brovey变换	简单快速，信息保持较好	光谱扭曲明显
高通滤波变换	算法简单，全波段参与运算，光谱信息保持相对较好	空间分辨率提高较差，融合结果与滤波器选择相关
小波变换	空间和光谱信息同步保留，全波段运算	随着分解尺度的增加，出现方块效应，有一定的光谱损失
CRISP融合	所有波段全部参与计算，融合结果全面，可以分块局部融合，应用非常灵活	当图像比较大时，运算量比较大

表13.2是四种不同融合方法的定量分析和比较，由此可见，CRISP的综合指标最好。

表 13.2 四种不同融合方法的定量分析和比较

评价指标	原始多光谱	IHS	Brovey	PCA	CRISP
标准差	11.543	5.051	6.072	11.328	11.045
信息熵	4.273	3.721	3.652	4.392	4.498
偏差指数	—	0.004	0.278	0.223	0.093
相关系数	—	0.483	0.492	0.634	0.521

图 13.11 是四种方法的融合图像效果对比及分析，其中(a)图为 IHS 融合图像，(b)图为 Brovey 融合图像，(c)图为 PCA 融合图像，(d)图为 CRISP 融合图像。图 13.12 为三种算法的光谱曲线图，其中(a)图为原始 HSI 图像光谱曲线，(b)图为 PCA 融合光谱曲线，(c)图为 CRISP 融合光谱曲线。

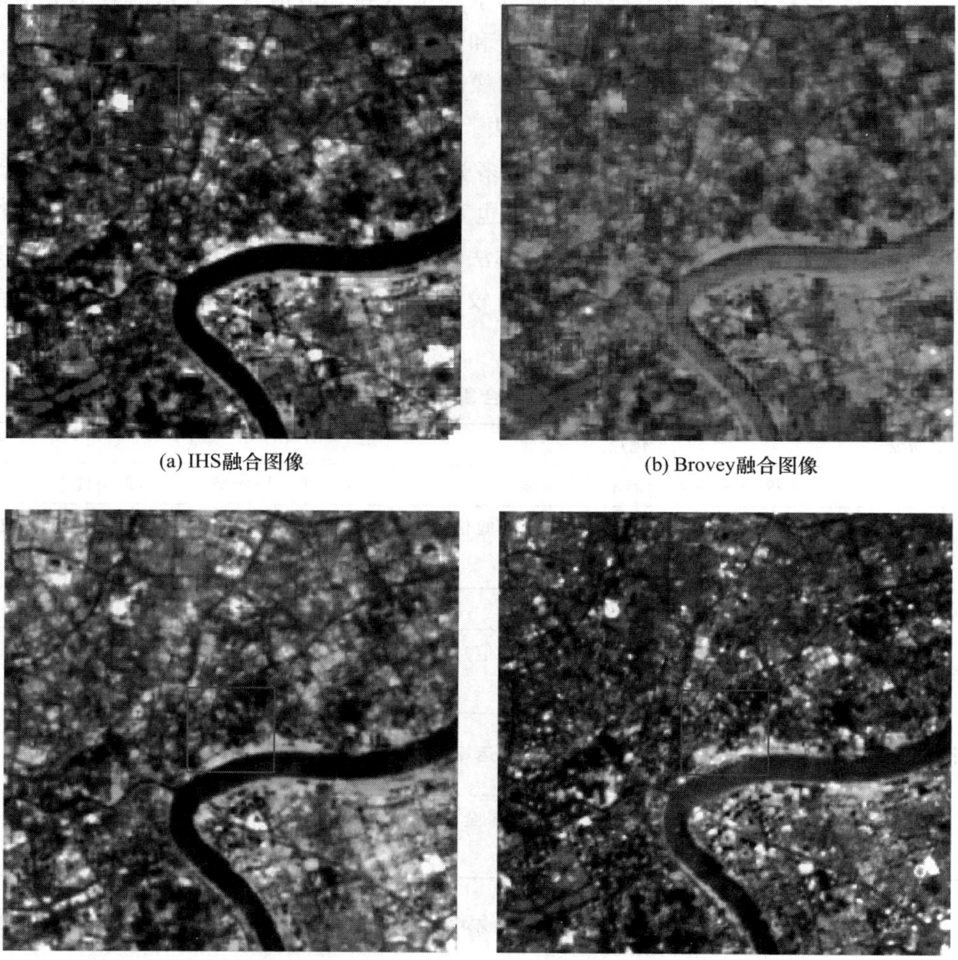

(a) IHS融合图像

(b) Brovey融合图像

(c) PCA融合图像

(d) CRISP融合图像

图 13.11 四种融合算法的效果对比图

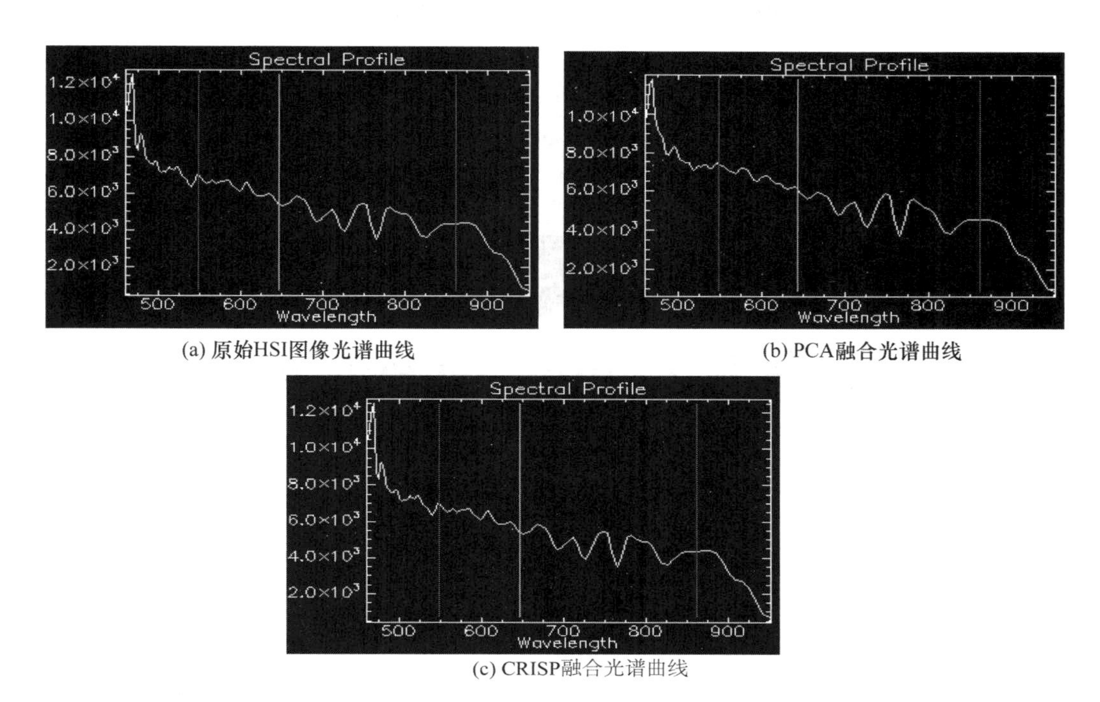

(a) 原始HSI图像光谱曲线

(b) PCA融合光谱曲线

(c) CRISP融合光谱曲线

图 13.12　三种算法的光谱曲线图

第 14 章

基于粒子群优化 Contourlet 变换的融合算法

14.1 粒子群算法

目前,粒子群优化(Particle Swarm Optimization,PSO)算法是比较重要的群体智能算法之一,它来源于自然界中鸟群或鱼群的捕食行为。1995 年,James Kennedy 和 Russell Eberhart 合作提出了粒子群优化算法,该算法是继蚁群算法后另一重要的群体智能优化算法。

假定每个粒子(鸟群中单独的一只鸟)在特定的空间范围内都有自己的位置和速度,解空间中的每一个点都与相应的粒子位置相对应,而每个粒子的飞行方向和距离都由该粒子的速度表示。在解空间中运动时,粒子是通过跟踪个体极值和群体极值来更新个体位置的。个体极值是指在个体所经历位置中计算得到的适应度值最优位置,群体极值是指种群中的所有粒子搜索到的适应度值最优位置。在粒子每更新一次位置的过程中,都要计算一次适应度的值,通过比较新粒子的适应度值和个体极值、群体极值的适应度值来更新个体极值和群体极值的位置,并通过个体极值和群体极值来更新自身速度和位置。

设 D 维搜索解空间中 $x_i=(x_{i1},x_{i2},\cdots,x_{iD})^{\mathrm{T}}$ 为对应第 i 个粒子的位置,$v_i=(v_{i1},v_{i2},\cdots,v_{iD})^{\mathrm{T}}$ 为对应第 i 个粒子的速度,个体极值为 $p_i=(p_{i1},p_{i2},\cdots,p_{iD})^{\mathrm{T}}$,种群的群体极值为 $p_g=(p_{g1},p_{g2},\cdots,p_{gD})^{\mathrm{T}}$。

在每次迭代过程中,粒子通过个体极值和群体极值更新自身的速度和位置,其公式可表示为

$$v_i^{k+1}=\omega v_i^k+c_1r_1(p_i^k-x_i^k)+c_2r_2(p_g^k-x_i^k) \tag{14-1}$$

$$x_i^{k+1}=x_i^k+v_i^{k+1} \tag{14-2}$$

其中,ω 为惯性权重,k 为当前迭代次数,v_i 为第 i 个粒子的速度,x_i 为第 i 个粒子的位置,c_1 和 c_2 为加速度因子,r_1 和 r_2 是分布于[0,1]区间的随机数。

为防止粒子的盲目搜索,一般会设置粒子的位置区间和速度区间。得到粒子新的位置后,可以求出对应的目标函数(适应度函数)的值,并更新粒子的个体极值位置信息和种群的极值位置信息。由于式(14-1)可以更新粒子的速度信息,所以提高了搜索的范围,此外,粒子还可以通过对自己历史最优信息的学习和种群最优信息的学习,使得粒子群算法具有搜寻最优解的能力,粒子将会逐渐接近全局的最优解。图 14.1 为标准粒子群优化算法的流程图。

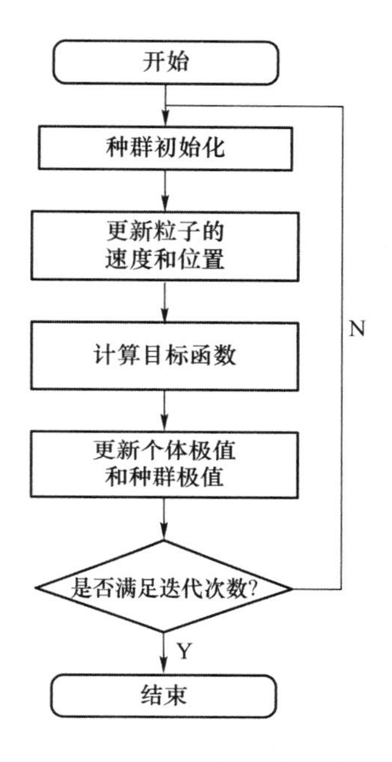

图 14.1　标准粒子群优化算法的流程图

14.2　Contourlet 变换

近些年来,小波变换已经广泛地应用到了图像融合领域当中,并且已经取得了很多成果,然而由于一维小波基张成二维小波基,所以小波变换在捕获图像边缘方向上能力比较有限,因此小波变换不能很好地表达图像特征。

2002 年,MN Do 和 Martin Vetterli 提出了一种“真正”的二维图像的表示方法,该方法为 Contourlet 变换,也称其为 PDFB。Contourlet 变换可以捕获视觉信息中关键的几何结构特性。图 14.2 为小波基与 Contourlet 基对曲线的表示。Contourlet 变换是一种多尺度、多方向的分解图像的方法,在变换中多尺度分析和多方向分析是分开实现的。

首先使用拉普拉斯金字塔来获取奇异点。然后对每一级金字塔的高频分量进行方向滤波,通过方向滤波器所获得的同一方向的高频信息来组成相应线形结构。Contourlet 变换结构如图 14.3 所示。

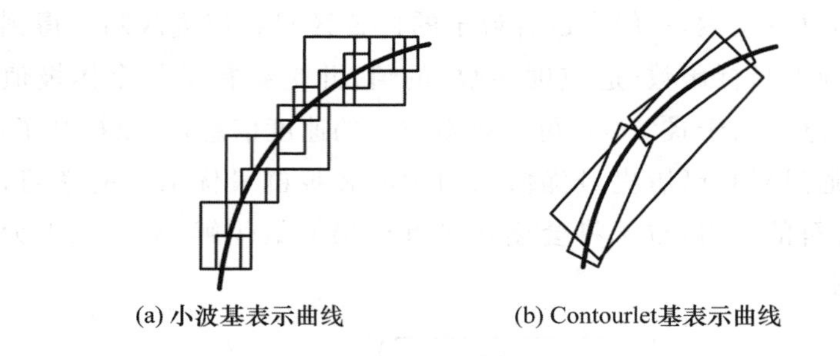

(a) 小波基表示曲线
(b) Contourlet基表示曲线

图 14.2　小波基与 Contourlet 基对曲线的表示

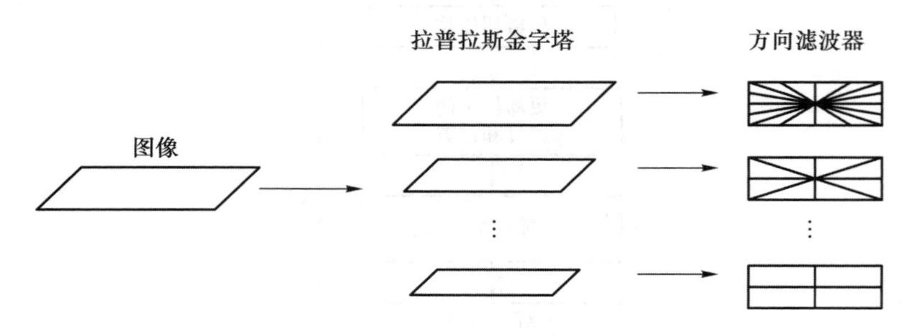

图 14.3　Contourlet 变换结构

在整个 Contourlet 变换过程中，使用拉普拉斯金字塔进行多尺度分解。首先，通过利用低通采样滤波器，得到与原始图像相似的低通图像；然后用原始图像与得到的低通图像相减得到差值图像，继续把低通图像作为下一级分解的输入图像，进行下一层金字塔变换，低通图像经过低通采样滤波器得到与原始图像相似的低通图像，图像相减得到下一层的差值图像。以此类推，逐级进行滤波，以获得图像的多分辨率分解。

接下来通过方向滤波器对拉普拉斯金字塔分解的图像进行处理，来获取图像的方向信息。由于方向滤波器仅适用于获取图像的高频信息，因此采用拉普拉斯金字塔分解，将图像的低频部分移除，对图像的高频部分应用方向滤波器，能够很好地获取图像的方向信息。将金字塔分解和方向滤波器进行组合，就实现了 Coutourlet 变换。

14.3　基于粒子群优化 Contourlet 变换的融合算法

目前，基于 Contourlet 变换的全色图像和多光谱图像的融合方法大致可分为两种：第一种方法为将全色图像和多光谱图像的每个波段都进行 Contourlet 变换，将变换得到的全色图像的高频部分分别替换多光谱图像每个波段的高频部分，然后对全色图像的高频部分与多光谱的低频部分进行 Contourlet 反变换，最后得到融合的结果；第二种方法与第一种融合方法不同的是，它将全色图像的高频部分与多光谱图像的高频部分进行固定数值的加权以合成新的高频部分，全色图像的低频部分与多光谱图像的低频部分进行固定数值的加权以合成新的低频部分，然后将合成的高频部分和低频部分进行 Contourlet 反变换，最后得到融合结果。当第二种方法中的全色图像的高频部分加权系数取 1，低频部分加权系数取 0，多光谱图像的高频部分加权系数取 0，低频部分加权系数取 1 时，即为第一种融合方法。在整个融合过程中，由于加权系数是人为设定的，因此这直接影响融合质量的好坏。利用粒子群优化算法的寻优特性，优化多光谱不同波段与全色图像的加权系数，通过相应的目标函数获得最优的加权系数，利用最优的加权系数获得最后的融合结果。

对全色图像和多光谱图像的每个波段进行 Contourlet 变换，变换获得的各个子带图像的加权公式为

$$I_f = \alpha_j \cdot I_{\text{pan}} + (1-\alpha_j) \times I_m^i \tag{14-3}$$

其中，α_j 为第 j 个子带图像的加权系数，令 $\alpha = (\alpha_1, \alpha_2, \cdots, \alpha_D)^{\mathrm{T}}$，其值由粒子群优化算法获得。$I_{\text{pan}}$为全色图像 Contourlet 变换的子带图像，I_m^i 为多光谱第 i 个波段 Contourlet 变换后与全色图像子带图像对应的子带图像。

由于粒子群优化算法就是寻找目标函数的解空间中的最优解的过程，因此选取适当的目标函数也尤为重要。一些专家学者提出了对比两图像的扭曲程度的评价系数，并做出了改进。通过引入超复数的概念，对多光谱图像融合进行评价判定，然而由于多光谱图像并不一定都是具有四个波段的图像，因此对于多光谱图像的每个波段和对应融合结果的对应波段来说，可采用如下公式来计算相似程度：

$$Q_i = \frac{4\sigma_{xy}^i \overline{x^i}\ \overline{y^i}}{[(\sigma_x^i)^2 + (\sigma_y^i)^2][(\overline{x^i})^2 + (\overline{y^i})^2]} \tag{14-4}$$

其中，$\overline{x^i}$为多光谱第 i 个波段的均值，$\overline{y^i}$为融合结果第 i 个波段的平均值，σ_x^i 为多光谱第 i 个波段的标准差，σ_y^i 为融合结果第 i 个波段的标准差，σ_{xy}^i 为多光谱图像和融合结果第 i 个波段的协方差。Q_i 取值越接近 1，表明两幅图像的相似程度越高。

然而式(14-4)并不能直接当作目标函数进行融合，如果简单作为目标函数与原始的全色图像和多光谱图像对比，那么最优解结果将会得到原始的全色图像和多光谱图像。利用多元方法来建立目标函数，在实验的过程中，算法是对 0.6 m×0.6 m 的全色图像与 2.4 m×2.4 m的多光谱图像进行融合，得到的结果为 0.6 m×0.6 m 的多光谱融合结果。采用多元分析的方法，将 0.6 m×0.6 m 的全色图像重采样为 2.4 m×2.4 m 的全色图像，2.4 m×2.4 m 的多光谱图像重采样为 9.6 m×9.6 m 的多光谱图像。把 2.4 m×2.4 m 的全色图像和 9.6 m×9.6 m 的多光谱图像进行融合，利用式(14-4)，将得到的融合结果与原始 2.4 m×2.4 m 的多光谱图像作为目标函数。利用粒子群算法进行权值优化，将最优的权值应用到 0.6 m×0.6 m 的全色图像与 2.4 m×2.4 m 的多光谱图像的加权的 Contourlet 变换融合过程中，基于粒子群优化 Contourlet 变换的融合算法流程如图 14.4 所示。

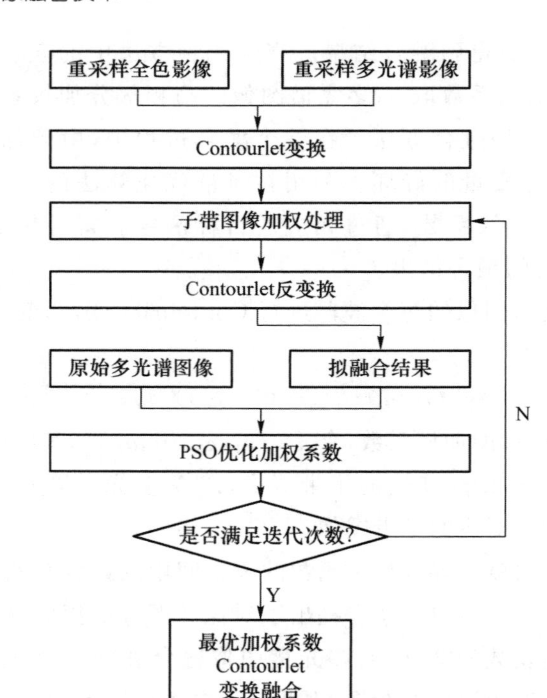

图 14.4　基于粒子群优化 Contourlet 变换的融合算法流程图

14.4　融合结果及分析

遥感图像融合的目的在于既能保证多光谱图像的光谱信息，又能提高图像的空间分辨率。目前融合的质量评价采用主观评价和客观评价两种方法，由于主观评价方法的评价结果受人为因素影响严重，因此在算法对比的评价中不能很好地评价哪种算法最优。在客观的评价方法中，目前还没有完善的统一指标来衡量融合质量的好坏，客观的评价方法只能在融合结果的某一个方面进行评价。针对以上情况，现通过计算融合结果与多光谱图像的相关系数和光谱扭曲程度来判定光谱保真程度；通过计算融合结果的清晰度来评价提高图像空间分辨率的程度。

本实验采用 Quickbird 图像，全色图像的分辨率为 0.6 m×0.6 m，如图 14.5(a)所示。多光谱图像的分辨率为 2.4 m×2.4 m，将其配准后重采样为 0.6 m×0.6 m 的分辨率图像，如图 14.5(b)所示。图 14.5(c)为高通滤波融合图像，图 14.5(d)为传统 Contourlet 变换的融合结果，图 14.5(e)为 PCA 算法融合结果，图 14.5(f)为 PSO 优化的 Contourlet 变换的融合结果。

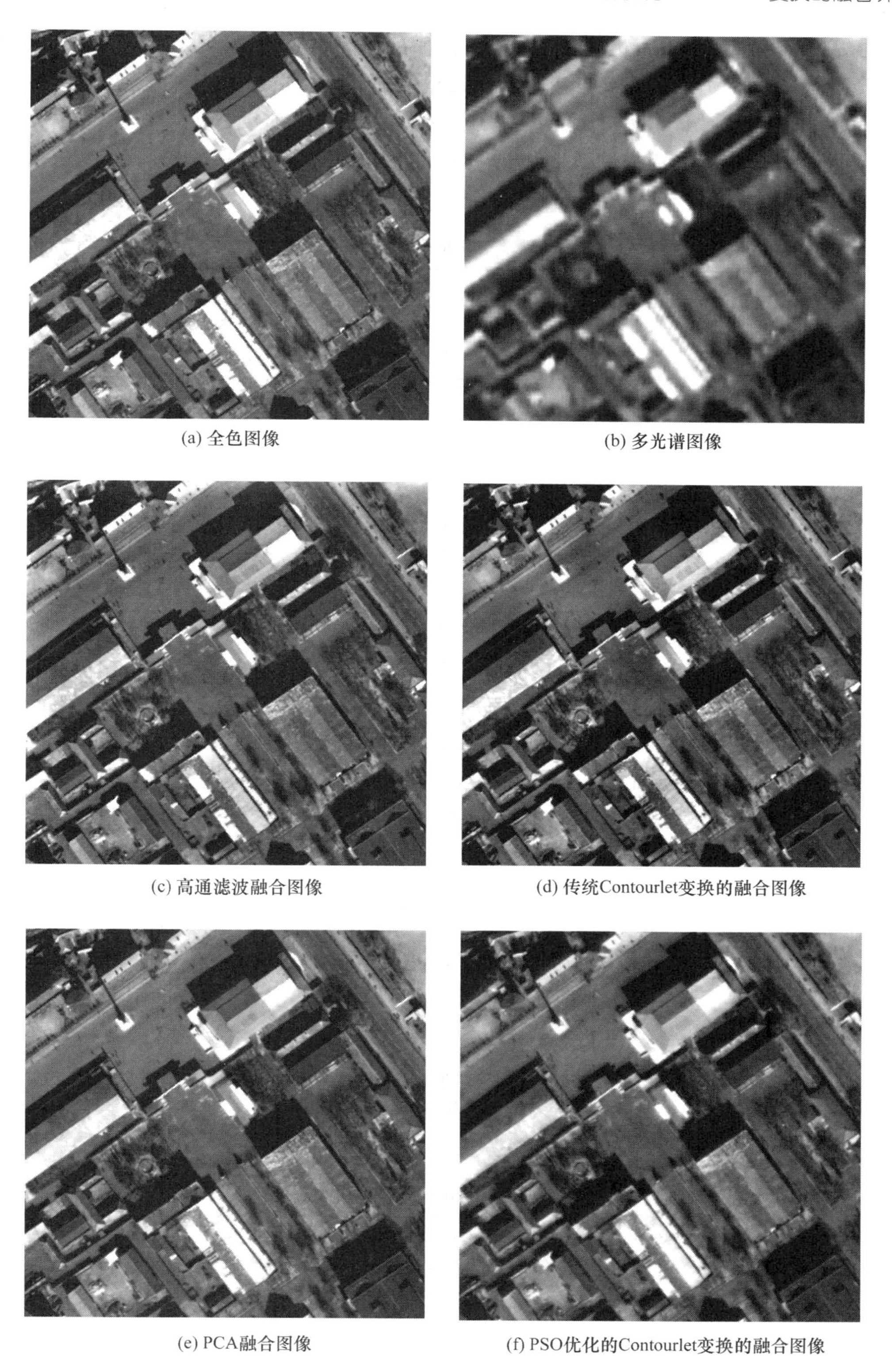

(a) 全色图像　(b) 多光谱图像

(c) 高通滤波融合图像　(d) 传统Contourlet变换的融合图像

(e) PCA融合图像　(f) PSO优化的Contourlet变换的融合图像

图 14.5　不同算法的融合结果

在客观评价方面，采用相关系数和光谱扭曲度作为相应的评价指标。虽然平均梯度可以用来衡量图像的清晰程度，但在某些融合算法中产生的随机噪声也会增大平均梯度的值。因此在客观评价指标方面仅采用相关系数和光谱扭曲度作为客观评价指标。下面给出不同算法在多光谱相关系数、光谱扭曲度、清晰度等方面的对比结果，如表14.1～表14.3所示。

表 14.1 多光谱相关系数

	第1组	第2组	第3组	第4组
PSO+Contourlet 变换算法	0.925 8	0.917 2	0.909 8	0.908 5
PSO 融合算法	0.862 1	0.852 0	0.859 1	0.850 4
滤波融合算法	0.639 5	0.765 2	0.772 2	0.796 1
传统 Contourlet 变换算法	0.647 6	0.771 4	0.781 7	0.802 2

表 14.2 光谱扭曲度

	第1组	第2组	第3组	第4组
PSO+Contourlet 变换算法	10.479 1	20.109 2	21.275 9	28.064 3
PCA 融合算法	12.370 5	24.399 2	25.279 3	33.205 8
滤波融合算法	77.754 0	67.026 7	65.590 3	60.662 3
传统 Contourlet 变换算法	80.124 6	69.219 1	65.643 6	60.696 3

从表14.1中可以看出，PSO优化的Contourlet变换融合算法结果与多光谱的相关系数最高，在光谱特性方面与多光谱相似程度最高。从表14.2中可以看出，PSO优化的Contourlet变换融合算法结果的光谱扭曲程度最小，表明其在光谱保真特性上有着明显的优势。

表 14.3 清晰度

	第1组	第2组	第3组	第4组
PSO+Contourlet 变换算法	5.995 1	11.821 3	12.549 5	16.181 5
PCA 融合算法	7.205 7	13.962 4	14.464 4	18.986 1
滤波融合算法	27.674 4	28.202 5	27.545 2	27.954 6
传统 Contourlet 变换算法	27.461 7	28.225 6	27.337 7	27.838 5
原始多光谱	2.721 1	5.316 4	5.442 7	7.340 9

从表14.3中可以看出，PSO优化的Contourlet变换的融合结果在提高图像清晰度方面表现最差。然而随着图像清晰度的提高，融合结果引入的光谱畸变也就越大，与原始多光谱清晰度对比可以发现，该算法在尽可能地保证原始光谱特性的同时，也提高了图像的清晰程度。

图14.6为PSO寻优每个波段的收敛过程，PSO在权值寻优的过程中，其收敛速度相对比较迅速。

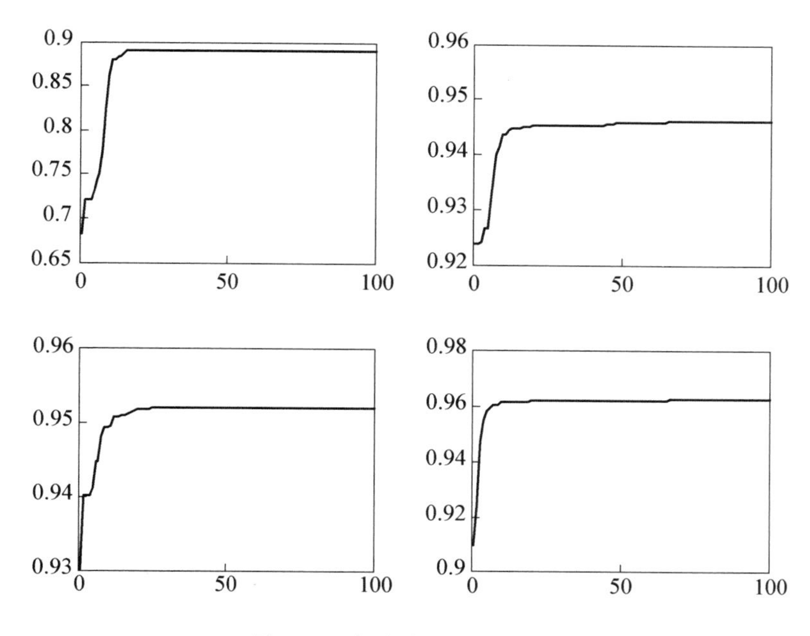

图 14.6　每个波段的收敛过程

通过对比相关系数、光谱扭曲和融合结果清晰度可以说明，经过 PSO 优化的 Contourlet 变换融合算法，在光谱保真方面优于 PCA 融合及其他融合算法。然而由于其具有较强的光谱保真能力，所以在提高图片的清晰度方面，并没有比其他融合算法表现突出。综上表明，PSO 优化的 Contourlet 变换的融合算法在保证多光谱图像光谱信息的同时，也提高了图像的清晰度，并且在光谱保真程度上尤为突出。

第 15 章

基于 MAP/SMM 模型的高光谱图像融合算法

15.1 基于 MAP/SMM 模型的高光谱图像融合原理概述

以后验概率函数为先验限制条件的贝叶斯方法，由于其较好的超分辨率重建结果已经得到了广泛的应用。依据贝叶斯准则，高光谱图像分辨率的提高也可看成是从高分辨率全色图像和低分辨率高光谱图像中寻找最优解的过程。Eismann 等人提出运用极大后验估计(Maximum a Posteriori Estimation，MAP)的方法，在高分辨率全色图像的辅助下使用随机混合模型(Stochastic Mixed Model，SMM)实现高光谱图像空间分辨率的提高。利用全色图像和原始高光谱图像间的内在相关性，实现高光谱图像空间几何信息的全面增强，同时极大地保留高光谱图像的光谱信息，改正了在传统方法下图像只有部分信息增强的缺点。此算法数学理论严谨，完全建立在集合理论和概率理论的基础上。图 15.1 为基于 MAP/ SMM 的高光谱图像融合技术流程。

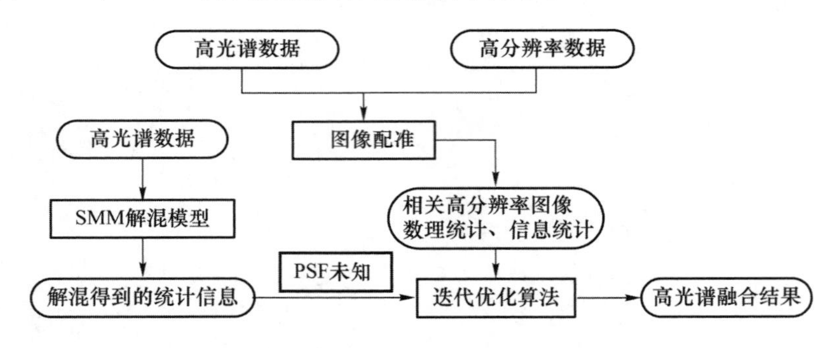

图 15.1　基于 MAP/ SMM 的高光谱图像融合技术流程

15.2　观测模型的建立

假设全色图像表示为 $\boldsymbol{x}=(\boldsymbol{x}_1,\boldsymbol{x}_2,\cdots,\boldsymbol{x}_N)$，其中 $\boldsymbol{x}_i$ 表示全色图像在某一空间位置的强度信息，N 表示全色图像的像素总数。词典编纂指数 i 和二维(水平方向 i' 和垂直方向 j')图像的关系如下：

$$i=i'+j'N_{i'}+1 \tag{15-1}$$

其中，$N_{i'}$ 表示水平方向的像素个数，(i',j') 从 $(0,0)$ 开始，i 从 1 开始。

同样地，高光谱图像表示为 $\boldsymbol{y}=(\boldsymbol{y}_1^{\mathrm{T}},\boldsymbol{y}_2^{\mathrm{T}},\cdots,\boldsymbol{y}_M^{\mathrm{T}})^{\mathrm{T}}$，其中 $\boldsymbol{y}_j(j=1,2,\cdots,M)$ 是一个 K 元向量，表示在空间位置 j 的 K 个波段的信息，M 为高光谱图像的空间像素总数。

假设融合之后分辨率增强的高光谱结果图像表示为 $\boldsymbol{z}=(\boldsymbol{z}_1,\boldsymbol{z}_2,\cdots,\boldsymbol{z}_N)$，其中 $\boldsymbol{z}_i(i=1,2,\cdots,N)$ 是一个 K 元向量，表示在空间位置 j 的 K 个波段的信息，N 是分辨率增强的高光谱图像的像素总数。

假设全色图像和高光谱图像之间存在线性观测模型。对于全色图像而言，每个像素点的灰度值被认为是高分辨率的高光谱图像光谱值的线性组合再加上一个噪声向量，具体表达式为

$$\boldsymbol{x}_i=\boldsymbol{s}_i^{\mathrm{T}}\boldsymbol{z}_i+\boldsymbol{\eta}_i \tag{15-2}$$

其中，$\boldsymbol{s}_i$ 为光谱响应向量，$\boldsymbol{\eta}_i$ 为噪声向量，并且服从正态分布 $N(0,\sigma_{\boldsymbol{\eta}}^2)$，即

$$\boldsymbol{\eta}_i\sim N(0,\sigma_{\boldsymbol{\eta}}^2) \tag{15-3}$$

$\boldsymbol{s}_i$ 表示对于第 i^{th} 个像素的光谱响应函数。$\boldsymbol{x}_i=\boldsymbol{s}_i^{\mathrm{T}}\boldsymbol{z}_i+\boldsymbol{\eta}_i$ 的关系可以表示为

$$\boldsymbol{x}=\boldsymbol{S}^{\mathrm{T}}\boldsymbol{z}+\boldsymbol{\eta} \tag{15-4}$$

其中，光谱响应矩阵 $\boldsymbol{S}$ 为

$$\boldsymbol{S}=\begin{pmatrix} \boldsymbol{s}_1 & 0 & 0 & \cdots & 0 \\ 0 & \boldsymbol{s}_2 & 0 & \cdots & 0 \\ 0 & 0 & \boldsymbol{s}_3 & \cdots & 0 \\ \vdots & \vdots & \vdots & & 0 \\ 0 & 0 & 0 & \cdots & \boldsymbol{s}_N \end{pmatrix} \tag{15-5}$$

类似地，原高光谱图像也可以表示为高分辨率高光谱图像与点扩散函数 $h_{j,i,k}$ 的卷积再加上一个噪声向量，具体表达式为

$$y_{j,k}=\sum_{i=1}^{N}h_{j,i,k}z_{i,k}+\boldsymbol{n}_{j,k} \tag{15-6}$$

其中，$y_{j,k}$ 是 y 第 j 个像素第 k 个波段的值，$h_{j,i,k}$ 是与 $y_{j,k}$ 对应的点扩散函数，$n_{j,k}$ 是空间独立，均值为 0 的正态分布的随机过程，光谱协方差矩阵 $\boldsymbol{C}_n$ 为

$$\boldsymbol{n}_j=(\boldsymbol{n}_{j,1},\boldsymbol{n}_{j,2},\cdots,\boldsymbol{n}_{j,k})^{\mathrm{T}}\sim N(0,\boldsymbol{C}_{\boldsymbol{n}_j}) \tag{15-7}$$

$$C_n=\bigoplus_{j=1}^{M} C_{n_j}=\begin{pmatrix} C_{n_1} & 0 & 0 & \cdots & 0 \\ 0 & C_{n_2} & 0 & \cdots & 0 \\ 0 & 0 & C_{n_3} & \cdots & 0 \\ \vdots & \vdots & \vdots & & 0 \\ 0 & 0 & 0 & \cdots & C_{n_M} \end{pmatrix} \tag{15-8}$$

其中,"$\bigoplus$"表示直和,点扩散函数 $h_{j,i,k}$ 表示第 j^{th} 低分辨率高光谱像素到第 i^{th} 高分辨率高光谱像素的空间响应。通常空间响应可能是光谱独立的。$y_{j,k}=\sum_{i=1}^{N} h_{j,i,k} z_{i,k}+\boldsymbol{n}_{j,k}$ 的关系可以表示为

$$\boldsymbol{y}=\boldsymbol{H}z+\boldsymbol{n} \tag{15-9}$$

空间响应矩阵 $\boldsymbol{H}$ 的每一行对应低分辨率的高光谱图像的点扩展函数。由于 $\boldsymbol{S}$ 和 $\boldsymbol{H}$ 是不可逆矩阵且非方阵,因此根据式(15-4)和式(15-9)直接求解 $\boldsymbol{z}$ 是不可行的,甚至在没有观测噪声的理想情况下,要想直接求得 $\boldsymbol{z}$ 也是很困难的,因此必须考虑通过其他办法解决此问题。

15.3 MAP 估计模型

将 MAP 估计理论应用到高光谱图像融合的目标是寻找高分辨率高光谱图像的一个估计值,它使得相对于两个已知图像(全色图像和低分辨率高光谱图像)的条件概率最大化,可表示为

$$\hat{z}=\arg\max_{z}\{p_z(z|x,y)\} \tag{15-10}$$

运用贝叶斯公式,条件概率密度函数表示为

$$p_z(z|x,y)=\frac{p_{x,y}(x,y|z)p_z(z)}{p_{x,y}(x,y)} \tag{15-11}$$

由于全色图像和高光谱图像通常可能来自不同的光学传感器,故可假设两个随机噪声过程是不相关的。根据两个已知图像相互独立的关系,条件概率密度函数可表示为

$$p_z(z|x,y)=\frac{p_{x|z}(x|z)p_{y|z}(y|z)p_z(z)}{p_{x,y}(x,y)} \tag{15-12}$$

通过不同的公式推导方式,可分别推导出显式 MAP 估计和隐式的 MAP 估计。

显式 MAP 估计

由于 z 的结果不依赖于分母,故可忽略分母,则 MAP 估计表示为

$$\hat{z}=\arg\max_{z}\{p_{x|z}(x|z)p_{y|z}(y|z)p_z(z)\} \tag{15-13}$$

其中,条件密度函数分别表示为

$$p_{x|z}(x|z)=\frac{1}{(2\pi)^{\frac{N}{2}}}\frac{1}{\sigma_\eta^N}\mathrm{e}^{-\frac{1}{2\sigma_\eta^2}(x-\boldsymbol{S}^{\mathrm{T}}z)^{\mathrm{T}}(x-\boldsymbol{S}^{\mathrm{T}}z)} \tag{15-14}$$

$$p_{y|z}(y|z)=\frac{1}{(2\pi)^{\frac{MK}{2}}}\frac{1}{|\boldsymbol{C}_n|^{\frac{1}{2}}}\mathrm{e}^{-\frac{1}{2}(y-\boldsymbol{H}z)^{\mathrm{T}}\boldsymbol{C}_n^{-1}(y-\boldsymbol{H}z)} \tag{15-15}$$

假设融合后分辨率增强的高光谱图像的密度函数满足正态分布模型，密度函数可表示为

$$p_z(z)=\frac{1}{(2\pi)^{\frac{NK}{2}}}\frac{1}{|\boldsymbol{C}_z|^{\frac{1}{2}}}\mathrm{e}^{-\frac{1}{2}(z-m_z)^{\mathrm{T}}\boldsymbol{C}_z^{-1}(z-m_z)} \tag{15-16}$$

其中，每个像素点的均值和方差矩阵均不同。假设各个像素点之间相互独立，则 $\boldsymbol{C}_z$ 可表示为一个块对角矩阵，均值和方差可分别表示为 $m_z=(m_{z_1}^{\mathrm{T}},m_{z_2}^{\mathrm{T}},\cdots,m_{z_N}^{\mathrm{T}})$，$\boldsymbol{C}_z=\bigoplus_{i=1}^{N}\boldsymbol{C}_{z_i}$。

将式(15-13)进行简化之后可得目标函数 $f(z)$，可表示为

$$f(z)=\frac{1}{2\sigma_\eta^2}(x-\boldsymbol{S}^{\mathrm{T}}z)^{\mathrm{T}}(x-\boldsymbol{S}^{\mathrm{T}}z)+\frac{1}{2}(y-\boldsymbol{H}z)^{\mathrm{T}}\boldsymbol{C}_n^{-1}(y-\boldsymbol{H}z)+\frac{1}{2}(z-m_z)^{\mathrm{T}}\boldsymbol{C}_z^{-1}(z-m_z) \tag{15-17}$$

要使得 MAP 估计取得最优解，则需获取 $f(z)$的最小值。

显而易见的是，这个函数是关于 z 的二次方程，因此求解 $f(z)$的最小值。$f(z)$求倒数后其梯度可表示为

$$\boldsymbol{g}(z)=-\frac{1}{\sigma_\eta^2}\boldsymbol{S}(x-\boldsymbol{S}^{\mathrm{T}}z)-\boldsymbol{H}^{\mathrm{T}}\boldsymbol{C}_n^{-1}(y-\boldsymbol{H}z)+\boldsymbol{C}_z^{-1}(z-m_z) \tag{15-18}$$

再次求导可得

$$\boldsymbol{G}=\frac{1}{\sigma_\eta^2}\boldsymbol{S}\boldsymbol{S}^{\mathrm{T}}+\boldsymbol{H}^{\mathrm{T}}\boldsymbol{C}_n^{-1}\boldsymbol{H}+\boldsymbol{C}_z^{-1} \tag{15-19}$$

从梯度提取偏移量为

$$\boldsymbol{b}=-\frac{1}{\sigma_\eta^2}\boldsymbol{S}x-\boldsymbol{H}^{\mathrm{T}}\boldsymbol{C}_n^{-1}y-\boldsymbol{C}_z^{-1}m_z \tag{15-20}$$

目标函数的二次标准形表示为

$$f(z)=\frac{1}{2}z\boldsymbol{G}z+\boldsymbol{b}^{\mathrm{T}}z+c \tag{15-21}$$

其中，c 是个常量。梯度的标准形式表示为

$$\boldsymbol{g}(z)=\boldsymbol{G}z+\boldsymbol{b} \tag{15-22}$$

当梯度为零时，取得最优解，则

$$\boldsymbol{G}\hat{z}=-\boldsymbol{b} \tag{15-23}$$

隐式 MAP 估计

运用贝叶斯公式也可以推出另一种形式的 MAP 估计，具体表示如下

$$p_z(z|x,y)=\frac{p_{x,z}(x,z)p_{y|z}(y|z)p_z(z)}{p_z(z)p_{x,y}(x,y)}=\frac{p_{z|x}(z|x)p_x(x)p_{y|z}(y|z)p_z(z)}{p_z(z)p_{x,y}(x,y)} \tag{15-24}$$

简化之后可得

$$\hat{z}=\arg\max_z\{p_{y|z}(y|z)p_{z|x}(z|x)\} \tag{15-25}$$

其中，条件密度函数为

$$p_{z|x}(z|x)=\frac{1}{(2\pi)^{\frac{NK}{2}}}\frac{1}{|\boldsymbol{C}_{z|x}|^{\frac{1}{2}}}\mathrm{e}^{-\frac{1}{2}(z-m_{z|x})^{\mathrm{T}}\boldsymbol{C}_{z|x}^{-1}(z-m_{z|x})} \tag{15-26}$$

同理目标函数表示为

$$f(z)=\frac{1}{2}(y-\boldsymbol{H}z)^{\mathrm{T}}\boldsymbol{C}_n^{-1}(y-\boldsymbol{H}z)+\frac{1}{2}(z-m_{z|x})^{\mathrm{T}}\boldsymbol{C}_{z|x}^{-1}(z-m_{z|x}) \tag{15-27}$$

求导之后可得

$$\boldsymbol{G}=\boldsymbol{H}^{\mathrm{T}}\boldsymbol{C}_n^{-1}\boldsymbol{H}+\boldsymbol{C}_{z|x}^{-1} \tag{15-28}$$

偏移量为

$$\boldsymbol{b}=-\boldsymbol{H}^{\mathrm{T}}\boldsymbol{C}_n^{-1}y-\boldsymbol{C}_{z|x}^{-1}m_{z|x} \tag{15-29}$$

目标函数的二次标准形为式(15-21)，其中 c 是个常量。与显式 MAP 类似，隐式 MAP 估计无论是 $\boldsymbol{G}$ 还是 $\boldsymbol{b}$ 都不包含与全色图像相关的光谱响应矩阵 $\boldsymbol{S}$。相比而言，隐式 MAP 估计含有条件统计参数 $m_{z|x}$ 和 $\boldsymbol{C}_{z|x}$，它能间接体现高光谱图像和全色图像之间的光谱响应关系，所以此推导方式称为隐式 MAP 估计。虽然两者的数学形式不同，但是两种估计的实质是相同的。综上可推出隐式 MAP 估计为

$$\hat{z}=(\boldsymbol{H}^{\mathrm{T}}\boldsymbol{C}_n^{-1}\boldsymbol{H}+\boldsymbol{C}_{z|x}^{-1})^{-1}(\boldsymbol{H}^{\mathrm{T}}\boldsymbol{C}_n^{-1}y+\boldsymbol{C}_{z|x}^{-1}m_{z|x}) \tag{15-30}$$

将其简化可得

$$\hat{z}=m_{z|x}+\boldsymbol{C}_{z|x}\boldsymbol{H}^{\mathrm{T}}(\boldsymbol{H}\boldsymbol{C}_{z|x}\boldsymbol{H}^{\mathrm{T}}+\boldsymbol{C}_n)^{-1}(y-\boldsymbol{H}m_{z|x}) \tag{15-31}$$

与显式 MAP 估计类似，隐式估计也需要求解统计值 $m_{z|x}$ 和 $\boldsymbol{C}_{z|x}$。通过已知全色图像和高光谱图像可求得这些统计值。

15.4　随机混合模型

在随机混合模型中，假设每个端元可用一个光谱向量来表示。然而受多重因素的影响，端元光谱实际上并不是一成不变的。随机混合在不确定端元光谱的情况下，随机混合模型能够得到光谱数据的分解值以及相关的数理统计结果，并且在点扩散函数以及光谱响应函数不确定的情况下，显示了对噪声的鲁棒性，其已被证明在高光谱图像融合方面有极为重要的实用价值。对于潜在的高分辨率高光谱图像的统计参数来说，随机混合模型是 MAP/ SMM 融合算法的重要部分。

随机混合模型形式上与线性模型类似，混合像元为端元光谱的线性组合，可表示为

$$\boldsymbol{\omega}\mid\boldsymbol{q}=\sum_{m=1}^{N_{\mathrm{e}}}a_m(q)\boldsymbol{\varepsilon}_m \tag{15-32}$$

其中，$\boldsymbol{\omega}|\boldsymbol{q}$ 为混合像元光谱向量，$a_m(q)$ 为第 m 个端元所占的比例，而且要同时满足和为一约束（abundance-sum-to-one-constraint）以及非负（abundance non-negativity constraint）约束条件，$\boldsymbol{\varepsilon}_m$ 为 $L\times1$ 的随机向量，L 为波段数量，其均值向量为 $\boldsymbol{m}_m$，协方差矩阵为 $\boldsymbol{C}_m$。通过随机混合模型的求解，将会获得均值、方差以及丰度图等。

由于式(15-32)的线性关系，则第 q^{th} 个混合像元光谱向量的均值、协方差与端元光谱的均值、协方差之间的关系可表示为

$$\boldsymbol{m}_{\boldsymbol{\omega}|\boldsymbol{q}}=\sum_{m=1}^{N_{\mathrm{e}}}a_m(q)\boldsymbol{m}_{\boldsymbol{\varepsilon}_m} \tag{15-33}$$

$$\boldsymbol{C}_{\boldsymbol{\omega}|\boldsymbol{q}} = \sum_{m=1}^{N_e} a_m^2(q)\boldsymbol{C}_{\boldsymbol{\varepsilon}_m} \tag{15-34}$$

混合像元光谱向量的条件概率密度函数表示为

$$p_{\boldsymbol{\omega}}(\boldsymbol{\omega}) = \sum_{q=1}^{N_c} P(q)\, p_{\boldsymbol{\omega}|\boldsymbol{q}}(\boldsymbol{\omega} \mid \boldsymbol{q}) \tag{15-35}$$

其中

$$p_{\boldsymbol{\omega}|\boldsymbol{q}}(\boldsymbol{\omega}|\boldsymbol{q}) = \frac{1}{(2\pi)^{\frac{K}{2}}} \frac{1}{|\boldsymbol{C}_{\boldsymbol{\omega}|\boldsymbol{q}}|^{\frac{1}{2}}} \mathrm{e}^{-\frac{1}{2}(\boldsymbol{\omega}-\boldsymbol{m}_{\boldsymbol{\omega}|\boldsymbol{q}})^{\mathrm{T}} \boldsymbol{C}_{\boldsymbol{\omega}|\boldsymbol{q}}^{-1} (\boldsymbol{\omega}-\boldsymbol{m}_{\boldsymbol{\omega}|\boldsymbol{q}})} \tag{15-36}$$

其中，$P(q)$为第 q^{th} 个混合类的先验概率。

15.5　模型参数求解

因为高光谱图像存在高相关性，所以直接计算数据量巨大，因此往往会进行降维操作。采用 PCA 主成分变换方式对高光谱图像进行降维操作，原始的高光谱图像通常能被主成分的前几个分量很好地替代。

建立随机混合模型之后，最重要的工作就是对高光谱图像的模型参数 $\boldsymbol{m}_{\boldsymbol{\omega}|\boldsymbol{q}}$、$\boldsymbol{C}_{\boldsymbol{\omega}|\boldsymbol{q}}$、$P(q)$、$a_m(q)$进行估计计算。首先计算获取随机端元的均值及协方差矩阵，然后根据公式获取混合像元的均值、协方差均值以及丰度图。

从高光谱图像中提取或估计出典型地物含量非常高的光谱向量作为端元，由于高光谱图像图谱合一的特点，提取出的端元包含光谱信息和空间信息。随机混合模型不需要确切的端元光谱，而是假设端元光谱信息呈正态分布，因此只需求得端元的均值及其相关矩阵。端元初始化有全局平均值法、随机像元法和 N-FINDR 法等。其中全局平均法以全部像元的光谱均值作为初始值；随机像元法则随机获取一定数目的像元作为初始值；N-FINDR 方法是根据指定数目的像元求得它们所张成的凸多面体的体积最大值，将这些像元作为端元初始值。

我们通过成熟的 N-FINDR 算法来获取端元均值，根据实际要求选择图像光谱的一个集合来表示初始均值。N-FINDR 算法的实现步骤是：

(1) 首先确定端元个数 m，端元个数要比变换后的高光谱图像的主成分分量多 1；

(2) 然后随机选择 M 个像元作为 N-FINDR 算法的初始值，计算其单形体体积 $V = \begin{vmatrix} 1 & \cdots & 1 \\ y_1 & \cdots & y_{N_e} \end{vmatrix}$；

(3) 接着进行替换迭代计算，用图像中其他像元中的一个替代 M 个初始化像元中的某一个，若替代之后的单形体体积大于初始化的单形体体积，则进行替换操作；

(4) 不断重复这一过程，直到单形体的体积不再增加为止。这时参加运算的光谱向量将被作为端元向量。

假设混合像元的丰度是一组离散的数组，并且满足和为一条件以及非负约束条件[19]，端元数量 N、量化等级 L 以及每个混合像元最大由 M 种端元组成，并将事先被确定好,这就表示混合像元的丰度组合已经被事先定义好。

例如,假设 $N=4,L=4,M=4$,满足和为4,且每个丰度数组中的数据为0到4的整数(包括0和4,并可重复),可得所有数组为[0,0,0,4]、[0,0,1,3]、[0,0,2,2]、[0,1,2,1]、[1,1,1,1],通过计算可得这些数组随机排列组合之后其数量为35,将这些所有的数组除以量化级别数量 L,从而得到丰度数组。随机混合模型的目的就是将每个像元划分到端元类和混合类中,并且根据一定的规则确定每个混合端元隶属的丰度数组。

离散随机混合模型的关键:根据端元光谱的均值和协方差矩阵以及混合类自己的丰度离散数组,可以完全表示第 q^{th} 个混合像元类的均值和协方差矩阵,按照式(15-33)和式(15-34)确定。

丰度图 $a_m(q)$ 的初始化则通过 $a_m(q)=n/N_{\text{levels}}$ 计算,其中 n 是整数,N_{levels} 表示每个混合类由几个端元来表示。并且满足和为一约束条件以及非负约束条件。通过一系列的迭代计算得到丰度图的最终结果。

所有混合类的数量 N_c 的数量表示为 $N_c=\dfrac{(N_{\text{levels}}+N_e-1)!}{(N_{\text{levels}})!\ (N_e-1)!}$。当混合级别数 N_{levels} 或者端元的数量 N_e 取值较大时,随机混合模型将会难以计算,混合类数量变得巨大。然而甚至当端元的数量比较大时,高光谱图像的每个特殊的像素点将包含端元集合的大部分元素,这不是乐见的结果。相比而言,我们比较期望每个像素点仅由几个端元组成,尽管具体的组成会因为每个像素而不同。这使得限制丰度向量仅允许端元集合的子集来表示任何图像像元。相等的组合学问题则变成了放置 N_{levels} 条目到 N_e 个端元类中的问题,其中 $N_{\max}$ 类能够包含任何条目($N_e-N_{\max}$ 类必须是空的)。

各项初始化之后,随机混合模型可以通过以下三步进行更新。

首先,估计混合类的先验概率值:

$$\hat{P}^{(n)}(y_j \mid q)=\frac{\hat{P}^{(n-1)}(y_j \mid q)\hat{p}_{y_j|q}^{(n-1)}(y_j \mid q)}{\sum_{q=1}^{N_c}\hat{P}^{(n-1)}(y_j \mid q)\hat{p}_{y_j|q}^{(n-1)}(y_j \mid q)} \tag{15-37}$$

式(15-37)表示基于当前的模型参数的像元 y_j 包含到第 q^{th} 混合类的概率。

其次,每个被测量的图像光谱样本 y_j 根据先验概率值 $\hat{P}^{(n)}(y_j|q)$ 随机被指定到一个混合类 $q^{(n)}(y_j)$ 中,指定到每个混合类的图像光谱数量表示为 $M_q^{(n)}$。

最后,进行混合模型参数估计,具体如下:

$$\hat{P}^{(n)}(q)=\frac{M_q^{(n)}}{M} \tag{15-38}$$

$$\boldsymbol{m}_{\boldsymbol{\varepsilon}_m}^{(n)}=\frac{1}{M_{q_m}^{(n)}}\sum_{\substack{j=1\\ j\in\Omega_m^{(n)}}}^{M_{q_m}^{(n)}} y_j \tag{15-39}$$

$$\boldsymbol{C}_{\boldsymbol{\varepsilon}_m}^{(n)}=\frac{1}{M_{q_m}^{(n)}-1}\sum_{\substack{j=1\\ j\in\Omega_m^{(n)}}}^{M_{q_m}^{(n)}}(y_j-\boldsymbol{m}_{\boldsymbol{\varepsilon}_m}^{(n)})(y_j-\boldsymbol{m}_{\boldsymbol{\varepsilon}_m}^{(n)})^{\mathrm{T}} \tag{15-40}$$

其中,q_m 表示第 m^{th} 端元的索引,$M_q^{(n)}$ 是指定到第 q^{th} 混合类的光谱数量,$\Omega_m^{(n)}$ 表示所有光

谱样本 y_j 被指定到第 m^{th} 端元的指数 j 的集合，$M_{q_m}^{(n)}$ 表示 $\Omega_m^{(n)}$ 的大小。

估计方法收敛之后，每个图像将根据最终的先验概率估计值，指定每个像素到混合类 $\hat{q}_i$ 中，它使得先验概率最大化。每个样本 y_j 的丰度估计由对应到混合类的 $\boldsymbol{a}_m(\hat{q}_i)$ 得到。这些丰度向量 $\boldsymbol{a}_m(\hat{q}_i)$ 能够形成对应到每个端元的丰度图 $a_{j,m}$。

15.6　MAP / SMM 估计

随机混合模型基于低分辨率高光谱图像进行参数估计，然而这些估计参数将被用来估计高分辨率高光谱图像的统计结果。因此将随机混合模型所得到的参数应用到显式和隐式的 MAP 估计中会有些差异，下面将分别进行讨论。

(1) 显式 MAP/ SMM 估计

通过低分辨率高光谱图像随机混合模型获得端元均值估计值 $\boldsymbol{m}_{\boldsymbol{\varepsilon}_m}$、端元方差估计值 $\boldsymbol{C}_{\boldsymbol{\varepsilon}_m}$ 和丰度图估计值 $a_{j,m}$。为了使这些统计值能够在高空间分辨率下得到应用，将丰度图 $a_{j,m}$ 进行双线性插值，以获得高分辨率高光谱图像的丰度图 $b_{i,m}(i=1,2,\cdots,N,j=1,2,\cdots,M)$。假设高分辨率高光谱图像像元 z_i 也可表示为端元的线性混合，即

$$z_i = \sum_{m=1}^{N_e} b_{i,m}\boldsymbol{\varepsilon}_m \tag{15-41}$$

因此显式 MAP 估计统计参数可表示如下：

$$\boldsymbol{m}_{z_i} = \sum_{m=1}^{N_e} b_{i,m}\boldsymbol{m}_{\boldsymbol{\varepsilon}_m} \tag{15-42}$$

$$\boldsymbol{C}_{z_i} = \sum_{m=1}^{N_e} b_{i,m}^2\boldsymbol{C}_{\boldsymbol{\varepsilon}_m} \tag{15-43}$$

其他插值方法如二次样条插值也可以进行丰度图的转换，然而采用线性插值进行转换，主要是因为线性插值对于均匀的点扩散函数产生无偏结果。也就是说，高分辨率丰度图的局部均值与相关的低分辨率丰度图是相等的。将式(15-42)和式(15-43)的结果插入到 $\boldsymbol{m}_z=(\boldsymbol{m}_{z_1}^{\mathrm{T}},\boldsymbol{m}_{z_2}^{\mathrm{T}},\cdots,\boldsymbol{m}_{z_N}^{\mathrm{T}})^{\mathrm{T}}$ 和 $\boldsymbol{C}_z=\bigotimes_{i=1}^{N}\boldsymbol{C}_{z_i}$ 中来，对高光谱主成分进行显式 MAP/ SMM 估计。

(2) 隐式 MAP/ SMM 估计

隐式 MAP/ SMM 估计所需要的条件统计值也通过随机混合模型端元类的联合统计计算得到。联合端元可表示为 $\boldsymbol{\xi}_m=(\boldsymbol{\varepsilon}_m^{\mathrm{T}},\boldsymbol{\alpha}_m^{\mathrm{T}})^{\mathrm{T}}$，其中 $\boldsymbol{\alpha}_m$ 是全色端元向量。联合端元向量的均值和方差分别为 $\boldsymbol{m}_{\xi_m}$、$\boldsymbol{C}_{\xi_m}$。端元向量的均值和方差统计值将通过联合图像像元均值和方差来计算，联合像元表示为 $u_j=(y_j^{\mathrm{T}},\overline{x}_j^{\mathrm{T}})^{\mathrm{T}},j\in\Omega_m$，其中 $\overline{x}_j$ 是空间分辨率降低至原始高光谱的空间分辨率的全色图像中的像素点，可以通过低通滤波或者点扩散函数重采样获得。

定义高空间分辨率下的联合像元 $\boldsymbol{w}_i=(z_i^{\mathrm{T}},x_i^{\mathrm{T}})^{\mathrm{T}}$，$\boldsymbol{w}_i$ 可表示为联合端元向量 $\boldsymbol{\xi}_m$ 的线性组合。同样通过双线性插值得到高分辨率的丰度图 $b_{i,m}$，则可得

$$\boldsymbol{w}_i = \sum_{m=1}^{N_e} b_{i,m}\boldsymbol{\xi}_m \tag{15-44}$$

由于式(15-44)的线性关系,联合像元 $\boldsymbol{w}_i$ 的均值和方差可表示为

$$\boldsymbol{m}_{\boldsymbol{w}_i} = \sum_{m=1}^{N_e} b_{i,m}\boldsymbol{m}_{\boldsymbol{\xi}_m} \tag{15-45}$$

$$\boldsymbol{C}_{\boldsymbol{w}_i} = \sum_{m=1}^{N_e} b_{i,m}^2\boldsymbol{C}_{\boldsymbol{\xi}_m} \tag{15-46}$$

其中,$i=1,2,\cdots,N$。因为 $\boldsymbol{w}_i$ 是一个联合向量,则联合端元 $\boldsymbol{w}_i$ 的均值和方差可表示为

$$\boldsymbol{m}_{\boldsymbol{w}_i} = (\boldsymbol{m}_{z_i}^{\mathrm{T}}, \boldsymbol{m}_{x_i})^{\mathrm{T}} \tag{15-47}$$

$$\boldsymbol{C}_{\boldsymbol{w}_i} = \begin{pmatrix} \boldsymbol{C}_{z_i,z_i} & \boldsymbol{C}_{x_i,z_i} \\ \boldsymbol{C}_{z_i,x_i} & \sigma_{x_i}^2 \end{pmatrix} \tag{15-48}$$

通过式(15-48)和式(15-49)获取的联合统计值,可计算得出条件统计值 $\boldsymbol{m}_{z_i|x_i}$,$\boldsymbol{C}_{z_i|x_i}$ 分别表示为

$$\boldsymbol{m}_{z_i|x_i} = \boldsymbol{m}_{z_i} + \frac{\boldsymbol{C}_{z_i,x_i}}{\sigma_{x_i}^2}(x_i - \boldsymbol{m}_{x_i}) \tag{15-49}$$

$$\boldsymbol{C}_{z_i|x_i} = \boldsymbol{C}_{z_i,z_i} - \frac{\boldsymbol{C}_{x_i,z_i}\boldsymbol{C}_{z_i,x_i}}{\sigma_{x_i}^2} \tag{15-50}$$

则混合条件统计矩阵可表示为

$$\boldsymbol{m}_{z|x}^{\mathrm{T}} = (\boldsymbol{m}_{z_1|x_1}^{\mathrm{T}}, \boldsymbol{m}_{z_2|x_2}^{\mathrm{T}}, \cdots, \boldsymbol{m}_{z_N|x_N}^{\mathrm{T}})^{\mathrm{T}} \tag{15-51}$$

$$\boldsymbol{C}_{z|x} = \bigoplus_{i=1}^{N}\boldsymbol{C}_{z_i|x_i} \tag{15-52}$$

将统计结果 $\boldsymbol{m}_{z_i|x_i}$ 和 $\boldsymbol{C}_{z_i|x_i}$ 应用到隐式 MAP 等式中,可得到隐式 MAP/ SMM 估计。

15.7 简化观测模型

前面描述的 MAP/ SMM 方法的基本数学模型是基于低分辨率高光谱图像和高分辨率高光谱图像之间随机的点扩散函数。然而对于随机点在扩散函数的情况下,由于低分辨率高光谱像元之间彼此相关联,所以这一巨大的数学方程组问题不可求解。因此可以对观测模型进行简化,假设对于每个高分辨率高光谱像元仅有一个低分辨率高光谱像元与之相关联。

对观测模型设定限制条件。假定原始低分辨率高光谱像元是空间独立的,因此根据每个低分辨率的超像素〔式(15-24)和式(15-32)〕可分解为独立的线性方程组。对于一个既定的低分辨率超像素,其光谱响应矩阵可表示为一个 $N_j \times N_j$ 的方块对角矩阵:

$$(\boldsymbol{S}\boldsymbol{S}^{\mathrm{T}})_j = \bigoplus_{i=1}^{N_i}\boldsymbol{s}\boldsymbol{s}^{\mathrm{T}} = \begin{bmatrix} \boldsymbol{s}\boldsymbol{s}^{\mathrm{T}} & 0 & 0 & \cdots & 0 \\ 0 & \boldsymbol{s}\boldsymbol{s}^{\mathrm{T}} & 0 & \cdots & 0 \\ 0 & 0 & \boldsymbol{s}\boldsymbol{s}^{\mathrm{T}} & \cdots & 0 \\ \vdots & \vdots & \vdots & & 0 \\ 0 & 0 & 0 & \cdots & \boldsymbol{s}\boldsymbol{s}^{\mathrm{T}} \end{bmatrix} \tag{15-53}$$

其中，N_j 是既定的低分辨率超像素所包含的亚像素的个数。类似地，空间响应矩阵也可表示为 $N_j \times N_j$ 的方块矩阵，它包含 $K \times K$ 的特征矩阵，具体表示如下：

$$(\boldsymbol{H}^{\mathrm{T}}\boldsymbol{H})_j = \frac{1}{N_j^2}\begin{bmatrix} \boldsymbol{I} & \boldsymbol{I} & \cdots & \boldsymbol{I} \\ \boldsymbol{I} & \boldsymbol{I} & \cdots & \boldsymbol{I} \\ \vdots & \vdots & & \vdots \\ \boldsymbol{I} & \boldsymbol{I} & \cdots & \boldsymbol{I} \end{bmatrix}_{N_j \times N_j} \tag{15-54}$$

因此对于显式 MAP 方法，有

$$\boldsymbol{G}_j = \frac{1}{\sigma_\eta^2}\boldsymbol{S}\boldsymbol{S}^{\mathrm{T}} + \frac{1}{\sigma_n^2}\boldsymbol{H}^{\mathrm{T}}\boldsymbol{H} + (\boldsymbol{C}_z^{-1})_j \tag{15-55}$$

$$\boldsymbol{b}_j = -\frac{1}{\sigma_\eta^2}(x_{\mathrm{rep}})_j - \frac{1}{\sigma_n^2}(y_{\mathrm{rep}})_j - (\boldsymbol{C}_z^{-1})_j(\boldsymbol{m}_z)_j \tag{15-56}$$

对于隐式 MAP 方法，有

$$\boldsymbol{G}_j = \frac{1}{\sigma_\eta^2}\boldsymbol{H}^{\mathrm{T}}\boldsymbol{H} + (\boldsymbol{C}_{z|x}^{-1})_j \tag{15-57}$$

$$\boldsymbol{b}_j = -\frac{1}{\sigma_n^2}(y_{\mathrm{rep}})_j - (\boldsymbol{C}_{z|x}^{-1})_j(\boldsymbol{m}_{z|x})_j \tag{15-58}$$

其中，x_{rep} 表示全色像元的光谱复制，y_{rep} 表示原始高光谱像元的空间复制，这两个复制都是先复制每个像元的各波段，然后再逐个像元进行复制。最后通过式(15-57)、式(15-58)计算得出高分辨率高光谱图像的融合结果。

15.8　光谱响应函数

在简化观测模型假设下 MAP/ SMM 估计的推导过程中，假设全色传感器对应的光谱响应函数是已知的，并且是高光谱图像传感器的光谱响应函数中的一个子集。然而这些假设在实际中有可能是相反的，本节就是在此情况下进行讨论的，其中包括全色图像传感器的光谱响应函数未知、全色图像的光谱响应范围和高光谱图像传感器光谱响应范围不同或者两者皆有等情况。

(1) 光谱响应函数未知

首先要考虑全色图像光谱响应函数未知情况下的处理方法。在隐式 MAP 估计中，光谱响应矩阵 $\boldsymbol{S}$ 通过全色图像和高光谱图像的联合统计，光谱响应函数的作用被隐式包含，然而在显式的 MAP 估计中仍然需要求解光谱响应矩阵 $\boldsymbol{S}$。

通过联合观测数据来估计光谱响应函数，由于线性观测模型的假设，全色图像和低分辨率高光谱图像之间关系如下：

$$\bar{x} = \boldsymbol{H}x = \boldsymbol{S}^{\mathrm{T}}y + x_0 + \varepsilon \tag{15-59}$$

其中，$\bar{x}$ 表示全色图像空间滤波结果，其空间分辨率与高光谱图像 y 的相一致，$\boldsymbol{S}$ 表示光谱响应矩阵，x_0 表示两者之间的数据偏移量，ε 表示一个随机噪声。假设光谱响应空间不变，可表示为

$$\boldsymbol{W}=\begin{pmatrix} y_1^{\mathrm{T}} & 1 \\ y_2^{\mathrm{T}} & 1 \\ \vdots & \vdots \\ y_M^{\mathrm{T}} & 1 \end{pmatrix} \tag{15-60}$$

$$s'=\begin{pmatrix} s \\ x_0 \end{pmatrix} \tag{15-61}$$

进一步,式(15-60)可以表示为

$$\boldsymbol{W}s'=\overline{x}+\varepsilon \tag{15-62}$$

通常低分辨率的像素总数 M 大于波段数 K,从而使得式(15-61)为一个超定方程组,可得

$$\hat{s}'=(\boldsymbol{W}^{\mathrm{T}}\boldsymbol{W})^{-1}\boldsymbol{W}^{\mathrm{T}}\overline{x} \tag{15-63}$$

根据全色图像和高光谱图像的数据,使用最小二乘法获得光谱响应矢量 $\boldsymbol{s}$ 和偏移量 x_0 的估计值。

(2) 光谱范围不重叠

在 MAP/ SMM 估计中,一般认为全色图像和高光谱图像的光谱范围是完全重叠的。然而,随着光谱范围重叠部分的减少,高光谱图像融合的估计结果将很不理想。甚至当全色图像和高光谱图像的光谱范围完全不相交时,显式 MAP/ SMM 估计是不能应用到此种情况下的,因为高光谱传感器的光谱范围之外的光谱响应矩阵为零。

15.9　空间点扩散函数

空间点扩散函数 PSF 表示的是总辐射亮度贡献率的空间分布,这种分布表示某一种传感器的相邻像元对另一传感器的贡献率。在高光谱图像的整个光谱波段范围,假设全色图像与高分辨率高光谱融合结果图像之间存在一个统一的光谱响应关系 S,原始高光谱图像由高分辨率高光谱融合结果图像通过点扩散函数 PSF 产生。

点扩散函数由二维空间卷积的四个部分形成,表示如下:

$$h(x,y)=\mathrm{rect}\left(\frac{x}{F_x p_x},\frac{y}{F_y p_y}\right) * \mathrm{rect}\left(\frac{x}{\delta_x p_x},\frac{y}{\delta_y p_y}\right) * \frac{4J_1^2\left(\dfrac{\sqrt{x^2+y^2}}{\lambda f/\#}\right)}{\left(\dfrac{\sqrt{x^2+y^2}}{\lambda f/\#}\right)^2} * \mathrm{e}^{-\left(\frac{x^2}{\zeta_x^2 p_x^2}+\frac{x^2}{\zeta_y^2 p_x^2}\right)} \tag{15-64}$$

其中,x 和 y 代表融合结果图像的空间维度,p_x 和 p_y 代表探测采样间隔,F_x 和 F_y 代表探测单位响应的线性填充系数,δ_x 和 δ_y 代表合成时的相对偏移量,λ 代表对象波段的中心波长,$f/\#$代表焦距与光学系统探测器孔径的比例,ζ_x 和 ζ_y 代表几何畸变引起的相当于对采样间隔的均方根点宽度(若两个维度方向宽度相同,则为直径长度),* 代表二维空间卷积。

为了计算矩阵 $\boldsymbol{H}$,组成点扩散函数的每个分量由基于定义的传感器特征数值生成,

经过一个二维的快速 Fourier 变换，先相乘，然后再进行逆变换。这个过程按波段执行来给出全部的光谱变化的点扩散函数。假设空间不变，接着以一种方式重复地插入到矩阵 $\boldsymbol{H}$ 的每一行。

尽管 MAP/ SMM 方法是基于低分辨率高光谱图像对应的点扩散函数，在简化观测模型下，每个像素点的点扩散函数是一样的，可以进行计算，然而对于随机点扩散函数，大量等式的分解将不能进行，因为低分辨率图像像素不再相互独立。

在 MAP/ SMM 隐式估计中使用随机点扩散函数，隐式估计方法的目标函数表示为

$$f(z)=\frac{1}{2}(y-\boldsymbol{H}z)^{\mathrm{T}}\boldsymbol{C}_n^{-1}(y-\boldsymbol{H}z)+\frac{1}{2}(z-m_{z|x})^{\mathrm{T}}\boldsymbol{C}_{z|x}^{-1}(z-m_{z|x}) \tag{15-65}$$

其梯度函数表示为

$$\boldsymbol{g}(z)=-\boldsymbol{H}^{\mathrm{T}}\boldsymbol{C}_n^{-1}(y-\boldsymbol{H}z)+\boldsymbol{C}_{z|x}^{-1}(z-m_{z|x}) \tag{15-66}$$

由于直接求点扩散函数是不实际的，因此考虑使用迭代搜索最优化方法。共轭梯度搜索的迭代方法可以有效优化这一算法过程，假设估计值 $\hat{z}^{(l)}$ 是第 l 次迭代的结果，并且在第$(l+1)$次迭代中对此估计值进行更新。通过在方向向量 $\boldsymbol{v}$ 上搜索最小值，估计值可表示为

$$\hat{z}^{(l+1)}=\hat{z}^{(l)}+\varepsilon\boldsymbol{v} \tag{15-67}$$

其中，ε 为步长，适当的步长通过最小化目标函数求得，则目标函数表示为

$$\begin{aligned}f(\hat{z}^{(l)}+\varepsilon\boldsymbol{v})=&\frac{1}{2}[y-\boldsymbol{H}(\hat{z}^{(l)}+\varepsilon\boldsymbol{v})]^{\mathrm{T}}\boldsymbol{C}_n^{-1}[y-\boldsymbol{H}(\hat{z}^{(l)}+\varepsilon\boldsymbol{v})]+\\&\frac{1}{2}[(\hat{z}^{(l)}+\varepsilon\boldsymbol{v})-m_{z|x}]^{\mathrm{T}}\boldsymbol{C}_{z|x}^{-1}[(\hat{z}^{(l)}+\varepsilon\boldsymbol{v})-m_{z|x}]\end{aligned} \tag{15-68}$$

线性搜索包括

$$\frac{\partial f(\hat{z}^{(l)}+\varepsilon\boldsymbol{v})}{\partial\varepsilon}=0 \tag{15-69}$$

由于目标函数是二次的，则步长表示为

$$\varepsilon=\frac{(\boldsymbol{H}\boldsymbol{v})^{\mathrm{T}}\boldsymbol{C}_n^{-1}(y-\boldsymbol{H}\hat{z}^{(l)})-\boldsymbol{v}\boldsymbol{C}_{z|x}^{-1}(\hat{z}^{(l)}-m_{z|x})}{(\boldsymbol{H}\boldsymbol{v})^{\mathrm{T}}\boldsymbol{C}_n^{-1}(\boldsymbol{H}v)+\boldsymbol{v}^{\mathrm{T}}C_{z|x}\boldsymbol{v}} \tag{15-70}$$

每次迭代方向向量 $\boldsymbol{v}$ 和步长 ε 都会改变。

接着确定每次迭代的搜索方向。共轭梯度(Fletcher-Reeves，FR)搜索方法是将共轭性与最速下降相结合的算法，利用已知点的梯度方向建立一对共轭，然后进行最小值的搜索。此方法相比最速下降法具有较快的收敛速度，并且只需要求解一阶导数。相比牛顿迭代法而言，该方法不仅不需要存储计算巨大的海森矩阵和二阶导数，还大大提高了计算效率。对于无约束最优化问题的求解，共轭梯度法是非常适用的。共轭梯度搜索方法的计算过程如下。

首先通过梯度确定搜索方向，这一步采用的是最速下降法。

在接下来的第 $l^{th}(l>1)$步迭代中，有

$$\boldsymbol{v}^{(l)}=-\boldsymbol{g}(\hat{z}^{(l)})+\beta^{(l-1)}\boldsymbol{v}^{(l-1)} \tag{15-71}$$

其中

$$\beta^{(l-1)}=\frac{\boldsymbol{g}(\hat{z}^{(l)})^{\mathrm{T}}\boldsymbol{g}(\hat{z}^{(l)})}{\boldsymbol{g}(\hat{z}^{(l-1)})^{\mathrm{T}}\boldsymbol{g}(\hat{z}^{(l-1)})} \tag{15-72}$$

对于每一次迭代，根据搜索方向 $\boldsymbol{v}$ 和前一次的迭代结果来进行更新计算。

15.10 高分辨率丰度图的优化

MAP 估计是基于高分辨率的随机混合模型推导出来的，然而在实际中仅能通过低分辨率高光谱数据获取混合类的丰度图，然后通过插值得到高分辨率的丰度图。因此需要一种更加合理的丰度图的锐化方法，丰度图锐化就是从低分辨率丰度图生成高分辨率的丰度图的过程。

丰度图锐化的基本方法：用全色图像亚像素信息和一个简单物理混合模型来估计亚像素丰度图。本节仍然是在简化观测模型的基础之上，简化模型之后，低分辨率第 j^{th} 个像素的亚像素结构从标准化的全色图像中获取，定义为

$$(x_n)_i=\frac{x_i-m_j}{c_j},\quad x_i\in\Omega_j \tag{15-73}$$

其中，m_j 低分辨率像素的均值，可表示为

$$m_j=\frac{1}{N_j}\sum_{\boldsymbol{s}_j}x_i \tag{15-74}$$

标准差可表示为

$$c_j=\frac{1}{N_j-1}\sum_{\boldsymbol{s}_j}(x_i-m_j)^2 \tag{15-75}$$

Ω_j 为所有包含在低分辨率像素 j^{th} 中高分辨像素的集合。

丰度图锐化的核心是假设存在一种亚像素混合模型，它关联全色图像亚像素结构和理想融合图像的亚像素，然后基于亚像素混合模型估计丰度图的亚像素结构。

丰度图锐化包括确定每个亚像素丰度图矢量，根据低分辨率的 SMM 的每个低分辨率丰度图矢量进行计算。

联合锐化称为统一的亚像素混合模型，它假设在低分辨率像素中，每个亚像素中只包含一个确定的端元向量，这样亚像素的相对数量与低分辨率端元的丰度向量是等价的。对于每个亚像素来说，指定的端元的丰度向量是增加的，同时其他端元的丰度是下降的。每个亚像素的丰度可表示

$$b_{i,m}=\begin{cases}(1-\alpha_j)a_{j,m}+\alpha_j, & m=m_i\\(1-\alpha_j)a_{j,m}, & m\neq m_i\end{cases} \tag{15-76}$$

其中，m_i 表示第 i^{th} 个亚像素，α_j 表示像素纯度参数，纯度参数的取值范围在 0～1 之间。

端元与亚像元之间的关系通过全色图像的灰度值信息来获取。全色图像灰度值较大的像元对应灰度值较大的端元，同理，全色图像灰度值较小的像元对应灰度值较小的端元。联合锐化根据以下两个原则进行：

(1) 亚像元指数几何作为第一列，将对应的灰度值作为第二列，由此构成两列的矩

阵 $\boldsymbol{A}$；

（2）端元指数作为第一列，全色图像端元的均值作为第二列，由此构成两列的矩阵 $\boldsymbol{B}$。对于任何端元，其整体的数量与随机混合模型的丰度图是基本一致的，具体表示如下：

$$\boldsymbol{A}=\begin{pmatrix} 1 & x_1 \\ 2 & x_2 \\ 3 & x_3 \\ 4 & x_4 \\ \vdots & \vdots \\ N_j & x_{N_j} \end{pmatrix} \tag{15-77}$$

$$\boldsymbol{B}=\begin{pmatrix} 1 & \boldsymbol{s}^{\mathrm{T}} m(\varepsilon_1) \\ 1 & \boldsymbol{s}^{\mathrm{T}} m(\varepsilon_1) \\ 2 & \boldsymbol{s}^{\mathrm{T}} m(\varepsilon_2) \\ \vdots & \vdots \\ N_{\mathrm{e}} & \boldsymbol{s}^{\mathrm{T}} m(\varepsilon_{N_{\mathrm{e}}}) \\ 0 & \boldsymbol{s}^{\mathrm{T}} m_j \end{pmatrix} \tag{15-78}$$

每个矩阵都是根据第二列逆序独立排序的，亚像素的根据是第一列元素和某一个端元相关联。还要获得端元纯度参数，端元纯度参数的估计值是由全色亚像元计算而来的。

第 16 章 基于深度学习的高光谱图像融合算法

16.1 卷积神经网络

卷积神经网络是用卷积运算代替一般矩阵运算的神经网络模型。经典的神经网络模型需要读取整幅图像作为网络的输入层，图像的尺寸越大，需要连接的参数也越多，继而也加大了计算量。在图像的空间联系上，局部范围内的像素之间的联系较为紧密，而距离较远的像素相关性较弱。因此，每个神经元没必要对全局图像进行感知，只需要对局部进行感知，然后在更高层将局部的信息综合起来得到全局信息。这种模式就是卷积神经网络不同于经典神经网络模型的地方，即通过降低参数数目的方式设置局部感受野。卷积神经网络包括输入层、隐含层和输出层，隐含层包括卷积层、池化层和全连接层。卷积神经网络结构图如图 16.1 所示。

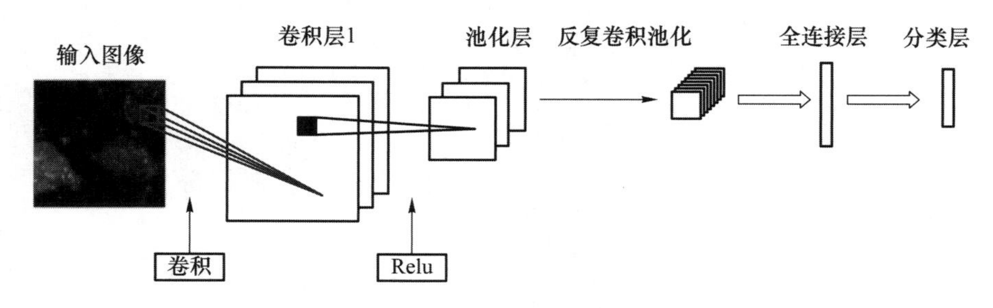

图 16.1　卷积神经网络结构图

16.1.1　卷积层

卷积层的功能是对输入数据进行特征提取，内部包含多个卷积和，组成的每个元素都对应一个权重系数和一个偏差量，类似于一个前馈神经网络的神经元。卷积层内每个神经元都与前一层中位置接近感受野的多个神经元相连，感受野的大小取决于卷积核的大小，卷积核在工作时会有规律地扫过输入特征，在感受野内对输入特征进行矩阵元素乘法求和并叠加偏差量，具体表达方式如下：

$$Z^{l+1}(i,j)=(Z^{l}\otimes\omega^{l+1})(i,j)+b=\sum_{k=1}^{K}\sum_{x=1}^{f}\sum_{y=1}^{f}[Z_{k}^{l}(s_0 i+x,s_0 j+y)\omega_{k}^{l+1}(x,y)]+b$$

$$(i,j)\in\{0,1,\cdots,L_{l+1}\},\quad L_{l+1}=\frac{L_l+2p-f}{s_0}+1 \tag{16-1}$$

式(16-1)中的求和部分等价于求解一次交叉相关，b 为偏差量，Z^l 和 Z^{l+1} 表示第 $l+1$ 层的卷积输入和输出，也被称为特征图，L_{l+1} 为 Z^{l+1} 的尺寸，这里假设特征图长宽相同。$Z(i,j)$ 对应特征图的像素，K 为特征图的通道数，f、s_0 和 p 是卷积层参数，分别对应卷积核大小、卷积步长和填充层数。

当卷积核 $f=1$，步长 $s_0=1$ 且不包含填充的单位卷积核时，卷积层内的交叉相关计算等价于矩阵乘法，并由此在卷积层间构建了全连接网络，即

$$Z^{l+1}=\sum_{k=1}^{K}\sum_{x=1}^{f}\sum_{y=1}^{f}(Z_{i,j,k}^{l}\omega_{k}^{l+1})+b=\omega_{l+1}^{\mathrm{T}}Z_{l+1}+b,\quad L_{l+1}=L \tag{16-2}$$

由单位卷积核组成的卷积层也被称为网中网或多层感知器卷积层。单位卷积核可以在保持特征图尺寸的同时减少图的通道数，从而降低卷积层的计算量。完全由单位卷积核构建的卷积神经网络是一个包含参数共享的多层感知器。

卷积层参数包括卷积核大小、卷积步长和填充层数，三者共同决定了卷积层输出特征图的尺寸，是卷积神经网络的超参数。其中卷积核大小可以指定为小于输入图像尺寸的任意值，卷积核越大，可提取的输入特征越复杂。卷积步长定义了卷积核相邻两次扫过特征图时位置的距离，卷积步长为 1 时，卷积核会逐个扫过特征图的元素，步长为 n 时会在下一次扫描跳过 $n-1$ 个像素。由卷积核的交叉相关计算可知，随着卷积层的堆叠，特征图的尺寸会逐步减小。

16.1.2　池化层

卷积层进行特征提取后，输出的特征图会被传递至池化层进行特征选择和信息过滤。池化层包含设定的池化函数，是将特征图中单个点的结果替换为其相邻区域的特征图统计量，池化层选取池化区域的步骤与卷积核扫描特征图的相同，由池化大小、步长和填充控制组成。

(1) L_p 池化

L_p 池化是一类受视觉皮层内阶层结构启发而建立的池化模型，其一般表示形式为

$$A_{k}^{l}(i,j)=\left[\sum_{x=1}^{f}\sum_{y=1}^{f}A_{k}^{l}(s_0 i+x,s_0 j+y)^{p}\right]^{\frac{1}{p}} \tag{16-3}$$

式(16-3)中，步长 s_0、像素 (i,j) 的含义与卷积层相同，p 是预指定参数。当 $p=1$ 时，L_p 池化在池化区域内取均值，被称为平均池化；当 $p\to\infty$ 时，L_p 池化在区域内取极大值，被称为最大池化。平均池化和最大池化是在卷积神经网络的设计中被长期使用的池化方法，二者以损失特征图的部分信息或尺寸为代价，保留图像的背景和纹理信息。此外，$p=2$ 时的 L_2 池化在一些工作中也有使用。

（2）随机/混合池化

混合池化和随机池化是 L_p 池化概念的延伸。随机池化会在其池化区域内按特定的概率分布随机选值，以确保部分非极大的激励信号能够进入下一个构筑。混合池化可以表示为平均池化和最大池化的线性组合，具体形式如下：

$$A_k^l = \lambda L_1(A_k^l) + L_\infty(A_k^l), \quad \lambda \in [0,1] \tag{16-4}$$

研究表明，相比于平均池化和最大池化，混合池化和随机池化具有正则化的功能，有利于避免卷积神经网络出现过拟合。

（3）谱池化

谱池化是基于 FFT 的池化方法，可以和 FFT 卷积一起被用于构建基于 FFT 的卷积神经网络。给定特征图尺寸 $R_{m\times m}$，池化层输出尺寸 $R_{n\times n}$，谱池化对特征图的每个通道分别进行 DFT 变换，并从频谱中心截取 $n\times n$ 大小的序列进行 DFT 逆变换，从而得到池化结果。谱池化有滤波功能，可以在保存输入特征的低频变化信息的同时，调整特征图的大小。基于成熟的 FFT 算法，谱池化能够以很小的计算量完成。

16.1.3　全连接层

卷积神经网络中的全连接层等价于传统前馈神经网络中的隐含层。全连接层位于卷积神经网络隐含层的最后部分，并只向其他全连接层传递信号。特征图在全连接层中会失去空间拓扑结构，被展开为向量并通过激活函数输出特征。

按表征学习观点，卷积神经网络中的卷积层和池化层能够对输入数据进行特征提取，全连接层的作用则是对提取的特征进行非线性组合，从而得到输出，即全连接层本身不被期望具有特征提取能力，而是试图利用现有的高阶特征完成学习目标。

16.1.4　softmax 层

softmax 层将全连接层输出转化为概率，softmax 函数用来实现多分类，把一些输出的神经元映射到 0～1 之间的实数，并且归一化保证和为 1，从而使得多分类的概率和也刚好为 1，公式如下：

$$S_i = \frac{e^{V_i}}{\sum_i^C e^{V_i}} \tag{16-5}$$

其中，V_i 是分类器前级输出单元，i 表示类别索引，总的类别个数为 C，S_i 表示的是当前元素的指数与所有元素指数和的比值。通过 softmax 函数，可以将多分类的输出数值转化为相对概率。

16.1.5　激活函数

神经网络中每一层最后输出的都是上一层输入的线性函数，无论加多少层神经网络，最后的输出也只是最开始输入数据的线性组合。激活函数可以给神经元引入非线性因素，当加入多层神经网络时，神经网络就可以拟合任何线性函数及非线性函数，从而使得神经网络中间输出多样化，适用于更多非线性问题，处理更复杂的问题。

（1）sigmoid 函数

sigmoid 函数的表达式为 $\mathrm{sigmoid}(x)=\frac{1}{1+\mathrm{e}^{-x}}$，函数图像如图 16.2 所示。

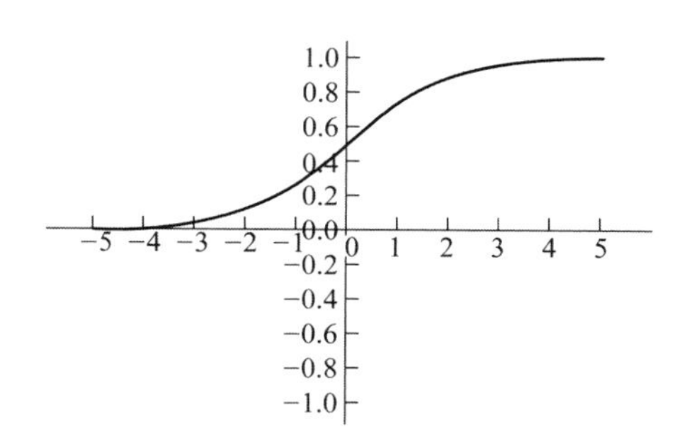

图 16.2　sigmoid 函数图像

该函数可将一个实数压缩至 0～1 之间，当输入的数字非常大的时候，结果会接近 1；当输入非常大的负数时，则会接近 0。该函数在早期的神经网络中使用的非常多，它很好地解释了神经元受到刺激后是否被激活和向后传递的场景，0 表示几乎没有被激活，1 表示完全被激活。但是 sigmoid 函数容易出现梯度弥散或者梯度饱和，当神经网络的层数较多时，如果每一层的激活函数低于 sigmoid 函数，那么就会产生梯度弥散问题，利用反向传播更新参数时乘以它的导数，会一直减小，如果输入的是比较大或者比较小的数，那么就会产生梯度饱和，从而导致神经元类似于死亡状态。

（2）tanh 函数

tanh 函数的表达式是 $\tanh(x)=\frac{\mathrm{e}^{x}-\mathrm{e}^{-x}}{\mathrm{e}^{x}+\mathrm{e}^{-x}}=\frac{\mathrm{e}^{2x}-1}{\mathrm{e}^{2x}+1}=2\mathrm{sigmoid}(x)-1$，函数图像如图 16.3 所示。

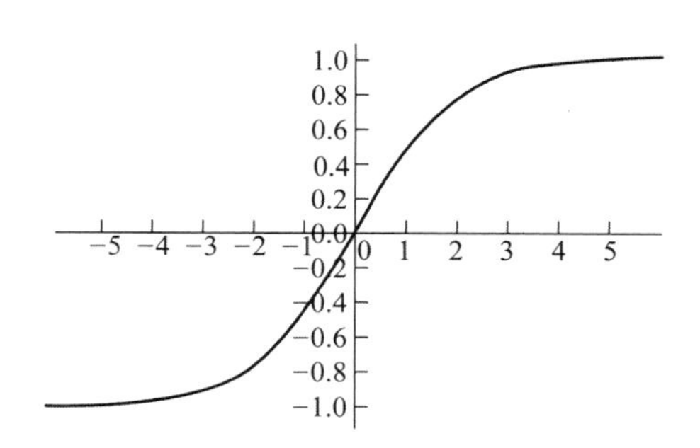

图 16.3　tanh 函数图像

tanh 函数是将输入值压缩至 −1～1 之间，但是 tanh 函数并没有解决梯度消失的问题。

(3) ReLU 函数

ReLU 函数的表达式为 $f(x)=\max(0,x)=\begin{cases}0, & x<0,\\ x, & x>0,\end{cases}$ 函数图像如图 16.4 所示。

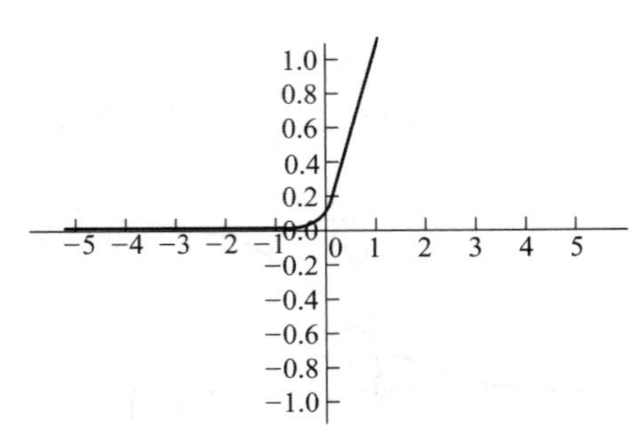

图 16.4　ReLU 函数图像

ReLU 函数是线性函数，它的导数等于 1 或者 0，相对于 sigmoid 函数和 tanh 函数，ReLU 函数求梯度非常简单，可以在很大程度上提升随机梯度下降的收敛速度，有效地缓解了梯度消失和梯度爆炸的问题，同时可以对神经网络使用稀疏表达。但是随着训练的进行，可能会出现神经元死亡、权重无法更新的情况，从这一点开始神经元的梯度将永远是 0，ReLU 神经元在训练中出现不可逆的死亡。

16.1.6　损失函数

损失函数用来估量模型的预测值 $f(x)$ 与真实值 y 的不一致程度，损失函数的值越小，就代表模型的鲁棒性越好，通过计算损失来求得梯度。常用的损失函数有均方差损失函数和交叉熵损失函数。

(1) 均方差损失函数

均方差损失函数常用在最小二乘法中，它的思想是使得各个训练点到最优拟合线的距离最小，定义如下：

$$J(\omega,b)=\frac{1}{2N}\sum_{1}^{N}\|y-a\|^2 \tag{16-6}$$

其中，$a=f(z)=f(\omega\cdot x+b)$，$x$ 是输入，ω 和 b 是网络中的参数，$f(\cdot)$是激活函数。

(2) 交叉熵损失函数

交叉熵损失函数本质上也是一种对数似然函数，可以用于二分类和多分类任务中。当使用 sigmoid 函数作为激活函数时，我们常用的是交叉熵损失函数，而不是均方差损失函数，因为它可以完美解决平方损失函数权重更新过程中的问题。它具有误差大的时候权重更新快、误差小的时候权重更新慢的性质。其定义如下：

$$C=-\frac{1}{n}\sum_{x}[y\ln a+(1-y)\ln(1-a)] \tag{16-7}$$

其中，x 表示样本，y 表示实际的标签，a 表示样本总数量。

16.2　VGGNet

VGGNet 探索了卷积神经网络的深度与性能之间的关系，构筑了 16～19 层深的卷积神经网络，证明了增加网络的深度在一定程度上能够影响网络最终的性能。同时使错误率大幅下降，迁移到其他图片数据上的泛化性也非常好。VGGNet 网络结构图如图 16.5 所示。

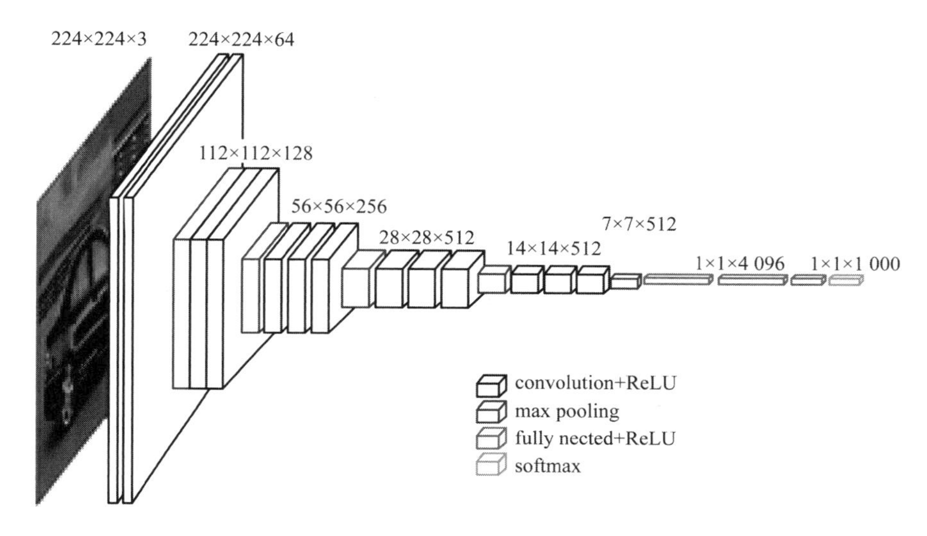

图 16.5　VGGNet 网络结构图

VGGNet 的网络结构由 5 层卷积层、3 层全连接层和 softmax 输出层组成，层与层之间使用最大池化(max-pooling)分开，所有隐层的激活单元采用 ReLU 函数。卷积层采用多个 3＊3 的小卷积核代替一个大卷积核，同时增加卷积层数来增强网络的拟合能力。多卷积层在第一层的通道数为 64，后面每层都进行了翻倍，最多到 512 个通道。池化层采用 2＊2 的池化核，专注于缩小图像的宽和高。在卷积层中间采用 dropout 层来防止过拟合，经典的神经网络的训练过程是将输入通过网络进行正向传导，然后将误差进行反向传播，dropout 在训练过程中，随机地删除隐藏层的部分单元，保持输入输出神经元不变，将输入通过修改后的网络进行前向传播，然后将误差通过修改后的网络进行反向传播。图 16.6 为 VGGNet 的卷积层结构图。

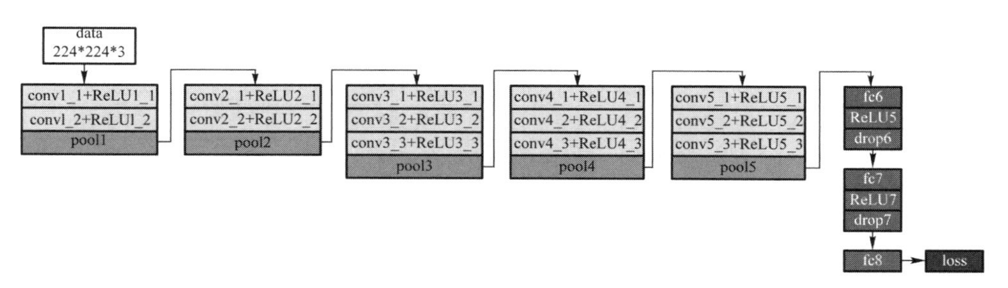

图 16.6　VGGNet 卷积层结构图

16.3　融合结果分析

遥感图像融合是为了将空间信息丰富的 PAN 图像和光谱信息丰富的 MS 图像融合成既具有高空间分辨率又具有高光谱分辨率的 MS 图像。融合图像结果的客观评价分为需要参考图像的评价标准和无参考图像的评价标准。在需要参考图像的评价标准中，由于没有融合结果的参考图像，所以要将原始的 MS 图像作为参考图像与融合图像进行比较，评价指标主要有峰值信噪比（Peak Signal To Noise Ratio，PSNR）、结构相似性（Structural Similarity，SSIM）、光谱映射角（Spectral Angle Mapper，SAM）、全局相对光谱损失（Erreur Relative Globale Adimensionnelle de Svnthese，ERGAS）、空间相关系数（Spatial Correlation Codfficient，SCC）、Q4 指数等。无参考图像的评价指标是全局质量评价指标，即

$$\mathrm{QNR}=(1-D_{\lambda})^{\phi}(1-D_{s})^{\zeta}$$

其中，D_{λ} 和 D_{s} 分别是对光谱信息和空间结构损失的量化表示，ϕ 和 ζ 都是权衡系数，当 D_{λ} 和 D_{s} 都取 0 时，QNR 的理想值为 1。表 16.1 为需要参考图像的评价结果，表 16.2 为无参考图像的评价结果。

表 16.1　需要参考图像的评价结果

	PSNR	SSIM	SAM	ERGAS	SCC	Q4
PCA	23.966 2	0.728 4	0.271 6	9.212 4	0.836 4	0.666 0
Brovey	25.299 4	0.799 0	0.145 1	7.937 4	0.891 4	0.745 0
GS	25.085 6	0.758 5	0.206 8	8.103 2	0.871 3	0.700 4
Wavelet	24.031 9	0.662 8	0.177 9	9.247 1	0.825 2	0.603 6
MTF_GLP	27.322 8	0.802 1	0.193 2	6.205 1	0.927 1	0.763 0
PNN	23.684 2	0.589 7	0.178 5	9.624 7	0.830 1	0.397 4
VGGNet	24.177 1	0.713 2	0.186 5	9.028 7	0.839 3	0.644 6

从表 16.1 中可以得出：图像的 PSNR 数值越大，表示图像越清晰；SSIM 的数值越接近 1，表示融合结果图像和参考图像结构越相似；SAM 的数值越接近 0，表示融合图像的光谱映射角越小；ERGAS 值越小，表示融合图像的光谱损失越小；SCC 的数值越接近 1，表示融合图像的空间系数越高，即融合效果越好；Q4 的数值越接近 1，表示图像质量越高。

表 16.2　无参考图像的评价结果

	D_{λ}	D_{s}	QNR
PCA	0.096 0	0.228 6	0.697 3
Brovey	0.060 6	0.148 5	0.799 9
GS	0.074 4	0.196 8	0.743 5
Wavelet	0.151 1	0.031 9	0.821 8
MTF_GLP	0.119 5	0.116 5	0.777 9
PNN	0.035 3	0.198 3	0.773 4
VGGNet	0.082 4	0.053 2	0.868 8

从表 16.2 可以得出：D_λ 和 D_s 取值越小越好，当两者取值越接近 0 时，QNR 取值越接近 1；当 D_λ 和 D_s 都取 0 时，QNR 的理想值为 1。

实验采用 Quickbird 图像，图 16.7 为不同算法的融合结果。其中 PAN 图像如图 16.7(a)所示，MS 图像如图 16.7(b)所示，PCA 融合结果如图 16.7(c)所示，Brovey 融合结果如图 16.7(d)所示，GS 融合结果如图 16.7(e)所示，Wavelet 融合结果如图 16.7(f)所示，MTF_GLP 融合结果如图 16.7(g)所示，PNN 融合结果如图 16.7(h)所示，VGGNet 融合结果如图 16.7(i)所示。

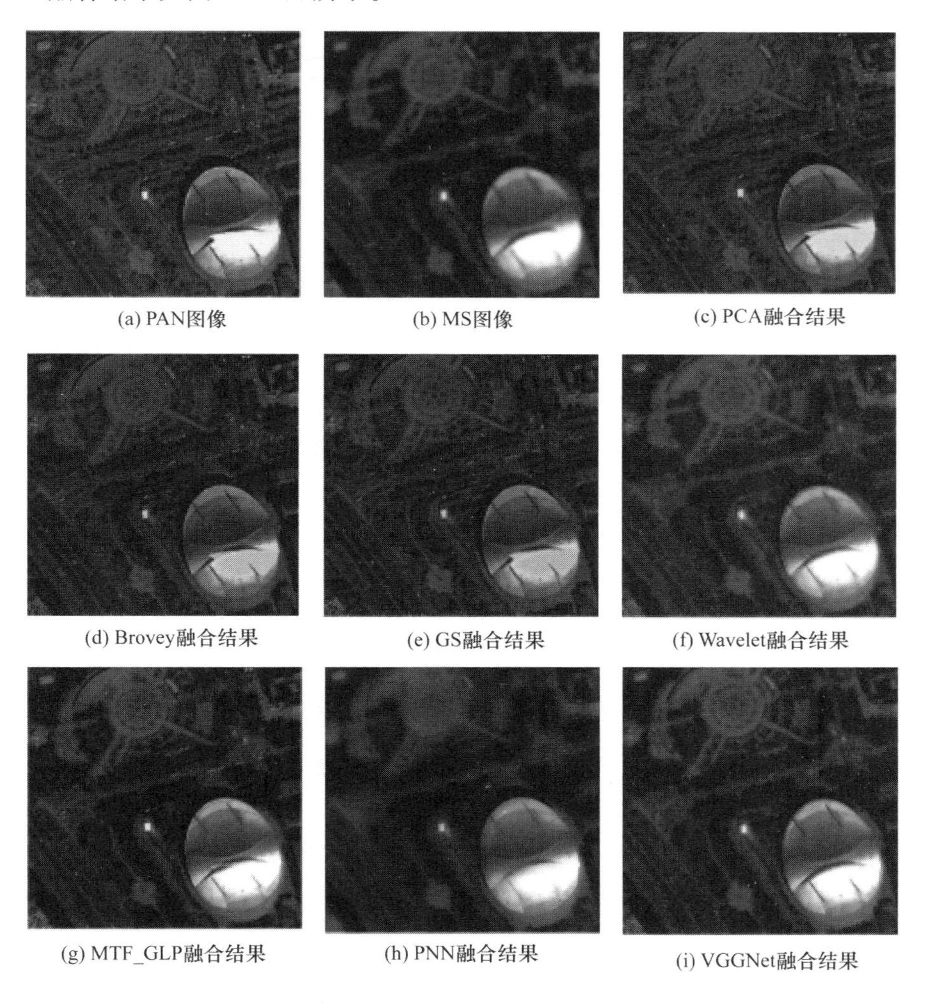
(a) PAN图像　(b) MS图像　(c) PCA融合结果
(d) Brovey融合结果　(e) GS融合结果　(f) Wavelet融合结果
(g) MTF_GLP融合结果　(h) PNN融合结果　(i) VGGNet融合结果

图 16.7　不同算法融合结果

16.4　结　　论

本章以 MS 图像和 PAN 图像为研究对象，针对传统融合方法出现的光谱失真等问题，提出用深度学习的卷积神经网络来进行遥感图像融合。VGGNet网络层与层之间的短路径连接加快了信息流动，缓解了深层网络的梯度消失问题，利用小卷积核和多卷积层对特征进行更加抽象地提取，同时减少了特征从浅层到深层传递过程中的损失。在保证融合图像光谱特征的同时，也保证了融合图像的空间分辨率，是一种融合效果比较好的遥感图像融合方法。

第17章

高光谱融合图像评价

17.1 常用的高光谱融合图像评价方法

高光谱融合图像的效果评价是融合处理过程最后至关重要的步骤。它不仅可以评价融合图像的优劣以及对后续应用的影响,更是评价融合算法性能的重要依据。理想的图像融合结果是将所需要的有用信息全部保留,同时剔除无用的干扰噪声信息。目前遥感领域普遍采用的图像质量评价是将定性评价(又称主观评价)和定量评价(又称客观评价)两个方面结合起来,首先通过专家的目视判读,然后再通过数理计算来分析相关统计数据。

17.1.1 主观评价方法

遥感融合图像效果的主观评价是由判读人员通过肉眼直接对融合图像的优劣状况进行鉴定,并根据主观评价评分表进行打分的过程。如果在色彩以及图像细节纹理信息方面具有强烈的认知能力,那么在图像空间特征以及光谱特征的评价能力方面会有很独特的优势。该方法简单直观,主观意识较强,易于受到观察者的个人知识水平、人为的心理因素或者无法预测因素等多方面的影响,从而具有主观性和不全面性,但是可以对图像空间分辨率以及清晰度等方面有直观的视觉感受。主观评价与客观评价相结合才能更准确地对高光谱遥感融合图像的结果进行合理的评价。表17.1为主观评价评分表。

表17.1 主观评价评分表

分数	质量尺度	妨碍尺度
5分	非常好	丝毫看不出图像质量变坏
4分	好	能看出图像质量变坏,但并不妨碍观看
3分	一般	清楚地看出图像质量变坏,对观看稍有妨碍
2分	差	对观看有妨碍
1分	非常差	非常严重地妨碍观看

17.1.2 客观评价方法

通过对融合结果图像的质量指标提出量化评价公式，进行一系列计算的方法为客观评价方法[20]。常用的图像质量客观评价指标种类较多，根据参与评价的图像性质来分类，大致可分为以下三类。

(1) 针对融合前后的图像，分别计算均值、信息熵、标准差等指标，分析图像融合前后的变化，进而评价融合后图像的质量，考察融合方法的性能。

① 均值——图像灰度平均值。计算原始融合图像与融合输出图像之间的均值差，融合图像的质量效果与均值差成反比。以 $g_{i,j}$ 表示图像 g 在 (i,j) 处的像素值，则均值表达式为

$$\bar{g} = \frac{1}{MN}\sum_{i=0}^{M-1}\sum_{j=0}^{N-1} g_{i,j} \tag{17-1}$$

② 信息熵——衡量融合结果的信息丰富程度。图像信息熵越大，表示图像信息量增加越多。假设每个像元的灰度值相互独立，$P=(p_1,p_2,\cdots,p_i,\cdots,p_n)$ 表示这幅图像的灰度分布，信息熵表达式为

$$H = -\sum_{i=0}^{A} p_i \log_2 p_i \tag{17-2}$$

其中，p_i 是图像中像素灰度值为 i 的像素占全部像素的比率，A 是图像灰度级数。

③ 标准差——衡量图像的离散程度。图像的离散程度可以通过灰度值与均值之间的关系来衡量，图像的标准差数值越大，表明图像灰度级别越分散，图像的对比度也就越大，视觉效果也就越好。标准差的表达式为

$$\mathrm{std} = \sqrt{\frac{1}{MN}\sum_{i=0}^{M-1}\sum_{j=0}^{N-1}(g_{i,j}-\bar{g})^2} \tag{17-3}$$

④ 平均梯度——反映图像的微小细节反差和纹理变换特征。平均梯度表达式为

$$G = \frac{1}{MN}\sum_{M=1}^{M}\sum_{N=1}^{N}\sqrt{\frac{\Delta f_x^2(m,n)+\Delta f_y^2(m,n)}{2}} \tag{17-4}$$

其中，Δf_x、Δf_y 分别表示图像 f 在水平方向与垂直方向的差分值。平均梯度越大，表示图像清晰度越高。

(2) 根据原始图像与融合图像之间的关系来评价融合质量。通过这些评价指标的计算结果，可以客观反映图像融合前后性能的变化。在多源图像融合评价体系中，该类方法的作用非常重要。目前主要的指标有：联合熵、偏差与相对偏差以及交互信息量等参数。

① 联合熵——表示两幅图像之间联合信息的数学期望，它是二维随机变量 XY 的不确定性的度量。联合熵并不等于两者信息熵的和运算。联合熵越大，所包含的信息量越大，其计算公式为

$$H(X,Y) = -\sum_{x\in X}\sum_{y\in Y} p(x,y)\log_2 p(x,y) \tag{17-5}$$

② 相关系数——反映两幅图像之间的相关程度。$\overline{z_f}$和$\overline{z_l}$分别表示融合结果图像和融合前图像的均值,其表达式为

$$\rho=\frac{\sum_{i=0}^{M-1}\sum_{j=0}^{N-1}[L(i,j)-\overline{z_l}][F(i,j)-\overline{z_f}]}{\sqrt{\sum_{i=0}^{M-1}\sum_{j=0}^{N-1}[L(i,j)-\overline{z_l}]^2\sum_{i=0}^{M-1}\sum_{j=0}^{N-1}[F(i,j)-\overline{z_f}]^2}} \tag{17-6}$$

(3) 针对融合结果图像和理想图像,计算其均方根误差(RMSE)、信噪比和峰值信噪比等参数,通过对这些参数的定量分析来考察融合结果图像和理想图像之间的对比变化情况,并依此分析融合方法的性能表现。由于在实际应用中很难得到理想的融合图像,所以这类指标通常使用的较少。

① 均方根误差

融合结果图像和理想图像之间的接近程度可通过计算均方根误差来衡量。均方根误差越小,表示融合结果图像和理想图像越接近,融合的质量越好。均方根误差表达式为

$$\mathrm{RMSE}=\sqrt{\frac{\sum_{i=0}^{M}\sum_{j=0}^{N}(R_{i,j}-L_{i,j})^2}{MN}} \tag{17-7}$$

其中,$R_{i,j}$和$L_{i,j}$分别表示融合结果图像和理想图像在(i,j)处的灰度值。

② 光谱偏差指数

反映融合后的高光谱图像的光谱失真程度,其表达式为

$$\mathrm{DI}=\frac{1}{MN}\sum_{i}\sum_{j}|V'_{i,j}-V_{i,j}| \tag{17-8}$$

其中,$V'_{i,j}$和$V_{i,j}$分别为融合结果图像和原始高光谱图像在(i,j)位置的光谱值。光谱偏差指数越大,表明融合图像光谱信息失真越严重。

③ 信噪比和峰值信噪比

图像融合效果的好坏与传感器噪声的图像有很大的关系,融合图像$F(i,j)$与理想图像$R(i,j)$的融合结果图像的信噪比越大,融合图像质量越好。信噪比表示为

$$\mathrm{SNR}=10\log\frac{\sum_{i=1}^{M}\sum_{j=1}^{N}[F(i,j)]^2}{\sum_{i=1}^{M}\sum_{j=1}^{N}[R(i,j)-F(i,j)]^2} \tag{17-9}$$

峰值信噪比表示为

$$\mathrm{PSNR}=10\log\frac{[\max(F)-\min(F)]^2}{(\mathrm{RMSE})^2} \tag{17-10}$$

17.1.3 基于层次分析法的模糊综合评价研究

图像的客观评价指标仅能代表融合图像某一方面的质量评价结果,为了对高光谱融合的结果图像进行客观准确的评估,所选评估方法的输出必须具有一致性和稳定性。为

了达到此目的，必须本着能够评价融合图像所有指标的原则去寻找和选择评价方法。

利用模糊数学计算方法，将各质量评价指标进行综合的评价方法为融合图像综合评价方法。综合评价方法在评价过程中采用主观和客观相结合的方法，实现对融合图像整体质量的综合评价。融合算法的综合评价不仅有利于选择更加适合实际应用需要的融合算法，还能为融合算法的改进和修正提供一定的参考依据。

目前并不存在一种全面系统的综合质量评价方法。层次分析法是对较为模糊或者受到多重因素影响复杂的决策问题，使用定性分析和定量分析相结合的方式，进行决策分析的一种有效方法。层次分析模糊评价方法利用层次分析法确定模糊评价各项指标的权重，是一种基于先验知识的融合效果评价方法。模糊评价方法是一种计算综合评价值的方法，该计算方法包括建立模糊矩阵、确定各指标权重、计算评价综合值等过程。其中通过层次分析法可以确定指标权重。

1. 层次分析法简介

层次分析法(AHP)是一种定性和定量相结合的、系统化、层次化的权重决策分析方法。它将决策问题分解为最高层、中间层及最低层三个层次。通常最高层为目标层，中间层为准则层，最低层为方案层[16]。该方法的主要过程是建立起目标、准则、方案三元素之间相互关系的递阶层次结构，将专家的经验知识与数学计算相结合。具体实现过程包括使用比较法建立判断矩阵、计算权重、检查一致性以及对各层次进行最终的总排序。

2. 层次分析法步骤

(1) 建立层次结构模型

将实际问题中的各个因素按照不同性质进行层次结构的分解，建立层次结构模型，从中选出最符合期望的方案。层次机构模型中最高层为决策目标层，一般只包括一个因素；中间层为准则层，主要包括为达到决策目标所采用的决策准则，一般情况下会根据实际待解决问题的复杂度来构建该层，一般来说中间层由一个或若干个层次组成；最下面一层则为方案层，包括所有可供选择的决策方案。通常情况下的层次结构模型图如图 17.1 所示。

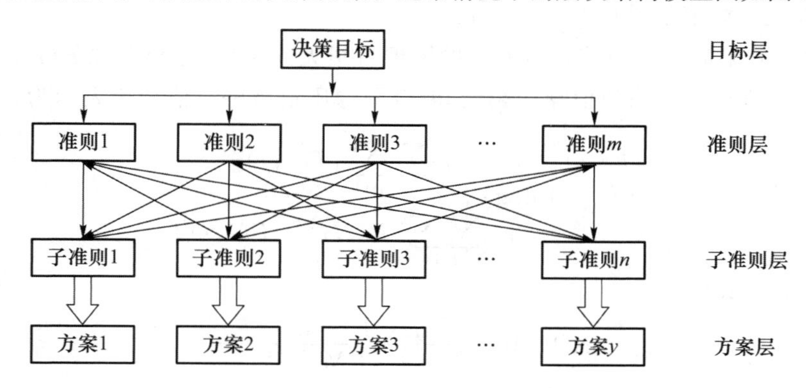

图 17.1　典型层次结构模型图

(2) 构造判断矩阵

层次分析法的主要特色是根据不同的比较准则对所有方案两两比较，根据它们的重要性程度之比代表相应方案的重要性程度等级。根据托马斯·塞蒂提出的“1-9 标度方法”对各个准则的重要程度进行赋值，其构成的矩阵为判断矩阵。

假设上层因素为 a，下层因素包括 a_1、a_2、…、a_n。当这些下层因素对上层因素 a 的决定性可以直接数量化时，那么每一个 a_i 对 a 的决定性（即权重）也可以得以确定。但在实际的决策系统问题中，直接确定下一层元素对其上一层元素的权重是比较困难的，这时可以使用相对标度法来进行分析，如表 17.2 所示。

表 17.2　1 到 9 标度及具体含义

标度	含义
1	两因子对比，二者的重要性相同
3	两因子对比，一个较另一个稍微重要
5	两因子对比，一个较另一个明显重要
7	两因子对比，一个较另一个强烈重要
9	两因子对比，一个较另一个极端重要
2、4、6、8	介于 1、3、5、7、9 之间
倒数	因子 i 与 j 的判断为 a_{ij}，则 $a_{ji}=1/a_{ij}$

判断矩阵构造形式如图 17.2 所示。

	C_1	C_2	…	C_n
C_1	C_{11}	C_{12}	…	C_{1n}
C_2	C_{21}	C_{22}	…	C_{2n}
⋮	⋮	⋮		⋮
C_n	C_{n1}	C_{n2}	…	C_{nn}

图 17.2　判断矩阵构造图

其中，$C_{ij}>0$，$C_{ij}=1/C_{ji}(i\neq j)$，$C_{ii}=1(i=1,2,\cdots,n;j=1,2,\cdots,n)$。

（3）层次单排序和一致性检验

层次单排序是指计算当前层与上一层某因素具有某种相关性的元素的重要性次序权值，该计算是按照判断矩阵来进行的。首先对判断矩阵的每一列进行归一化处理；其次将归一化的判断矩阵按行相加；最后对按行相加的结果进行归一化处理，即获得各指标的权重值，这种方法称为和积法。

由于实际问题往往较为复杂，各指标之间的相互比较关系可能会出现前后不一致的情况，因此需要进行一致性验证，这样能够更好地保证层次分析法所求结果的合理性。托马斯·塞蒂给出的一致性判断的公式为

$$\mathrm{CI}=\frac{\lambda_{\max}-n}{n-1} \tag{17-11}$$

其中，$\lambda_{\max}$ 表示判断矩阵的最大特征值，同时，托马斯·塞蒂也总结了平均随机一致性指标 RI 的值，如表 17.3 所示。

表 17.3　平均随机一致性指标 RI

1	2	3	4	5	6	7	8	9
0.00	0.00	0.58	0.90	1.12	1.24	1.32	1.41	1.45

当 $CR=CI/RI<0.10$ 时，层次单排序结构的一致性满足要求，否则需要调整判断矩阵的参数进行修正。如果准则层包含多个结构层次，那么一致性检验需要在各层次总排序和单层单排序上分别进行。

(4) 层次总排序

计算各层元素对最高层的合成权重。计算时采取自上而下的策略，对每一层都进行运算，最后就可以计算出最下面一层的每个元素对于系统总目标层(即最高层)的合成权重。

17.2　高光谱融合图像的模糊评价实现

模糊综合评价方法的主要过程：首先确定被评价对象的各个因素以及评价指标；然后根据各个因素的权重以及隶属度向量确定模糊评价矩阵；最后将模糊评价矩阵和各因素的权向量进行模糊运算并进行归一化，最终获得模糊评价综合结果。该方法的流程如图 17.3 所示。

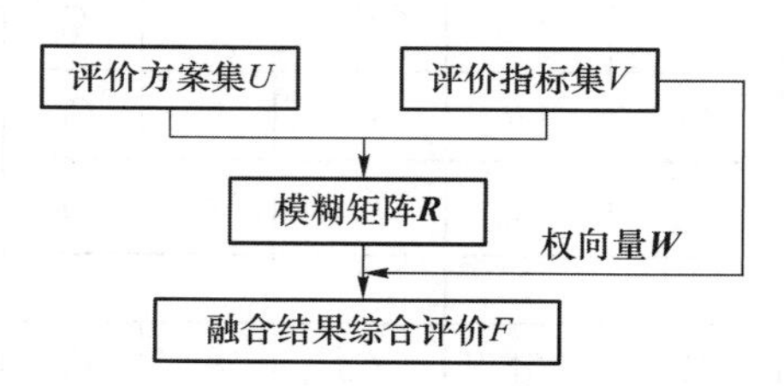

图 17.3　模糊综合评价流程图

(1) 确定评价指标和评价等级

考虑高光谱图像融合的目的以及图像融合的应用场景需求等诸多因素，必须本着如下原则去选择高光谱图像质量的评价指标。

① 高光谱图像融合的目的是融合高空间分辨率图像的空间信息到高光谱图像中，因而融合结果的空间信息量必然会增加。通过图像信息熵、标准差等评价指标与原始图像进行比较来评价融合图像的信息量增加程度，并将其作为首要原则。

② 融合结果希望尽最大可能保持图像的光谱信息，同时能充分利用高空间分辨率图像的空间信息，使得输出图像的细微特征信息更加丰富、纹理边缘更加清楚直观。把以标准差、平均梯度来评价图像清晰度作为第二原则。

③ 对融合后图像与原始高光谱图像进行光谱特性信息相似度的比较，通常把偏差指数、相关系数、光谱扭曲度等评价指标用来衡量光谱特性的保持度，这是要遵循的第三原则。

④ 被评价融合图像与原高光谱图像的信噪比数值越大，图像质量越好。故将图像的信噪比作为又一评价指标。

⑤ 被评价融合图像灰度近似可以用均值来表现，灰度分布越分散，图像的对比度越

大，图像视觉效果越清晰。

根据以上图像的评价原则，从图像客观评价的统计指标中选择恰当的指标 $v_i(i=1,2,\cdots,n)$，根据实际需要选择均值、信息熵、平均梯度、相关系数、信噪比作为评价的主要因子。

（2）确定评价方案集

多种融合方法的结果 $u_j(j=1,2,\cdots,m)$ 组成待评价方案集 $U=(u_1,u_2,u_3,u_4)$。我们将在下一节中对融合结果进行统一的综合评价。为了验证模糊评级方法的准确性，会将其评价结果与主、客观评价结果进行比较。

（3）确定权重

通过层次分析法确定评价指标的权重值 $\omega_i(i=1,2,\cdots,n)$。

（4）建立模糊矩阵

模糊矩阵 $\boldsymbol{X}$ 通过对待评价融合方案的各评价指标值组成的观测矩阵进行运算后获得。

（5）建立评价模型

综合评价模型公式可表示为

$$F_j=\sum_{i=1}^{n}\omega_i r_{ij},\quad j=1,2,\cdots,m \tag{17-12}$$

其中，F_j 为最后计算所得的综合指标值。

（6）根据综合指标值对各方案进行排序，得到最终的优劣排序结果。

17.3　高光谱图像融合的实验结果与分析

17.3.1　实验数据介绍

高光谱图像融合的数据源为我国环境一号卫星 A 星（HJ-1A）的数据。

环境一号卫星是我国首次搭载高光谱成像仪（HSI）的卫星，它由两颗光学小卫星（HJ-1A、HJ-1B）和一颗合成孔径雷达小卫星（HJ-1C）组成，HJ-1A 星负载 2 台宽覆盖多光谱可见光相机和 1 台高光谱成像，工作在可见光与近红外光谱区域，共计有 128 波段，实验将要使用的图像均为 HJ-1A 星的图像。HJ-1A 具体参数如表 17.4 所示。

表 17.4　环境一号卫星 A 星参数表

有效载荷	波段号	光谱范围	空间分辨率	幅宽/km
CCD 相机	B01	0.43～0.52	30 m×30 m	360(单台) 700(两台)
	B02	0.53～0.60		
	B03	0.63～0.69		
	B04	0.76～0.9		
高光谱成像仪(HSI)	—	0.46～0.95(115 个)	100 m×100 m	50

17.3.2　实验结果与分析

为了验证各个融合算法的优劣性，仿真实验中以 HJ1A 数据为例进行验证，选取的高光谱图像数据块的像素大小为 256×256，共计 115 个波段，选取的高分辨率图像数据块的像素大小为 256×256，采用多光谱图像第 4 波段的图像。主要利用经典融合算法、原 MAP 算法以及改进丰度图后的 MAP 算法进行高光谱数据融合处理。不同算法的融合图像结果如图 17.4 所示。

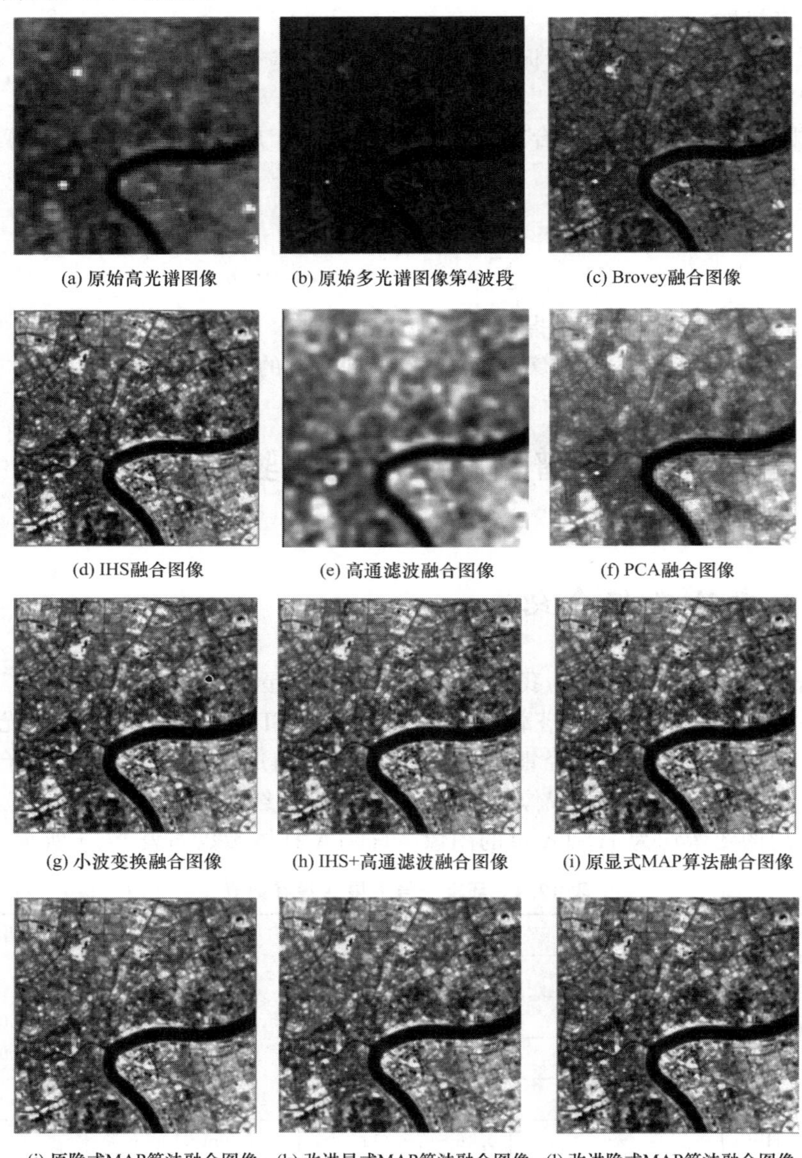

(a) 原始高光谱图像　(b) 原始多光谱图像第4波段　(c) Brovey融合图像
(d) IHS融合图像　(e) 高通滤波融合图像　(f) PCA融合图像
(g) 小波变换融合图像　(h) IHS+高通滤波融合图像　(i) 原显式MAP算法融合图像
(j) 原隐式MAP算法融合图像　(k) 改进显式MAP算法融合图像　(l) 改进隐式MAP算法融合图像

图 17.4　不同算法的图像融合结果图

图 17.4 是经典融合算法、MAP/ SMM 融合算法以及改进后的 MAP/ SMM 融合算法的结果图。首先采用主观评价方法进行评价，各个融合方法的结果图中包含的空间信息量与原始高光谱图像相较都有了一定的提高，然而融合后图像色彩也均有了一定的变化，这说明存在不同程度的光谱扭曲。其中，IHS 变换、PCA 变换以及小波变换融合结果的空间分辨率提高程度最大。同时在光谱特征保持方面，各种方法的表现不同，高通滤波与改进后高通滤波的融合图像的光谱特征保持度高。IHS 变换前后的图像对比强烈，而 Brovey 融合结果与 PCA 融合结果存在明显的色彩偏差现象。MAP/ SMM 融合算法图像的空间信息提高明显，并且其光谱扭曲程度较小。改进后的 MAP/ SMM 融合算法从目视效果上与改进之前的图像几乎一样。通过相关专家的打分可知，(c)＝3 分，(d)＝3 分，(e)＝3 分，(f)＝3 分，(g)＝4 分，(h)＝4 分，(i)＝5 分，(j)＝5 分，(k)＝5 分，(l)＝5 分。

客观的统计结果可以更加直接准确地评价融合图像空间和光谱分辨率的增强情况，具体统计结果如表 17.5 所示。

表 17.5　融合结果统计指标

	信息熵	平均梯度	相关系数	信噪比	均值
全色图像	7.669 994	8.352 581	—	—	97.860 806
高光谱图像	13.091 998	2.913 881	—	—	113.716 960
IHS 变换	13.208 658	4.874 615	0.961 075	22.607 463	106.039 993
Brovey 融合	13.244 383	8.430 202	0.886 906	17.801 776	97.907 374
PCA 变换	13.177 188	8.379 876	0.880 205	17.646 782	97.971 603
HPF	13.087 790	5.479 920	0.971 237	22.107 044	101.392 120
小波变换	12.463 374	6.376 104	0.840 729	19.515 770	91.118 037
IHS＋HPF	12.704 399	7.875 821	0.853 973	20.023 795	98.973 038
原 MAP 算法	13.193 751	8.235 672	0.893 541	21.912 318	109.321 235
改进的 MAP 算法	13.194 623	8.241 259	0.896 712	21.015 910	110.015 920

通过表 17.5 可知，与原始高光谱数据均值最相近的是改进的 MAP 算法，IHS、PCA 变换结果相差较多，这表明 IHS、PCA 变换光谱扭曲程度较大。在信噪比方面，MAP 算法与改进的 IHS 算法都比其他算法表现好。相关系数反应与原始图像的相似度方面，高通滤波与 MAP 算法都是遥遥领先的。平均梯度值能够反映融合之后图像的纹理细节特征，从表 17.5 中的数据可知，IHS 与 MAP 的结果都是相当满意的。

为了更好地验证图像质量，同时对上一节中的综合评价方法进行实践考验，接着进行此算法的实践操作，具体方案如下。

首先，根据表 17.5 中的各个统计指标组成观测矩阵 $\boldsymbol{X}$，表示如下：

$$\boldsymbol{X}=\begin{pmatrix} 13.208\,658 & 4.874\,615 & 0.961\,075 & 22.607\,463 & 106.039\,993 \\ 13.244\,383 & 8.430\,202 & 0.886\,906 & 17.801\,776 & 97.907\,374 \\ 13.177\,188 & 8.379\,876 & 0.880\,205 & 17.646\,782 & 97.971\,603 \\ 13.087\,790 & 5.479\,920 & 0.971\,237 & 22.107\,044 & 101.392\,120 \\ 12.463\,374 & 6.376\,104 & 0.840\,729 & 19.515\,770 & 91.118\,037 \\ 12.704\,399 & 8.875\,821 & 0.853\,973 & 20.023\,795 & 90.973\,038 \\ 13.193\,751 & 8.235\,672 & 0.893\,541 & 21.912\,318 & 109.321\,235 \\ 13.194\,623 & 8.241\,259 & 0.896\,712 & 21.015\,910 & 110.015\,920 \end{pmatrix} \tag{17-13}$$

其次，根据步骤开始计算信息熵以及平均梯度等各个指标相应的权重值，权重值计算过程如下。

(1) 建立最佳递阶层级模型，此模型总共分为三层，第一层(目标层)为理想融合图像，第二层为各个评价指标，第三层(最底层)为待评价的融合图像。

(2) 就高光谱和高空间分辨率融合而言，丰富的光谱信息和空间信息必不可少。另外，增加信息量是图像融合的重要目标，结合专家咨询进行综合分析，以满意的融合图像为准则，对图像信息熵、平均梯度、相关系数、信噪比和均值五个指标进行成对比较，可以得到比较判断矩阵 $\boldsymbol{A}$。由于以上五个指标值的重要性不相上下，判断矩阵中的数据值大多为 1、3 以及它们的倒数值，这样能够有效地减少人为因素对评价结果的消极影响。判断矩阵模型为

$$\boldsymbol{A}=\begin{pmatrix} 1 & \frac{1}{3} & \frac{1}{3} & 3 & 1 \\ 3 & 1 & 1 & 3 & 3 \\ 3 & 1 & 1 & 3 & 3 \\ \frac{1}{3} & \frac{1}{3} & \frac{1}{3} & 1 & 1 \\ 1 & \frac{1}{3} & \frac{1}{3} & 1 & 1 \end{pmatrix} \tag{17-14}$$

(3) 利用判断矩阵 $\boldsymbol{A}$，通过代数运算求得权向量为 $\boldsymbol{W}_A=(0.144\,5 \quad 0.327\,8 \quad 0.327\,8 \quad 0.090\,6 \quad 0.109\,3)$，判断矩阵 $\boldsymbol{A}$ 的最大特征根 $\lambda_{\max}=5.510\,8$。进行层次一致性检验，可得到一致性指标 $\mathrm{CI}=\frac{\lambda_{\max}-n}{n-1}=0.037\,7<0.1$，则判断矩阵符合一致性要求。

最后，通过相对偏差模糊矩阵进行评价值的计算。在以上的五个指标(均值、信息熵、平均梯度、相关系数、信噪比)中，我们希望信息熵、平均梯度、相关系数、信噪比的指标值越大越好，而评价指标的均值差则是越小越好。为此，将观测矩阵的最后一项评价指标变换为融合图像均值与多光谱图像均值之差的绝对值大小，此时观测矩阵可表示为

$$\hat{X}=\begin{pmatrix} 13.208\,658 & 4.874\,615 & 0.961\,075 & 22.607\,463 & 7.677\,0 \\ 13.244\,383 & 8.430\,202 & 0.886\,906 & 17.801\,776 & 15.809\,6 \\ 13.177\,188 & 8.379\,876 & 0.880\,205 & 17.646\,782 & 15.745\,4 \\ 13.087\,790 & 5.479\,920 & 0.971\,237 & 22.107\,044 & 12.324\,8 \\ 12.463\,374 & 6.376\,104 & 0.840\,729 & 19.515\,770 & 22.598\,9 \\ 12.704\,399 & 8.875\,821 & 0.853\,973 & 20.023\,795 & 14.743\,9 \\ 13.193\,751 & 8.235\,672 & 0.893\,541 & 21.912\,318 & 4.395\,76 \\ 13.194\,623 & 8.241\,259 & 0.896\,712 & 21.015\,910 & 3.701\,04 \end{pmatrix} \tag{17-15}$$

建立理想方案 $u=(u_1^0,u_2^0,\cdots,u_5^0)=(13.244\,383\quad 8.430\,202\quad 0.971\,237\quad 22.607\,463\quad 7.676\,967)$

依据理想方案，得到相对偏差模糊矩阵如下：

$$r_{ij=}=\frac{|a_{ij}-u_i^0|}{\max(a_{ij})-\min(a_{ij})} \tag{17-16}$$

接下来是建立综合评价模型：

$$F_i=\sum_{j=1}^{55}\omega_j r_{ij},\quad i=1,2,\cdots,6 \tag{17-17}$$

其中，i 表示方案，j 表示各指标。显然，F_i 值越大，对应方案越优。各种融合算法的综合评价经计算可得：$F_1=0.397\,4$，$F_2=0.500\,7$，$F_3=0.593\,4$，$F_4=0.488\,1$，$F_5=0.601\,2$，$F_6=0.683\,9$，$F_7=0.814\,9$，$F_8=0.821\,1$。融合效果性能优劣排序为改进后的 MAP 方法、原 MAP 方法、IHS＋HPF 方法、HPF 方法、PCA 变换法，小波变换法、Brovey 变换法以及 IHS 变换融合法。

通过以上实验，将三种评价方式进行全面比较分析，如表 17.6 所示。

表 17.6　融合图像质量评价方法比较表

评价方法	优点	缺点
主观评价方法	简单、快速、直观，对于明显图像信息的评价可行性强。	主观性强，评价结果因人而异，具有不确定性。
客观评价方法	各评价指标之间相互独立，不受人为因素影响，适用性广。	各指标只顾及某一质量方面的情况，相互接近或交错时，不易做出综合判断；由于源图像传感器类型、图像应用目的和感兴趣区域等方面存在差异，所以难以对融合结果做出客观评价。
综合评价方法	将主观和客观相结合，能够对复杂的受多因素影响的结果做出综合、合理的评价，且适应性强，稳定性高。可根据实际应用目的，调整各指标权重，得出合理的性能排序，兼顾了通用性和特殊性需求。	层次分析法是一种主观和客观相结合的方法，在确定权重的过程中，需要合理的依据和专家知识，否则易导致评价结果的片面性。

综合评价方法与经典评价方法之间存在诸多的相关性，从最终的数据结果来看，三者之间的一致性基本保持较好。然而由于融合目的的多样性，不能单凭几次的实验结果就对方法进行直接的定义，必须通过更丰富、更长期的实验进行验证。

第4篇

高光谱图像矿产资源评价应用研究

对高光谱图像进行压缩和融合等处理后，得到可进行后续分析及应用的结果图像。利用高光谱图像的分类方法和技术，深入研究矿产资源评价模型，借助处理后的可作为实验数据的高光谱结果图像，开展实验验证分析，最终达到对矿产资源评价的应用目的。

第18章 高光谱图像的分类

高光谱技术是一种在大范围内获取海量地面光谱数据的遥感手段，我们不单要关心高光谱图像压缩恢复图像的质量，还需考虑压缩引起的数据量损失对后续分析及应用产生的影响。其中包括能否成功保持重要光谱信息，以及能否提供可靠的分类精度，对于高光谱图像融合的处理也是如此。

18.1 高光谱图像的分类

分类是遥感应用的重要内容之一，其目的是把图像分成不同的地物类别对应的区域，以便给各种遥感专题使用，已经广泛应用于军用领域和民用领域。因此，全面地考察高光谱图像的压缩技术对分类效果的影响也尤为重要。

直接利用光谱匹配技术可进行高光谱图像的分类，但是由于光谱空间数据分析技术的局限性，这种分类技术通常执行效率比较低，并且适应性比较差。从统计和模式识别发展起来的分类技术，由于实现方法多样，并且有较高的分类效率，已经得到了广泛的应用和发展。

根据是否利用了训练样本，遥感高光谱图像的分类可以分为监督分类和无监督分类两类。其中监督分类方法的基本思想是：利用一定数量的训练样本，根据其已知的类别来确定判别函数和其他相应的判别准则，并根据这些准则对未知的区域样本进行类别归属判决。监督分类需要先验知识的引导，因此降低了分类过程中由于类别信息不足而造成的错分率。监督分类中有代表性的算法有很多，如最大似然法、最小距离法、平行六面体方法等，其中最大似然法的分类精度和稳定性最佳。

高光谱图像的无监督分类，也称作聚类。聚类也就是在对实验区域缺乏任何先验知识的情况之下，仅仅根据图像和数据本身的差异性和相似性等特征进行合并归类。无监督分类可以揭示数据的固有结构，并且为后续的监督分类和检测等处理提供必要信息。当然，非监督分类结果也可以直接用来解决分类问题，只是无法确定各类别属性，还需其他的专门知识来识别和解释。K-均值法(K-means)和自组织数据分析法(Iterative Self-organizing Data Analysis，ISODATA）是非监督分类最有代表性的方法。目前，又有一些新的分类技术产生，比如模糊分类法、决策树分类法、支持向量机以及各种神经网络。但是这些新的分类方法在应用上并没有传统的分类方法广泛。

高光谱数据中光谱的波段数目的增加和量化精度的提高，隐含了更多更丰富的地物分类特征，然而，数据的高维特性同时也给地物分类带来很多的困难。例如，数据量的急增导致计算量的增加，进而严重地影响了数据的处理效率。更重要的是，高维数据分类在样本数一定的情况下存在严重的 Hughes 现象，也就是分类精度随着特征数的增加而上升，到一定的程度后又开始下降。我们知道大多数的分类方法，尤其是基于统计学的分类方法，是从数据类别统计建模的角度实现的。通过估计数据模型参数得到样本空间类条件概率密度，如果要使参数估计达到足够的精度，那么就需要足够多的训练样本。但在遥感图像中，可获取的训练样本往往是有限的。特别是对高光谱图像而言，随着数据维数的增加，待估参数量也急剧增加，因而样本不足的矛盾也就更为突出。所以，高光谱数据的大量波段又成了制约分类精度的一个重大原因。

我们知道的是，高光谱数据的有效信息主要集中于某个低维的特征空间中，若通过某种方式来降低原始数据空间的维数，这样就能将分散的光谱特征集中到某一特征空间里，可在一定程度上缓和训练样本不充足的矛盾，进而削弱 Hughes 现象，最终改善分类结果。

目前，采用较多的办法是在分类前通过波段选择或特征提取减少数据维数。但在原始数据中进行波段选择会造成信息的丢失，所以这类方法只能针对具体问题进行相应的处理，缺乏通用性。特征提取技术可从原始数据中提出具有代表性的特征，这样既保持了类别间的可分性，又可解决数据空间维数过高的问题，同时，该技术在很大程度上决定了分类器性能。针对基于特征提取技术的有损压缩方法，研究了图像的各种特征成分直接用于地物分类的可行性，并对分类效果进行了比较。

下面引入三种经典又常用的分类方法。

18.2　最大似然分类法

第一种分类方法是最大似然分类器（Maximum Likelihood Classifier，MLC），也称作贝叶斯分类器。该分类器有着严格的理论体系和数学基础，是比较成熟并且应用也最广泛的参数分类方法。目前，几乎所有遥感图像处理软件都具备这一方法，由此可见，其应用是非常广泛的。最大似然分类器是在两类或者多类判决中，根据有关的非线性判决函数的贝叶斯准则来进行分类的。判决函数集有众多的导出形式，如最小风险准则、最小错误率准则、Neyman-Pearson 准则以及最小最大准则等。

设 $\boldsymbol{x}$ 是一个 k 维观测向量，对应于 l 维空间中的一个数据点，假设总共有 d 个待分类别，分别记作 ω_1、ω_2、…、ω_d。根据贝叶斯定理，$\boldsymbol{x}$ 所属的类别的后验概率 $P(\omega_i|\boldsymbol{x})$ 为

$$P(\omega_i|\boldsymbol{x})=\frac{P(\boldsymbol{x}|\omega_i)P(\omega_i)}{P(\boldsymbol{x})}=\frac{P(\boldsymbol{x}|\omega_i)P(\omega_i)}{\sum_{j=1}^{d}P(\boldsymbol{x}|\omega_i)P(\omega_i)} \tag{18-1}$$

其中，$P(\omega_i)$是每个类别的先验概率，$P(\omega_i|\boldsymbol{x})$是 $\boldsymbol{x}$ 类条件概率密度。在实际的应用中，$P(\omega_i)$往往根据各种先验知识给出或者假设相等，而$P(\omega_i|\boldsymbol{x})$则需首先确定它的分布形式，然后再利用训练样本估计参数。

最小错误率的贝叶斯判决准则：对于一切的 $j\neq i$，如果$P(\omega_i|\boldsymbol{x})>P(\omega_j|\boldsymbol{x})$成立，那么将 $\boldsymbol{x}$ 归为 ω_i 类。在此基础上，定义等价的对数判别函数为

$$g(\boldsymbol{x})=\ln P(\boldsymbol{x}|\omega_i)+\ln P(\omega_i) \tag{18-2}$$

若 $g(x_i)>g(x_j)$对于所有的 $j\neq i$ 成立，则 $\boldsymbol{x}$ 将属于 ω_i 类。为了便于数学分析，最大似然分类法往往用高斯分布建立各个类别的条件概率密度模型，其相应的对数判别函数为

$$g(\boldsymbol{x})=\frac{1}{2}(\boldsymbol{x}-\boldsymbol{\mu}_i)^{\mathrm{T}}\sum_i^{-1}(\boldsymbol{x}-\boldsymbol{\mu}_i)-\frac{1}{2}\ln|\boldsymbol{\Sigma}i|+\ln P(\omega_i) \tag{18-3}$$

其中，$\boldsymbol{\mu}_i$ 是 ω_i 类的样本均值向量，$\boldsymbol{\Sigma}i$ 是 ω_i 类的样本协方差矩阵。对于许多实际数据集而言，这是一种比较合理的近似。在特征空间中，若某一类的观察值较多分布在该类的均值附近，并且远离均值点的观测值相对较少，那么其概率模型必然近似服从高斯分布。

18.3　K-均值分类法

无监督分类情况下，因为没有类别先验知识可利用，所以只能预先假定各类别的初始中心，然后通过预分类处理形成聚类，再由聚类统计参数调整原始类别中心，进而再聚类、再调整。K-均值分类法属于动态聚类，它以距离最小为聚类判决准则，无须假定各类别是否具有某种概率分布和估计参数，是一种非参数分类方法。K-均值分类方法首先要根据样本具体情况确定类别数目，若有 c 个待分类别，m_i 是第 i 个聚类 Γ_i 中的样本均值，则可表示如下：

$$m_i=\frac{i}{N_i}\sum_{x\in\Gamma_i}y \tag{18-4}$$

其中，N_i 是类 Γ_i 中的样本数目。令 d 表示向量间的距离度量（常用的有相关系数、夹角余弦以及欧氏距离等），为使得属于同一类别的样本间距离尽可能地小，不同类别样本之间距离尽可能地大，定义准则函数 J_e 如下：

$$J_e=\sum_{i=1}^{e}\sum_{y\in\Gamma_i}d(y,m_i) \tag{18-5}$$

J_e 度量了以 m_1、m_2、…、m_i 为聚类中心代表的 c 个样本子集 Γ_1、Γ_2、…、Γ_c 的总误差。

K-均值分类算法基本步骤如下：

(1) 首先对 N 个样本进行初始化分，计算每个聚类的均值 m_1、m_2、…、m_i 和 J_e；

(2) 设已经迭代 l 次，选取一个备选样本 y，并且假设 y 现在处于 $\Gamma_i^{(k)}$ 中。如果 $N_i=1$，那么重新选择备选的样本；

(3) 准则函数的改变量：

$$\Delta J_i=\frac{N_i}{N_i-1}d(y,m_i^{(k)}) \tag{18-6}$$

$$\Delta J_j = \frac{N_i}{N_i+1} d(y, m_i^{(k)}), \quad j=1,2,\cdots,c \text{ 且 } j \neq i \tag{18-7}$$

假设 $\Delta J_k = \min\limits_{j=i} \Delta J_i$，如果有 $\Delta J_k \leqslant \Delta J_i$，那么把 y 调整到 $\Gamma_i^{(k)}$ 中，同时重新计算第 k 类和第 i 类的均值 $m_k^{(k+1)}$ 和 $m_i^{(k+1)}$，并且修改 J_e。

如果连续迭代 N 次，J_e 的值不再改变，那么迭代终止，确定分类；否则，按步骤(2)重新选择新的样本。

K-均值分类方法的分类结果受取定类别数目、样本几何特性、排列次序及聚类中心初始位置的影响，但是其算法比较简单，应用也比较广泛。

第19章

矿产资源评价模型的研究

大力开展矿产资源评价是促进矿产资源可持续供应的重要举措。目前进行矿产资源评价的主流方法有证据权法、找矿信息量法、ART网络法、特征分析法以及模糊逻辑法等。证据权法本身是一种离散的多元统计方法，它最初应用在医学诊断上。1993年，Agterberg等人对此方法进行了改进和完善，并引入到了矿产预测领域。“证据权”与找矿信息结合能够区分矿化有利地段和不利地段，从而达到定量圈定和评价找矿靶区的目的。这种方法从数据出发去研究成矿预测中的各种关系，其中涉及基于测量已知矿床和图层模型或特征的相关组合关系。信息量计算法也属于BAYES统计分析方法，其实质是用信息量的大小来评价地质因素，标志与研究对象的关系密切程度。ART网络又叫自组织神经网络模型，它是一个无监督的分类器。首先用户需要选择参与分类运算的变量集，然后设定需分类的类别数或聚类距离，最后系统自动计算分类结果。特征分析是一种多元统计分析方法，它通过研究模型单元的控矿变量特征，查明变量之间的内在联系，从而确定各个地质变量的成矿和找矿意义，最终建立起某种矿产资源体的成矿有利度类比模型。将模型应用到预测区，将预测单元与模型单元的各种特征进行类比，用它们的相似程度表示预测单元的成矿有利度，并据此圈定出有利成矿的远景区。

以上这些方法大多依赖于专家知识等主观因素，而且已知的样本数据不一定总能满足其统计假设条件（如证据权法），所以得到的结果往往并不是很理想。神经网络算法可以通过对训练样本的学习来隐性地表达各变量间非线性的关系。在矿产资源评价中，由于要求的数据具有种类多、差异性大和成矿条件复杂等特点，不易用显性的数学模型来表达，因此利用神经网络能较好地解决以上问题。20世纪80年代末，国际地学分析中开始融入神经网络技术，1992年，美国地质调查局研究人员运用了人工神经网络BP模型，通过输入斑岩铜矿矿点的金属量、矿石量以及品位向量，对矿床类型进行了分类研究，取得了一定的成果，并且认为加入地质方面分量，会取得更显著的类型判别效果。相比之下，国内的研究则相对滞后，大规模应用只有近十年的时间。目前，很多研究对训练样本选择相对较少，没有足够的代表性和全面性，而且对评价结果值的等级划分也没有有力的依据，最后只给出了评价单元输出值，没有给出研究区的整体评价结果图，所以不能从图像上直观看出矿产资源的评价效果及准确性。另外，也有相关文献只给出了BP神经网络应用到矿产资源评价中的一般流程步骤，但并没有给出实际的实验数据，对最后得到的评价结果正确与否也没有任何说明。

在深入研究 BP 神经网络、粒子群算法和矿产资源评价方法的基础上，本书提出了用粒子群算法优化 BP 神经网络，然后再应用到矿产资源评价中的思想。

19.1　神经网络基本原理

典型的 BP 神经网络结构如图 19.1 所示，它分为三层：输入层、隐含层、输出层。

输入层：在矿产资源评价应用中，输入神经元是一系列的地质变量。地质变量的构置通常要依据研究区内成矿环境、成矿规律、成矿系列和成矿模式的理论认识。如铁染蚀变、羟基蚀变、断裂构造、地层信息等。

隐含层：它是输入层与输出层的关联层，通过各神经元之间的连接权和阈值将它们联系起来。隐含层及其节点数的多少影响 BP 模型的映射能力，但具体该怎么选没有严格的数学方法，只能根据应用目的和要求，由试验来确定。根据 Kolmogorov 定量，通过试验证实可知，若输入节点数 $m \leqslant 10$ 个，则选 1 个有 $m+2$ 个节点的隐含层，就可以取得较好的模拟效果；若 $m>10$ 个，可选 2 个隐含层，每个隐含层可有 m 个或略少于 m 个的节点数。

输出层：进行网络学习训练时，输出层作为矿产资源等级（成矿有利度），由它与期望值进行比较，从而控制学习训练过程。当进入评价计算时，将成为评价预测的结果。

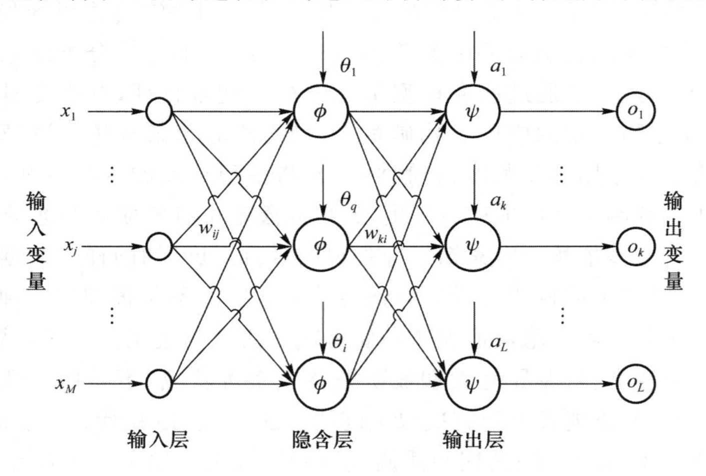

图 19.1　BP 神经网络结构图

基本 BP 算法包括信号的前向传播和误差的反向传播，即计算实际输出时按输入到输出的方向进行，而权值的修正则从输出到输入的方向进行。

前向传播开始时，把所有的连接权值随机数作为初值，输入经权值到隐含层再经权值到输出。每一层神经元的状态只影响下一层神经元的状态。此时，输出值一般与期望值存在较大的误差，需要通过误差反向传递过程，计算各层神经元权值的变化量 Δw_{ij}。

修正网络中各神经元的权值后，网络重新按照前向传播方式得到输出，实际输出值与期望输出值之间的误差又导致新一轮的权值修正。正向传播与反向传播过程循环往复，直到网络收敛，得到收敛后的各权值。

输出层第 k 个节点的输出为

$$o_k = f(\mathrm{net}_k) = f\Big(\sum_{i=1}^{q} w_{ki} y_i\Big) = f\Big[\sum_{i=1}^{q} w_{ki} f\Big(\sum_{j=1}^{M} w_{ij} x_j\Big)\Big] \tag{19-1}$$

其中，f 为 S 型激活函数，其表达式为 $f(x)=\dfrac{1}{1+\mathrm{e}^{-x}}$，$x_j$ 表示输入层第 j 个节点的输入，w_{ij} 表示隐含层第 i 个节点到输入层第 j 个节点之间的权值，w_{ki} 表示输出层第 k 个节点到隐含层第 i 个节点之间的权值。

当网络输出与期望输出不等时，输出误差为

$$E = \frac{1}{2}\sum_{k=1}^{L}(T_k - o_k)^2 \tag{19-2}$$

式(19-2)中，o_k 表示输出层第 k 个节点的输出，T_k 表示输出层第 k 个节点的期望输出。

根据误差梯度下降法依次修正输出层权值的修正量 Δw_{ki} 和隐含层权值的修正量 Δw_{ij}。权值的调整量与误差的梯度下降成正比，即

$$\Delta w_{ki} = -\eta\frac{\partial E}{\partial w_{ki}},\quad \Delta w_{ij} = -\eta\frac{\partial E}{\partial w_{ij}} \tag{19-3}$$

式(19-3)中，负号表示梯度下降，常数 $\eta\in(0,1)$ 表示比例系数，在训练中反映了学习速率。

最后化简可以得到输出层权值调整量为

$$\Delta w_{ki} = \eta(T_k - o_k)o_k(1-o_k)y_i \tag{19-4}$$

隐含层权值调整量为

$$\Delta w_{ij} = \eta\Big[\sum_{k=1}^{L}(T_k - o_k)o_k(1-o_k)w_{ki}\Big]y_i(1-y_i)x_j \tag{19-5}$$

第 $N+1$ 次输入样本时的权值为

$$w_{ki}^{N+1} = w_{ki}^{N} + \Delta w_{ki} \tag{19-6}$$

$$w_{ij}^{N+1} = w_{ij}^{N} + \Delta w_{ij} \tag{19-7}$$

实际的 BP 算法中还增加了动量项，即权值调整量 $\Delta w_{ki}(t)=\Delta w_{ki}(t)+\alpha\Delta w_{ki}(t-1)$，其中 $\Delta w_{ki}(t-1)$ 和 $\Delta w_{ki}(t)$ 分别表示前后两次训练时的权值调整量，$\alpha\in(0,1)$ 称为动量系数，增加动量项可减小振荡趋势，提高训练速度。

19.2　粒子群算法原理

粒子群算法是模仿鸟类觅食行为的进化算法。设有 D 组粒子群，每一组粒子群有 M 个粒子，其中第 i 个粒子的空间位置为 $X_i=(x_{i1},x_{i2},\cdots,x_{iD})$，第 i 个粒子各自的飞行速度为 $V_i=(v_{i1},v_{i2},\cdots,v_{iD})$，第 i 个粒子所经历过的历史最佳位置记为 $P_i=(p_{i1},p_{i2},\cdots,$

p_{iD})，群体所经历过的历史最佳位置记为 $P_g=(p_{g1},p_{g2},\cdots,p_{gD})$。对每一组粒子群中粒子的速度和位置进行迭代：

$$v_{id}^{(t+1)}=uv_{id}^{(t)}+c_1r_1(p_{id}-x_{id}^{(t)})+c_2r_2(p_{gd}-x_{id}^{(t)}) \tag{19-8}$$

$$x_{id}^{(i+1)}=x_{id}^{(t)}+v_{id}^{(t+1)} \tag{19-9}$$

式(19-8)中，u 为惯性权值，惯性权值的引入使得粒子群可以调节算法的全局与局部寻优能力，本节中使用的是随训练迭代次数增加而线性减小的惯性权值；c_1 和 c_2 为正常数，称其为加速系数；r_1 和 r_2 为两个在[0 ,1]内变化的随机数。

下面是基于粒子群算法的 BP 神经网络结构优化和权值调整。

对各个不同初始权值的粒子群网络，按照式(19-1)～式(19-7)进行训练，当全部样本每训练完一遍后，按下面的公式计算 n 个训练样本的训练误差：

$$E=\frac{1}{n}\sum_{k=1}^{n}(T_k-O_k)^2 \tag{19-10}$$

T_k 和 O_k 分别为训练样本的期望输出和实际输出。

若把网络的权值视作 PSO 算法中粒子的速度，则在网络训练过程中，相继两次权值的改变可视作粒子速度的改变，因而根据式(19-8)，网络的权值改变量可写为

$$\Delta w_{ki}=c_1r_1[w_{ki}(b)-w_{ki}]+c_2r_2[w_{ki}(g)-w_{ki}] \tag{19-11}$$

$$\Delta w_{ij}=c_1'r_1'[w_{ij}(b)-w_{ij}]+c_2'r_2'[w_{ij}(g)-w_{ij}] \tag{19-12}$$

其中，$w_{ki}(b)$ 和 $w_{ij}(b)$ 为所有粒子群网络中具有最小的误差 E 时的网络权值(最佳权值)；$w_{ki}(g)$ 和 $w_{ij}(g)$ 为第 d 个粒子群网络中历史上具有最小误差 E 时的网络权值(个体最佳权值)；c_1、c_2 和 c_1'、c_2' 以及 r_1、r_2 和 r_1'、r_2' 的意义与式(19-8)中的 c_1、c_2 以及 r_1、r_2 的意义相同。

此时有两种方式来修正 BP 神经网络的权值，一种是用式(19-11)和式(19-12)中各层权值的调整量代替式(19-4)和式(19-5)中各层权值的调整量，即 PSO-BP 前向传播算法，只使用粒子群算法本身的寻优特性，而没有使用 BP 神经网络的误差反向传递这一过程。另一种就是既考虑 BP 算法的误差反向传递又考虑粒子群算法的寻优特性，即把式(19-4)和式(19-5)的权值调整量对应加上式(19-11)和式(19-12)的权值改变量，把相加后的结果作为神经网络的各层权值调整量。权值调整后为

$$w_{ki}^{N+1}=w_{ki}^{N}+\eta(T_k-o_k)o_k(1-o_k)y_i+c_1r_1[w_{ki}(b)-w_{ki}]+c_2r_2[w_{ki}(g)-w_{ki}] \tag{19-13}$$

$$w_{ij}^{N+1}=w_{ij}^{N}+\eta\Big[\sum_{k=1}^{L}(T_k-o_k)o_k(1-o_k)w_{ki}\Big]y_i(1-y_i)x_j+ c_1'r_1'[w_{ij}(b)-w_{ij}]+c_2'r_2'[w_{ij}(g)-w_{ij}] \tag{19-14}$$

本书采用的是第一种方式。因为在进行数据训练时，第二种方式经过一定的训练次数后把权值调整量变成了非数值，无法进行评价工作。可能的原因为实验数据粒子群算法中的参数或 BP 神经网络误差梯度下降法中的参数设置没有协调，从而使得网络训练时无法收敛。

19.3　高光谱数据在矿产资源评价流程及模型中的应用

矿产资源评价步骤总结如图 19.2 所示。

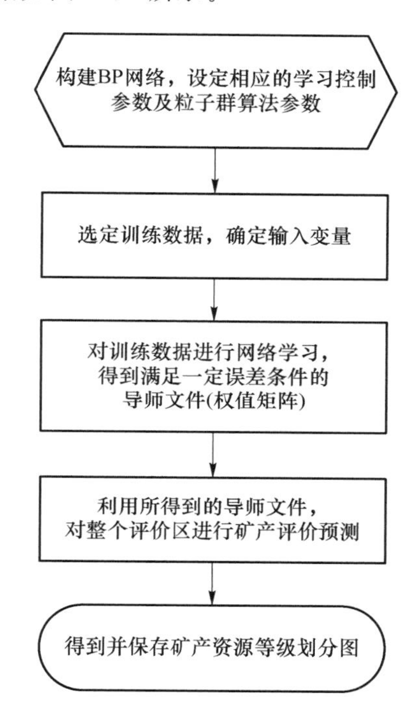

图 19.2　矿产资源评价步骤

其中，训练数据的选择和输入变量的确定是 BP 神经网络矿产资源评价的两个关键点，同时也是难点。训练数据的样本一定要包括已知有矿的和无矿的各类样本，必须具有典型性、代表性和完备性，否则会影响矿产资源评价结果的准确性。输入变量为一些对成矿有影响的地质变量，通常需要综合分析研究区内的成矿环境、成矿规律等理论知识，既要考虑成矿的有利因素和标志，也要考虑成矿的不利因素和标志。在条件许可下，应尽可能多地构置有明确独立地质含义、代表性和可比性的地质变量。但大量的变量中也可能存在与成矿无关的变量，若不剔除这些无关变量，则会干扰其他变量的有效性，同时也会增加网络运算负担。由于 BP 神经网络具有很强的容错性，即使选取变量组合中个别对网络误差收敛不利或无关的变量，也不会影响网络的识别能力。

此次研究利用高光谱图像进行矿产资源的等级评价实验，以秘鲁南部的小试验区为例，如图 19.3 所示。

在充分研究矿集区内及其周围地层、构造特征和蚀变信息的基础上，总结出了共同的找矿标志，即神经网络输入变量：铁染蚀变 x_1、羟基蚀变 x_2、主线性构造 x_3、次线性构

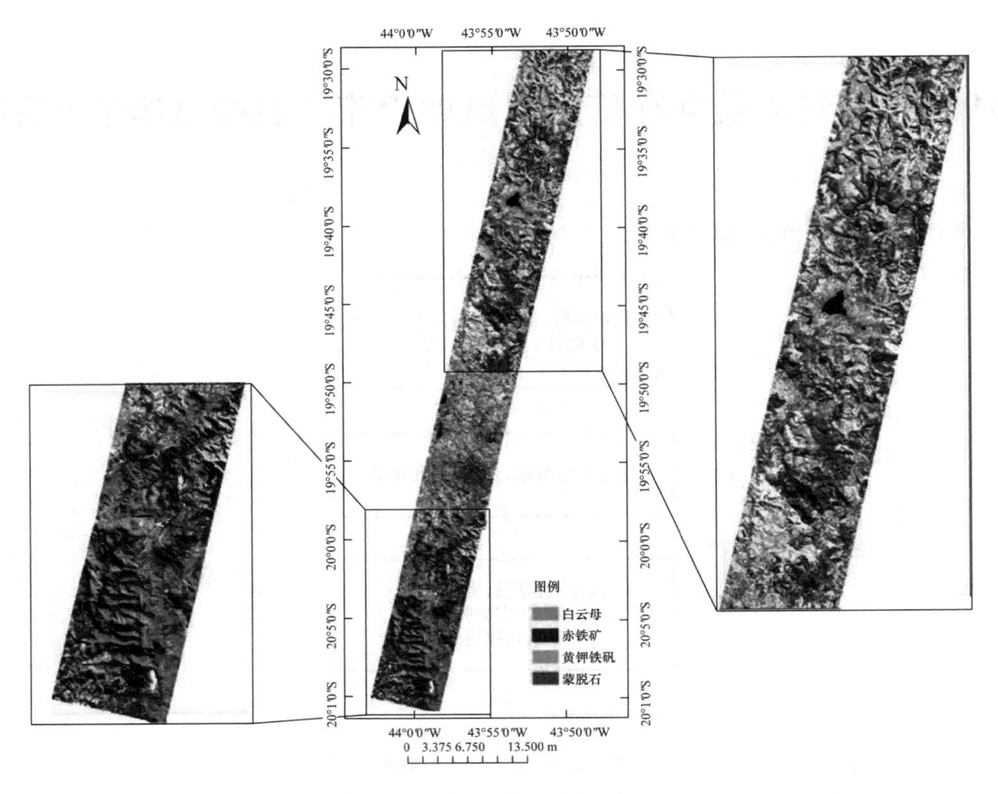

图 19.3　巴西 Aguas Claras 铁矿区 Hyperion 数据蚀变信息提取图

造 x_4、环形构造 x_5、地层信息 x_6。对这六个变量的量化有很多种方法，本节中的量化方法以一个像元为单位，若此像元有铁染蚀变，则对应的变量 x_1 设置为 1，否则为 0；羟基蚀变同铁染蚀变；对不同构造如主线性构造 x_3、次线性构造 x_4、环形构造 x_5 可以设置一定的缓冲区，x_3 和 x_5 的缓冲区半径可以设置的大一些，因为它们对成矿影响较大，而次线性构造 x_4 的缓冲区半径可设置的相应小一些，若此像元在对应的构造缓冲区内，则对应的变量设为 1，否则设为 0；不同地层对应一个确定的不同值，比如十个地层，则可以对应设为 1 到 10，此像元在哪个地层上，则对应的变量 x_6 就设为多少。为了保证模型的收敛和训练的精度，一般在训练前会对网络的输入和输出进行归一化处理，评价模型如图 19.4 所示。

评价模型

打开　显示图像　导入导出　神经网络

XLocation	YLocation	TrunkStructureZo	GeneralStructure	CircularStructur	OhMineralsRatio	FeMineralsRatio	StratumValue	Grand
7021	6327	0	0	1	0	0	0.39024390243...	1
7021	6328	0	0	1	0	0	0.39024390243...	1
7021	6329	0	0	1	0	0	0.39024390243...	1
7022	6328	0	0	1	0	0	0.39024390243...	1
6312	6143	1	1	0	0	0	0.75609756097...	2
6394	6116	0	0	0	1	0	0.63414634146...	2
6191	6048	0	1	0	0	0	0.19512195121...	2
6360	6036	0	0	0	0	0	0.75609756097...	2

文件状态：已打开　权值矩阵：未导入或未训练

图 19.4　评价模型

训练数据的选择有三类：一级矿产资源、二级矿产资源和无矿区。一级和二级矿产资源为已知的大型采矿点和小型采矿点，选它们作为训练数据区比较客观，减少了人工干预，而且这样预测出的矿产资源特征和已知采矿点的相似，为最后的矿产资源评价的准确性提供了依据。无矿区需要另行选择，三个类型的数据量要大致相同。这三个类型分别对应评价结果的一级矿产资源、二级矿产资源和无矿区。

在 BP 训练之前，需要确定模型的学习控制参数，这些参数决定了模型性能，主要参数及相应的默认参考值如图 19.5 所示。

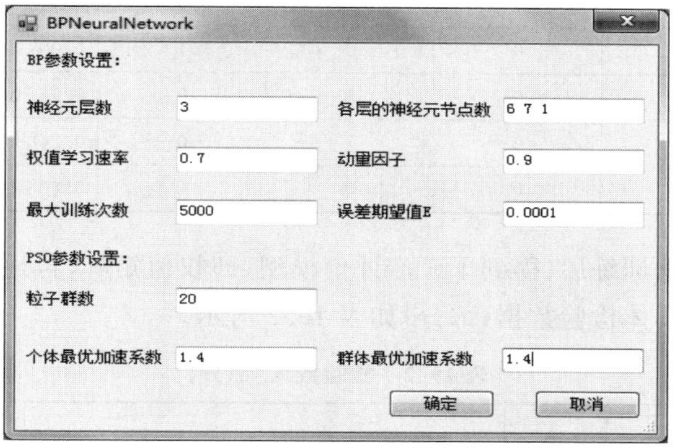

图 19.5　模型主要参数及相应的默认参考值

19.4　实验结果及分析

实验中所有图像均利用经过压缩及融合处理后的结果图像进行呈现。实验平台利用 C＃进行完全自主开发，并在此平台上进行实验验证与分析，得出矿产资源的大致区域和趋势，以达到预期的效果。其实验过程如下。

根据之前确定的六个输入变量，对应具体的矿点靶区，选定的一级矿产样本数据有 50 个，二级矿产样本数据 100 个，无矿区样本数据 100 个，可得到模型训练数据（部分）如表 19.1 所示。

表 19.1　模型训练数据(部分)

主构造区	次构造区	环形构造区	铁染蚀变	羟基蚀变	地层值	矿产等级
1	0	1	1	0	0.707 317 073	
0	0	1	1	0	0.682 926 829	
0	1	1	0	0	0.073 170 732	一级矿产资源
1	0	0	1	1	0.390 243 902	
0	1	1	1	1	0.146 341 463	

续表

主构造区	次构造区	环形构造区	铁染蚀变	羟基蚀变	地层值	矿产等级
0	1	0	0	0	0.756 097 561	二级矿产资源
0	0	0	1	0	0.195 121 951	
0	1	0	1	0	0.585 365 854	
0	0	1	0	0	0.634 146 341	
1	0	1	1	0	0.048 780 488	
0	0	0	0	0	0.414 634 146	无矿区
0	0	0	0	1	0.097 560 976	
0	0	0	1	0	0.146 341 463	
0	0	0	1	0	0.268 292 683	
0	0	0	0	0	0.634 146 341	

经过大量的数据训练后，得到了矿产评价模型，即权值矩阵，再通过检验数据检验所得模型的准确性。具体检验数据(部分)如表19.2所示。

表19.2　检验数据(部分)

主构造区	次构造区	环形构造区	铁染蚀变	羟基蚀变	地层值	模型所得矿产等级	实际矿产等级
1	0	1	0	0	0.707 317 073	一级	一级
0	0	1	1	0	0.682 926 829	一级	一级
0	0	1	0	0	0.682 926 829	二级	一级
0	1	1	1	0	0.073 170 732	一级	一级
1	0	0	1	0	0.390 243 902	一级	一级
0	0	0	0	0	0.756 097 561	二级	二级
0	1	0	0	0	0.195 121 951	二级	二级
0	0	1	1	0	0.512 195 121	一级	二级
0	0	0	1	0	0.634 146 341	二级	二级
1	0	0	0	0	0.048 780 488	二级	二级
0	0	0	0	1	0.097 560 976	无矿	无矿
0	0	0	0	0	0.634 146 341	二级	无矿
0	0	0	0	0	0.463 414 634	无矿	无矿
0	0	0	0	0	0.243 902 439	无矿	无矿
0	0	0	1	0	0	无矿	无矿

表19.2列举了部分数据，其中列举了三个数据预测出现偏差的例子，出现这种偏差很正常，因为前五个变量的值为0和1，变化组合的种类为$2^5=32$个，在大量的训练数据里，一定有很多前五个变量相同的数据，这样在训练时就只能靠第六个变量来区分它们，所以在最后评价时难免会有这种很相似的数据出现，这样评价结果就会有少许误差。可

以改进的方法为不只是采用 0 和 1 两个数来量化变量的值。比如对构造来说，不设缓冲区，而是把像元到周围对应构造的最短距离作为量化值，这样输入变量的值会更加丰富。但是这样计算量会很大，因为要计算出所有像元到所有构造点的距离才能找到那个最短距离。

使用此模型对整个评价区进行预测评价，把其结果值离散到 0 到 255 之间，得到粒子群优化 BP 评价结果如图 19.6 所示，颜色越亮表示矿产等级越高，成矿有利度越大。根据数据训练时确定的三种类型的输出值，对评价结果进行初步等级划分，得到粒子群优化 BP 评价结果等级划分图如图 19.7 所示，其中白色表示一级矿产区，灰色表示二级矿产区，黑色表示无矿区。此结果还可通过调节相关参数来进一步优化。

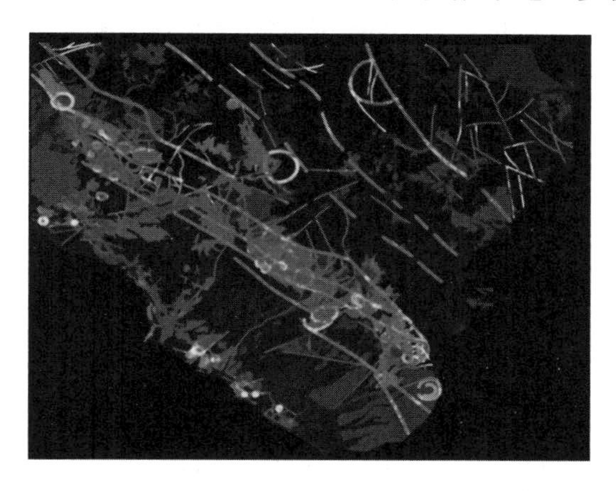

图 19.6　粒子群优化 BP 评价结果图

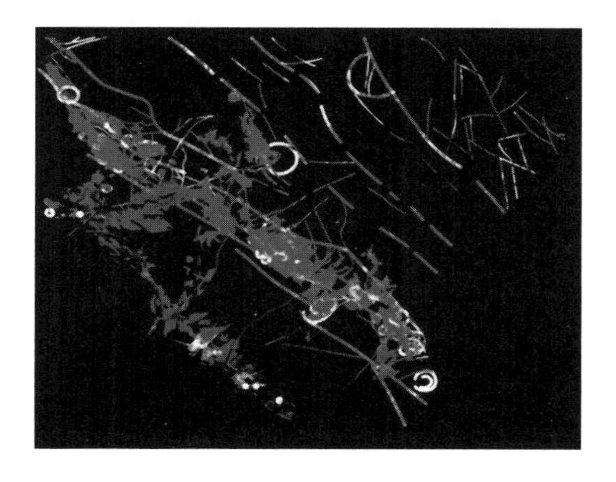

图 19.7　粒子群优化 BP 评价结果等级划分图

图 19.8 与图 19.9 分别为 BP 神经网络模型对矿产资源的评价结果图和等级划分图。

图 19.10 为实验区内已知的大型采矿点和小型采矿点的位置图。

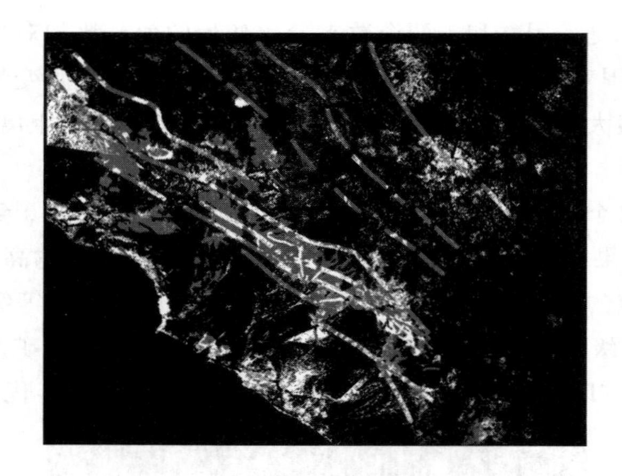

图 19.8　BP矿产资源评价结果图

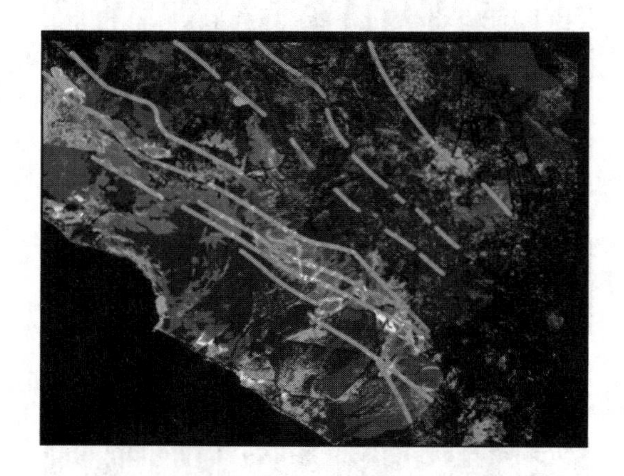

图 19.9　BP矿产资源评价结果等级划分图

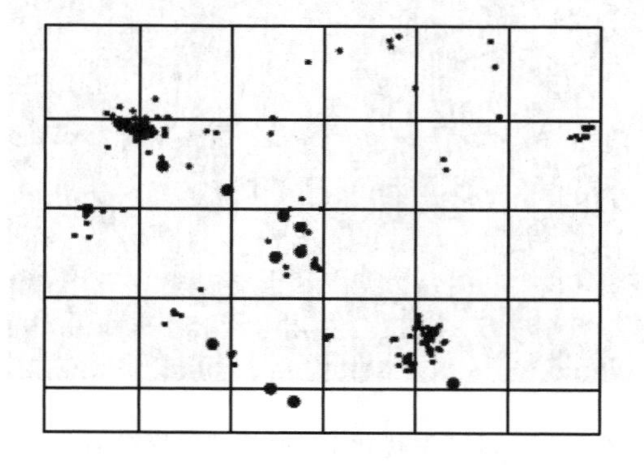

图 19.10　大型采矿点和小型采矿点的位置图

对比图 19.6～图 19.7 和图 19.8～图 19.9 可以看出，图 19.4 中的评价结果基本包含了已知的矿点区，并且还给出了其他未知的一些矿点位置，这表明评价的结果有一定的参考价值，取得了预期的效果。而从图 19.4 的评价结果可以得出矿产资源的大致区域和趋势，但评价结果太宽泛，不够精确，而且有些已知的矿点区域在结果图上并没有很好地展现出来。

结　语

高光谱遥感从诞生到现在已经走过30年的历程。成像光谱技术已展示了其优越的性能,并在诸多领域取得了巨大成功。但是,高光谱图像的实用性还是没有发挥很高的水平,仍然有许多亟待解决的技术难题。虽然高光谱遥感在硬件上已取得较大进步,但是与其相关的数据处理技术发展依然滞后。高光谱遥感数据难以得到充分应用,很大程度上制约着高光谱遥感的发展。其中,如何对高光谱数据实施有效地压缩,缩小信号带宽以及通过融合处理提高图像光谱及空间分辨率等,仍是高光谱遥感技术急需解决的关键难题。

高光谱不同于一般的遥感数据,它必须紧密结合高光谱数据自身的特点进行压缩方法的研究。高光谱数据的压缩并非最终目的,需与高光谱图像特定的后续应用相结合才能有生命力。目前,高光谱数据已在很多方面取得广泛应用,其对高光谱数据压缩质量的要求不尽相同,针对不同实际应用往往需采用不同的压缩方法,因此必须根据高光谱图像特定的后续应用,研究相应的压缩算法。

在地质勘探、植被研究及农业精细等方面,主要是依靠光谱数据提供的被测对象的光谱特征,尽可能精确地分析被测对象的性质和状态,这类应用对高光谱数据传输的实时性要求不高,适合采用无损方式对其高光谱数据进行压缩。在战场上,高光谱遥感主要用于军事侦察和伪装识别等方面,战机稍纵即逝,这就给高光谱数据的传输提出了更高的要求。战场恶劣的信道环境也给算法的压缩性能和抗误码性能提出了更为苛刻的要求。此时,无损压缩已经不能满足实际应用要求,而需要用高保真的有损压缩技术达到实时性。在军事侦察的应用背景下,目标检测与异常探测已成为高光谱图像最重要的两个应用方向,在无任何先验知识的前提下,要求压缩算法尽可能保持图像中的小目标消息或异常信息。

从遥感高光谱图像融合的三个层次来看,像素级融合能挖掘多源遥感信息的隐含信息和关联信息,充分利用原始信息的互补优势,以提供其他层次不具有的细节信息。在未来的一定时间内,像素级融合将一直是研究热点之一。但是随着遥感数据源的发展,特征级融合和决策级融合的研究也将越来越受重视。图像融合的研究已脱离主要以空间增强为目标的阶段,图像的融合结果将逐渐以空间细节信息保持和光谱信息提取为目标,具有明确物理意义的融合理论更是研究热点。融合方法也将不再停留在算法的组成和研究上，而更加侧重理论体系和框架统一。面向应用的高光谱图像融合研究会随着应用领域的扩展而深入，同时也将加深图像融合方法选择依据的研究。目前，面向分类、目标识别、变化检测的融合研究还有待进一步发展。未来将进一步针对具体数据源，结合遥感新技术，进行更广泛的融合研究，以突出应用的目的性和特殊性。

参考文献

[1] 李巍.感兴趣区域编码及其在多光谱图像压缩中的应用[D].西安:西北工业大学,2007.

[2] 王盟.基于第二代小波的图像压缩编码的研究[D].天津:天津工业大学,2007.

[3] 楚恒.像素级图像融合及其关键技术研究[D].成都:电子科技大学,2008.

[4] 刘绪崇.基于小波和多尺度几何分析的信息隐藏技术研究[D].长沙:中南大学,2010.

[5] 陈伟.高光谱图像混合像元分解技术研究[D].郑州:解放军信息工程大学,2009.

[6] 张立保.基于整数小波变换的静止图像编码算法研究[D].吉林:吉林大学,2005.

[7] 马思博.基于矢量量化的高光谱图像无损压缩算法研究[D].哈尔滨:哈尔滨工业大学,2010.

[8] 段云鹏.基于神经网络的矢量量化码书设计算法的研究[D].吉林:吉林大学,2005.

[9] 张磊.音频样例检索技术研究[D].哈尔滨:哈尔滨工程大学,2009.

[10] 孙岩.基于小波变换的遥感图像融合技术研究[D].哈尔滨:哈尔滨工程大学,2007.

[11] 赵妍.基于 MAP 的高光谱图像超分辨率方法研究[D].哈尔滨:哈尔滨工程大学,2010.

[12] 郭洁娜.基于极大后验概率估计的高光谱图像融合算法研究[J].电子世界,2014(02):61-62.

[13] Wang J F,Zhang K,Tang S. Spectral and spatial decorrelation of Landsat—TM data for lossless compression[J]. IEEE Transactions On Geoscience and Remote Sensing,1995,33(5):1277-1285.

[14] Bizzo F,Carpentieri B,Motta G,et al. Low-complexity lossless compression of hyperspectral imagery vial linear prediction[J]. IEEE Signal Processing Letters,2005,12(2):138-141.

[15] 王卫国.基于小波均值块的渐进图像编码算法的研究[D].西安:西安电子科技大学,2002.

[16] Parzyjehla H,Miihl G,Jaeger M A. Reconfiguring Publish/Subscribe Overlay Topologies[C]. Proc of the 26th IEEE Int'l Conf on Distributed Computing Systems Workshops,2006.

[17] 陈瀚孜.高光谱图像融合算法研究[D].哈尔滨:哈尔滨工程大学,2008.

[18] Qian S E, Bergeron M, Cunningham I, et al. Near lossless data compression onboard a hyperspectral satellite [J]. IEEE Transactions on Aerospace and Electronic Systems, 2006,3 (112): 851-866.

[19] 李军,林宗坚.基于特征的遥感图像数据融合方法[J].中国图象图形学报, 1997,2 (2): 103-107.

[20] 冯希.几种图像无损压缩与编码方法的比较研究[D].西安:中国科学院研究生院(西安光学精密机械研究所), 2008.